面向新工科专业建设计算机系列教材

程序设计基础及应用
（C&C++语言）

陈春丽 等◎编著

U0386604

清华大学出版社
北京

内 容 简 介

本书是密切结合计算机语言最新发展的程序设计入门教材,针对程序设计的初学者,阐述C&C++程序设计的基本内容、算法设计基础及应用。

本书共12章,主要内容包括C&C++语言的程序实例简介、3种控制结构、函数、数组、字符串、自定义数据类型、文件和基本的面向对象程序设计。本书选取工程应用中的数据处理、数学运算等实例及重要算法,引导学生充分掌握C++标准库。

本书符合C99和C++11标准,以培养学生的计算思维为目的,注重编程能力训练,结合C&C++语言的工程应用引出相关知识点。使得学习者既能够进一步学习用C语言进行底层的嵌入式应用程序或驱动程序编程的方法,也能够进一步学习用C++语言进行大型应用软件系统开发的方法。

本书是对"新工科"教学实践的探索,面向零编程基础的读者,适合作为高校各专业低年级学生学习计算机程序设计的入门教材。

图书在版编目(CIP)数据

程序设计基础及应用:C&C++语言/陈春丽编著.—北京:清华大学出版社,2020.2(2024.6重印)
面向新工科专业建设计算机系列教材
ISBN 978-7-302-54725-9

Ⅰ. ①程…　Ⅱ. ①陈…　Ⅲ. ①C语言－程序设计－高等学校－教材　Ⅳ. ①TP312.8

中国版本图书馆 CIP 数据核字(2019)第 298258 号

责任编辑:谢　琛　战晓雷
封面设计:杨玉兰
责任校对:梁　毅
责任印制:刘　菲

出版发行:清华大学出版社
　　　　　网　　　址:https://www.tup.com.cn,https://www.wqxuetang.com
　　　　　地　　　址:北京清华大学学研大厦 A 座　　　　　邮　　　编:100084
　　　　　社 总 机:010-83470000　　　　　　　　　　　　邮　　　购:010-62786544
　　　　　投稿与读者服务:010-62776969,c-service@tup.tsinghua.edu.cn
　　　　　质量反馈:010-62772015,zhiliang@tup.tsinghua.edu.cn
　　　　　课件下载:https://www.tup.com.cn,010-83470236
印 装 者:大厂回族自治县彩虹印刷有限公司
经　　销:全国新华书店
开　　本:185mm×260mm　　　印　　张:23　　　字　　数:543 千字
版　　次:2020 年 2 月第 1 版　　　　　　　　印　　次:2024 年 6 月第 5 次印刷
定　　价:59.00 元

产品编号:081999-01

出版说明

一、系列教材背景

　　人类已经进入智能时代，云计算、大数据、物联网、人工智能、机器人、量子计算等是这个时代最重要的技术热点，为了适应和满足时代发展对人才培养的需要，2017年2月以来，教育部积极推进新工科建设，先后形成了"复旦共识""天大行动"和"北京指南"，并发布了《教育部高等教育司关于开展新工科研究与实践的通知》《教育部办公厅关于推荐新工科研究与实践项目的通知》，全力探索形成领跑全球工程教育的中国模式、中国经验，助力高等教育强国建设。新工科有两个内涵：一是新的工科专业；二是传统工科专业的新需求。新工科建设将促进一批新专业的发展，这批新专业有的是依托于现有计算机类专业派生、扩展而成的，有的是多个专业有机整合而成的。由计算机类专业派生、扩展形成的新工科专业有计算机科学与技术、软件工程、网络工程、物联网工程、信息管理与信息系统、数据科学与大数据技术等。由"计算机类"学科交叉融合形成的新工科专业有网络空间安全、人工智能、机器人工程、数字媒体技术、智能科学与技术等。

　　在新工科建设的"九个一批"中，明确提出"建设一批体现产业和技术最新发展的新课程""建设一批产业急需的新兴工科专业"，新课程和新专业的持续建设，都需要以适应新工科教育的教材作为支撑。由于各个专业之间的课程相互交叉，但是又不能相互包含，所以在选题方向上，既考虑由计算机类专业派生、扩展形成的新工科专业的选题，又考虑由计算机类专业交叉融合形成的新工科专业的选题，特别是网络空间安全专业、智能科学与技术专业的选题。基于此，清华大学出版社计划出版"面向新工科专业建设计算机系列教材"。

二、教材定位

　　教材使用对象为"211工程"高校或同等水平及以上高校计算机类专业及相关专业学生。

三、教材编写原则

（1）借鉴 *Computer Science Curricula* 2013（以下简称 CS2013）。CS2013 的核心知识领域包括算法与复杂度、体系结构与组织、计算科学、离散结构、图形学与可视化、人机交互、信息保障与安全、信息管理、智能系统、网络与通信、操作系统、基于平台的开发、并行与分布式计算、程序设计语言、软件开发基础、软件工程、系统基础、社会问题与专业实践等内容。

（2）处理好理论与技能培养的关系，注重理论与实践相结合，加强对学生思维方式的训练和计算思维的培养。计算机专业学生能力的培养特别强调理论学习、计算思维培养和实践训练。本系列教材以"重视理论，加强计算思维培养，突出案例和实践应用"为主要目标。

（3）为便于教学，在纸质教材的基础上，融合多种形式的教学辅助材料。每本教材可以有主教材、教师用书、习题解答、实验指导等。特别是在数字资源建设方面，可以结合当前出版融合的趋势，做好立体化教材建设，可考虑加上微课、微视频、二维码、MOOC 等扩展资源。

四、教材特点

1. 满足新工科专业建设的需要

系列教材涵盖计算机科学与技术、软件工程、物联网工程、数据科学与大数据技术、网络空间安全、人工智能等专业的课程。

2. 案例体现传统工科专业的新需求

编写时，以案例驱动，任务引导，特别是有一些新应用场景的案例。

3. 循序渐进，内容全面

讲解基础知识和实用案例时，由简单到复杂，循序渐进，系统讲解。

4. 资源丰富，立体化建设

除了教学课件外，还可以提供教学大纲、教学计划、微视频等扩展资源，以方便教学。

五、优先出版

1. 精品课程配套教材

主要包括国家级或省级的精品课程和精品资源共享课的配套教材。

2. 传统优秀改版教材

对于已经出版过的优秀教材，经过市场认可，由于新技术的发展，给图书配上新的教学形式、教学资源，计划改版的教材。

3．前沿技术与热点教材

反映计算机前沿和当前热点的相关教材，例如云计算、大数据、人工智能、物联网、网络空间安全等方面的教材。

六、联系方式

联系人：白立军

联系电话：010-83470179

联系和投稿邮箱：bailj@tup.tsinghua.edu.cn

"面向新工科专业建设计算机系列教材"编委会

2019 年 6 月

系列教材编委会

计算机科学与技术专业核心教材体系建设——建议使用时间

课程系列	基础系列	电类系列	程序系列	系统系列	应用系列	选修系列
一年级上	大学计算机基础		计算机程序设计	计算机原理		
一年级下	信息安全导论	电子技术基础	面向对象程序设计 程序设计实践	操作系统	人工智能导论 数据库原理与技术 嵌入式系统	
二年级上	离散数学(上)	数字逻辑设计 数字逻辑设计实验	数据结构	计算机系统综合实践		
二年级下	离散数学(下)					
三年级上			算法设计与分析	计算机网络		
三年级下			软件工程 编译原理	计算机体系结构	计算机图形学	
四年级上			软件工程综合实践			机器学习 物联网导论 大数据分析技术 数字图像技术
四年级下						

前言

为主动应对新一轮科技革命与产业变革,支撑服务创新驱动发展、"中国制造2025"等一系列国家战略,2017年2月以来,教育部积极推进"新工科"建设,探索领跑全球工程教育的"新工科"教学研究与实践。面向"新工科"教育,要求加强计算思维能力和计算系统构造、设计和应用能力,进而实现高校教育与工业技术的结合。本书是依托我校的教育部首批"新工科"项目与全国高等院校计算机基础教育研究会项目支持下完成的教学与实践探索的成果,重点强化计算思维与工程应用。

计算思维强调求解实际问题,找到解决问题的可行的、合理的办法,并且能够将已有的知识推广到实际工程应用中,运用新的方法将思想和工具结合以解决新的问题。读者熟记基础语法规则可以帮助其绕开常见错误陷阱,快速看到学习成果。本书选取工程应用中的数据处理、数学运算等实例及重要算法,引导学生充分利用C++标准库,从问题引出相关语法,忽略不常用的语法细节,删除了老版本的语法,以提高读者的学习效率和实用性。

本书符合C99标准与C++11标准,以培养学生的计算思维为目的,注重编程能力训练,结合C和C++语言的工程应用引出相关知识点,使得读者既能够进一步学习用C语言进行底层的嵌入式应用程序设计或驱动程序开发的方法,也能够了解用C++语言进行大型应用软件系统开发的方法。书中每个章节都有一定数量的实例,每个实例都给出了详细解释,包括知识点和代码实现,代码附有注释,便于读者阅读。读者通过实践,便于增强对计算思维的理解,提高编程能力。

本书中的代码是以C++语言编写的。第1章的代码示例分别给出C和C++代码,以帮助读者观察和对比两种语言的区别。在各章节的叙述中,C++是指仅适用于C++,C&C++是指适用于C与C++,不明确说明时则适用于大多数的高级语言。本书所有代码在Windows 7以上操作系统上做了测试,全部调试通过并正常运行。在实际工作中,编写运行于多种平台(如Linux、Mac平台等)的C或C++程序是很常见的情况,不同平台的少数特殊函数库以及程序编译、连接和运行的细节会有小的差别,在跨平台移植中请根据实际情况进行简单修改。

本书共分为3篇12章。使用本书作为教材时,建议授课32~48学时,实验32学时,课外32学时。

第 1 篇包括第 1～5 章,主要介绍计算机高级语言的基本语法与结构,建议授课 10～16 学时,实验 12 学时,课外 8 学时。重点是简单数据的表示与表达式计算,基本运算符及函数库应用,3 种基本结构——顺序、选择、循环的应用,以及自定义函数封装功能;在具体实现方法上,代码主要以 C++ 的 cin 和 cout 实现输入与输出,以避免初学者在格式字符串应用上出现错误而导致程序编译失败;在函数的参数传递上,介绍值传递和引用传递,而将址传递放在数组和指针部分(分别见第 6 章和第 10 章)介绍。

第 2 篇包括第 6～10 章,主要介绍数据和信息处理的基本方法,建议授课 18～24 学时,实验 16 学时,课外 16 学时。重点是数值型数组的定义、实用算法及应用,字符型数组及函数库实现字符串处理,文件的读写及应用实例,以及类和结构体等自定义类型的定义及应用。在综合实例中结合自定义类型和文件实现了复杂数据的处理与应用,指针变量的应用重点放在动态内存分配及链表数据结构的应用上。

第 3 篇包括第 10～12 章,进一步深化面向对象设计和工程应用技术,具体教学内容可根据学时及教学大纲进行取舍,建议授课 4～8 学时,实验 4 学时,课外 8 学时。可以选讲部分内容作为学生分类分级教学的内容,学生通过查阅资料和分组实践完成比较大的综合性项目训练。第 11 章在第 9 章中类的简单介绍基础上,进一步介绍面向对象程序设计思想,对类的定义进行了深化,引入类的继承性、多态性,并对 C++ 标准模板类 STL 做了简要概述。第 12 章介绍开发较大型软件项目的实用技术,包括多文件结构、条件编译指令、静态链接库等以及实用算法。

本书介绍的程序设计方法适用于任何通用的程序设计语言,主要帮助入门者学习程序设计的一般概念、原理和技术。不同的程序设计语言在语法细节、工具等方面各不相同,但是对于编写简单的代码、顺序结构等来说则差别很小。学习编程最好的办法就是尝试创建能够在现实中应用的程序。在本书中,读者会学习到如何解决数学问题、文本应用,以及一些应用广泛的算法,并通过实例应用逐渐加深对各个概念的理解。本书不涉及图形用户界面,但是会向用户展示图形界面效果,这些技术作为掌握编程基础之后的进阶学习内容。

本书由陈春丽主笔。本书的部分文字和案例来自校内出版的《C++ 程序设计讲义(2016 版)》(陈春丽、肖奕、黄礼洁编写),其中第 1、6～9、12 章由陈春丽编写,第 2、4、5、10 章由陈春丽在肖奕编写的内容基础上作了更新及增补,第 3、11 章由陈春丽在黄礼洁编写的内容基础上作了更新及增补。本书有配套的 MOOC 视频、单元测试、上机机考测验等教学辅助资料,实现了程序设计公共基础课的机考过程化考核。由于实验开发环境不断升级与实验内容越来越丰富,作者会对相关内容进行调整和更新。

作者在编写本书的过程中得到中国地质大学(北京)信息工程学院院长郑新奇教授的大力支持和帮助,得到周长兵教授的技术指导;计算机基础教研室老师们对本书内容提出了许多很好的建议和意见,并共同完成了教学辅助资料;实验室老师们提供了实验平台和机考环境。作者在此一并表示感谢。

在本书中,当技术术语首次出现时,会以黑体突出显示,并注出英文,以便学生理解计算机程序设计语言中的技术术语。

本书适用于高校本科各专业的计算机公共基础课,可以作为第一门程序设计语言的入门教材。

限于作者的经验和水平,书中难免有疏漏和不妥之处,欢迎读者批评指正,并提出建议和意见,作者的邮箱是 ccl@cugb.edu.cn。

中国地质大学(北京)信息工程学院计算机基础教研室
陈春丽
2019 年 10 月

CONTENTS

目录

第1章　计算机语言程序设计概述 ……………………………… 1

1.1　程序设计语言发展 …………………………………………… 1
　1.1.1　机器语言到高级语言 ………………………………… 1
　1.1.2　C&C++语言的发展与特点 ………………………… 2
1.2　高级语言程序的编译 ………………………………………… 2
　1.2.1　编译 ……………………………………………………… 2
　1.2.2　解释与脚本语言 ……………………………………… 3
1.3　算法与程序设计 ……………………………………………… 3
　1.3.1　算法与工程问题的求解 ……………………………… 3
　1.3.2　面向过程的程序设计与面向对象的程序设计 ……… 5
1.4　C&C++源程序示例 ………………………………………… 6
　1.4.1　程序示例 ………………………………………………… 6
　1.4.2　程序代码说明 ………………………………………… 8
　1.4.3　程序书写原则 ………………………………………… 11
1.5　C&C++开发环境 …………………………………………… 12
　1.5.1　常用的集成开发环境 ………………………………… 12
　1.5.2　用Dev-C++创建C&C++项目 …………………… 13
1.6　实用知识：常见的编译和运行错误 ……………………… 15
　1.6.1　常见的编译错误 ……………………………………… 15
　1.6.2　常见的运行错误 ……………………………………… 16
1.7　练习与思考 …………………………………………………… 18

第2章　数学表达式与简单程序 ……………………………… 19

2.1　顺序结构 ……………………………………………………… 19
2.2　基本数据类型与常量 ……………………………………… 20
　2.2.1　基本数据类型简介 …………………………………… 20
　2.2.2　整型常量 ……………………………………………… 20
　2.2.3　实型常量 ……………………………………………… 20

2.2.4 字符型常量 21

2.2.5 符号常量 22

2.2.6 sizeof 运算符 24

2.3 变量与赋值运算 25

2.3.1 变量与内存的关系 25

2.3.2 变量定义与初始化 25

2.3.3 赋值运算符与自增/自减运算符 26

2.3.4 陷阱：变量定义与赋值的常见问题 28

2.4 算术运算符与算术表达式 30

2.4.1 算术运算符 30

2.4.2 算术表达式及优先级 30

*2.4.3 复合赋值运算符 31

2.4.4 陷阱：算术运算的常见问题 31

2.5 类型转换 33

2.5.1 隐式类型转换 33

2.5.2 强制类型转换 33

2.6 输入与输出 34

2.6.1 C++ 的输入和输出——cin 和 cout 34

2.6.2 C&C++ 的输入和输出——scanf 和 printf 36

*2.6.3 一个字符的输入和输出——getchar 和 putchar 函数 38

*2.6.4 格式化输出控制 39

*2.6.5 C99 中 scanf 和 printf 函数系列的增强 42

2.7 实用知识：数学应用中常用的标准库函数 42

2.7.1 幂与平方根——pow 与 sqrt 函数 42

2.7.2 绝对值函数——abs 与 fabs 函数 43

2.7.3 浮点数取整——ceil 与 floor 等函数 44

2.7.4 三角函数——sin 与 cos 等函数 44

2.7.5 指数与对数函数——exp 与 log 等函数 45

*2.7.6 陷阱：C 语言的 NAN 错误 46

2.8 简单程序算法及应用实例 46

2.8.1 交换两个整数的值 46

2.8.2 字母替换 47

2.8.3 BMI 计算 49

2.9 练习与思考 50

第3章 选择结构及相关表达式 52

3.1 选择结构 52

3.2 关系运算符和关系表达式 53

　　　　3.2.1　关系运算符 ……………………………… 53
　　　　3.2.2　关系表达式及应用 ………………………… 53
　　　　3.2.3　陷阱：关系表达式的常见问题 …………… 54
　　3.3　逻辑运算符和逻辑表达式 …………………………… 54
　　　　3.3.1　逻辑运算符 ……………………………… 54
　　　　3.3.2　逻辑表达式及应用 ………………………… 55
　　3.4　条件运算符及条件表达式 …………………………… 56
　　3.5　C99&C++ 的布尔型常量与变量 …………………… 58
　　3.6　if 语句 ………………………………………………… 58
　　　　3.6.1　标准 if…else 语句 ………………………… 58
　　　　3.6.2　简单的 if 语句 …………………………… 61
　　　　3.6.3　复杂的 if…else if … else 语句 …………… 61
　　　　3.6.4　if 语句的嵌套 …………………………… 63
　　3.7　switch 语句 …………………………………………… 65
　　　　3.7.1　switch 语句实现的多分支结构 …………… 65
　　　　3.7.2　break 语句的合理使用 …………………… 67
　　3.8　实用知识：生成随机数函数——rand 等函数 ……… 69
　　3.9　选择结构算法及应用 ………………………………… 70
　　　　3.9.1　判断整数 m 是否能被 n 整除 …………… 70
　　　　3.9.2　判断一个浮点数的值是否等于 0 ………… 71
　　　　3.9.3　利用 BMI 判断肥胖程度 ………………… 72
　　3.10　练习与思考 ………………………………………… 73

第 4 章　自定义函数与封装 …………………………………… 76
　　4.1　函数与结构化程序设计 ……………………………… 76
　　4.2　自定义函数的声明与定义 …………………………… 79
　　　　4.2.1　函数的声明 ……………………………… 79
　　　　4.2.2　函数的定义 ……………………………… 79
　　　　4.2.3　函数返回值 ……………………………… 81
　　　　4.2.4　陷阱：函数声明与定义的常见问题 ……… 82
　　4.3　函数的调用 …………………………………………… 83
　　　　4.3.1　函数调用的格式 ………………………… 84
　　　　4.3.2　陷阱：函数调用的常见问题 …………… 85
　　　　4.3.3　函数的调用过程 ………………………… 86
　　　　4.3.4　函数的嵌套调用 ………………………… 87
　　4.4　函数的参数传递 ……………………………………… 90
　　　　4.4.1　参数的值传递 …………………………… 90
　　　　4.4.2　C++ 的引用传递 ………………………… 91

   * 4.4.3 const 修饰引用形参 ……………………………………… 93

 4.5 变量的作用域与生存期 …………………………………………… 94

   4.5.1 局部变量的作用域与生存期 ……………………………… 94

   4.5.2 全局变量的作用域与生存期 ……………………………… 94

   * 4.5.3 静态变量的作用域与生存期 ……………………………… 96

 4.6 C++ 的函数重载与默认参数 …………………………………… 97

   4.6.1 C++ 的函数重载 …………………………………………… 97

   4.6.2 陷阱：函数重载的调用失败问题 ………………………… 99

   * 4.6.3 C++ 的默认参数 …………………………………………… 99

 * 4.7 递归思想——递归函数 ……………………………………… 102

   4.7.1 递归函数的定义 …………………………………………… 102

   4.7.2 递归函数的调用过程 ……………………………………… 103

   * 4.7.3 递归调用中的栈 …………………………………………… 106

 4.8 自定义函数的应用 ………………………………………………… 106

   4.8.1 自定义函数——计算 BMI 及输出体形判断结果 ………… 106

   4.8.2 自定义函数——判断一个字符是否为大写字母 ………… 107

   4.8.3 自定义函数——获得用户选择的购物菜单项序号 ……… 108

 4.9 练习与思考 ………………………………………………………… 109

第 5 章 迭代与循环结构 ……………………………………………… 112

 5.1 循环结构 …………………………………………………………… 112

 5.2 循环控制语句 ……………………………………………………… 113

   5.2.1 while 语句 ………………………………………………… 113

   5.2.2 for 语句 …………………………………………………… 114

   5.2.3 do…while 语句 …………………………………………… 117

   5.2.4 陷阱：循环的常见问题 …………………………………… 119

 5.3 循环和迭代的提前结束 …………………………………………… 120

   5.3.1 break 语句 ………………………………………………… 120

   * 5.3.2 continue 语句 ……………………………………………… 123

 5.4 循环与递归 ………………………………………………………… 124

 5.5 循环结构的嵌套 …………………………………………………… 126

   5.5.1 循环嵌套的语句 …………………………………………… 126

   5.5.2 多循环的优化 ……………………………………………… 128

   5.5.3 一重循环的尝试 …………………………………………… 130

 5.6 实用知识：循环中的变量及作用 ………………………………… 131

   5.6.1 循环控制变量 ……………………………………………… 131

   5.6.2 递推变量 …………………………………………………… 132

   5.6.3 计数器变量 ………………………………………………… 132

*5.6.4　控制多行输入直到 EOF 结束 ……………………………… 133

5.7　循环结构的算法及应用 ……………………………………… 134

5.7.1　应用 1：数学表达式的求解 ……………………………… 134

5.7.2　应用 2：循环显示菜单及执行用户选择的菜单项的功能 ……… 136

*5.7.3　应用 3：忽略输入错误的输入控制 ……………………… 139

5.8　练习与思考 …………………………………………………… 143

第 6 章　数值型数组与数据处理 ……………………………………… 146

6.1　一维数组 ……………………………………………………… 146

6.1.1　一维数组的声明与存储 …………………………………… 146

6.1.2　一维数组的初始化 ………………………………………… 148

6.1.3　数组元素的使用 …………………………………………… 148

6.1.4　数组的输入与输出 ………………………………………… 150

6.2　一维数组与函数 ……………………………………………… 151

6.2.1　一维数组作为函数的形参 ………………………………… 151

*6.2.2　函数的址传递 …………………………………………… 153

6.2.3　陷阱：数组越界问题 ……………………………………… 157

6.3　实用知识：一维数组的实用算法 …………………………… 157

6.3.1　中值与方差(标准差)计算 ………………………………… 157

6.3.2　返回数组的最大值/最小值及下标 ……………………… 159

6.3.3　顺序查找与折半查找 ……………………………………… 161

6.3.4　冒泡排序与选择排序 ……………………………………… 162

6.4　二维数组与多维数组 ………………………………………… 164

6.4.1　二维数组的定义与存储 …………………………………… 165

6.4.2　二维数组的初始化 ………………………………………… 165

6.4.3　二维数组元素的使用 ……………………………………… 166

*6.4.4　二维数组与函数 ………………………………………… 167

*6.4.5　多维数组 ………………………………………………… 169

6.5　数组综合应用实例 …………………………………………… 169

6.5.1　实现购物菜单的结账子功能 ……………………………… 169

6.5.2　接收不定个数的整数 ……………………………………… 173

6.5.3　计算日平均温度与最大温差 ……………………………… 175

6.6　练习与思考 …………………………………………………… 178

第 7 章　字符型数组与字符串处理 ………………………………… 180

7.1　字符串常量 …………………………………………………… 180

7.2　字符数组的定义与初始化 …………………………………… 180

7.2.1　字符数组的定义 …………………………………………… 180

7.2.2　字符数组的初始化 ·· 181

7.2.3　陷阱：字符串使用＝和＝＝的问题 ····················· 181

7.3　字符数组的输入和输出 ·· 182

7.3.1　用 C++的 cin 函数接收一个字符串 ····················· 182

7.3.2　用 C++的 cin.getline 方法和 getline 函数接收一行字符 ········· 182

7.3.3　用 C++的 cout 函数输出字符串 ·························· 183

＊7.3.4　用 C&C++的 gets 和 scanf 函数接收字符串 ············· 183

＊7.3.5　用 C&C++的 puts 和 printf 函数输出字符串 ············ 184

7.4　字符数组与函数 ·· 184

7.4.1　字符数组作为函数的形参 ································· 184

＊7.4.2　数组作为函数的返回值 ··································· 188

7.5　实用知识：标准库中的字符串处理函数 ····················· 189

＊7.6　字符串与数值型的转换函数 ······································ 190

7.6.1　数值转换为字符串的函数 ································· 190

7.6.2　字符串转换为数值的函数 ································· 191

7.6.3　利用 C 语言的通用函数实现数值与字符串的转换 ········ 191

7.7　字符数组综合应用举例 ·· 192

7.7.1　删除字符串中的指定字符 ································· 192

7.7.2　合并两个有序字符串为一个新的有序字符串 ············ 193

7.7.3　判断身份证号是否合法 ··································· 194

7.8　练习与思考 ··· 196

第8章　文件与数据处理 ·· 198

8.1　文件概述 ··· 198

8.1.1　文本文件与二进制文件 ··································· 198

8.1.2　C++的 I/O 流 ··· 199

8.1.3　FILE 类型 ·· 199

8.2　C++的文件打开与关闭 ·· 199

8.2.1　文件的打开 ··· 199

8.2.2　文件的关闭 ··· 201

8.3　C++的文件读写 ·· 201

8.3.1　fstream 类的常用检查方法 ······························ 201

8.3.2　文本文件的读写 ··· 202

8.3.3　二进制文件的读写 ·· 207

8.4　C 语言的文件打开与读写 ··· 210

8.4.1　C 语言的文件打开与关闭 ································· 210

8.4.2　C 语言的文件读写 ·· 211

8.4.3　C 语言读写文件的示例 ···································· 211

8.5　文件应用示例 ··· 212

　　8.5.1　密码文件的读写 ··· 212

　　8.5.2　学生成绩分段统计图 ······································ 214

　　8.5.3　气温周报文件的读写 ······································ 217

　　*8.5.4　带参数的 main 函数 ······································ 219

8.6　练习与思考 ·· 221

第9章　自定义数据类型 ·· 223

9.1　C++ 的类 ·· 223

　　9.1.1　类的定义 ··· 223

　　9.1.2　类的成员函数 ·· 224

　　9.1.3　创建和使用对象 ··· 226

　　9.1.4　构造函数和析构函数 ······································ 227

　　9.1.5　对象数组 ··· 233

9.2　结构体 ··· 235

　　9.2.1　结构体类型的声明 ··· 235

　　9.2.2　结构体类型变量的定义 ···································· 236

　　9.2.3　结构体类型变量的使用 ···································· 237

　　9.2.4　结构体类型的数组 ··· 240

*9.3　结构体与类的比较 ·· 243

　　9.3.1　C 语言的结构体和 C++ 的结构体的区别 ··············· 243

　　9.3.2　C++ 的结构体和类的区别 ······························ 243

*9.4　数据类型的别名 ·· 244

*9.5　枚举类型 ··· 244

　　*9.5.1　枚举类型的声明 ··· 244

　　9.5.2　枚举变量的定义及赋值 ···································· 245

　　9.5.3　自定义枚举量的值 ··· 245

*9.6　C++ 的 string 类 ·· 247

　　9.6.1　string 类对象的定义 ······································· 247

　　9.6.2　string 类成员函数 ··· 247

　　9.6.3　string 类的运算符 ··· 248

　　9.6.4　string 类对象的输入与输出 ······························ 249

　　9.6.5　字符数组转换为 string 类字符串 ························· 250

　　9.6.6　string 类字符串转换为字符数组 ························· 250

9.7　实用知识：C 语言的日期标准函数库 ································ 251

　　9.7.1　time_t 类型与 time 函数 ·································· 251

　　9.7.2　struct tm 结构体类型与 localtime 函数 ················ 251

　　9.7.3　获取当前系统年月日的代码段示例 ······················ 252

9.8　自定义类的综合应用实例 ……………………………………………………… 252

9.8.1　自定义日期类 ………………………………………………………… 252

9.8.2　自定义 BMI 类 ………………………………………………………… 256

9.8.3　一组 BMI 数据的文件读写 …………………………………………… 258

9.9　练习与思考 ……………………………………………………………………… 261

第 10 章　指针与动态内存分配 ……………………………………………………… 263

10.1　指针与指针变量 ………………………………………………………………… 263

10.1.1　指针变量的定义 ……………………………………………………… 263

10.1.2　指针变量赋值与初始化 ……………………………………………… 264

10.1.3　引用指针变量 ………………………………………………………… 265

10.2　使用指针变量访问数组 ………………………………………………………… 265

10.2.1　一维数组和指针 ……………………………………………………… 265

*10.2.2　二维数组和指针 ……………………………………………………… 266

*10.2.3　二级指针 ……………………………………………………………… 269

*10.2.4　返回指针的函数 ……………………………………………………… 271

10.3　动态内存分配与回收 …………………………………………………………… 272

10.3.1　栈内存与堆内存 ……………………………………………………… 272

10.3.2　在 C++ 中动态分配和释放内存 ……………………………………… 272

*10.3.3　用 malloc 与 free 函数动态分配和释放内存 ……………………… 275

10.3.4　空指针与野指针问题 ………………………………………………… 276

10.4　使用指针变量访问对象或结构体变量 ………………………………………… 276

*10.5　链式数据结构 …………………………………………………………………… 276

10.5.1　单链表 ………………………………………………………………… 277

10.5.2　单链表的访问 ………………………………………………………… 278

10.5.3　单链表结点的插入 …………………………………………………… 279

10.5.4　单链表结点的删除 …………………………………………………… 280

10.6　练习与思考 ……………………………………………………………………… 282

*第 11 章　C++ 的面向对象程序设计 ………………………………………………… 283

*11.1　C++ 类的进一步定义 …………………………………………………………… 283

11.1.1　this 指针 ……………………………………………………………… 283

11.1.2　复制类 ………………………………………………………………… 284

11.1.3　静态成员 ……………………………………………………………… 285

11.2　C++ 类的运算符重载 …………………………………………………………… 287

11.2.1　赋值运算符的重载 …………………………………………………… 287

11.2.2　对象的输入与输出运算符的重载 …………………………………… 290

*11.2.3　四则运算符的重载 …………………………………………………… 292

　　　　11.2.4　运算符重载的一般规则 ································· 294

　　11.3　C++类的继承性 ······················· 294

　　　　11.3.1　基类和派生类 ······················· 295

　　　　11.3.2　派生类的声明 ······················· 295

　　　　11.3.3　继承方式 ································· 296

　　　　11.3.4　protected 成员的特点与作用 ············· 299

　　　　11.3.5　继承时的构造函数 ······················· 300

　　　*11.3.6　继承时的析构函数 ······················· 304

　*11.4　C++类的多态性 ······················· 305

　　　　11.4.1　多态的概念 ······················· 305

　　　　11.4.2　虚函数实现多态 ······················· 306

　　11.5　C++标准模板类 STL ················· 310

　　　*11.5.1　STL 中的算法 ······················· 310

　　　*11.5.2　STL 中的容器 ······················· 312

　　　　11.5.3　STL 中的迭代器 ······················· 316

　　11.6　C++11 标准中新增的遍历容器方法 ··············· 316

　*11.7　Boost 程序库——C++ 标准库 ··············· 317

　　11.8　练习与思考 ······················· 318

*第 12 章　软件工程项目开发应用技术 ··············· 319

　　12.1　程序设计的多文件结构 ················· 319

　　12.2　条件编译指令及在多文件中的应用 ··············· 322

　　12.3　位运算符和位运算表达式的应用 ··············· 322

　　12.4　静态链接库 ······················· 325

　　　　12.4.1　创建静态链接库 ······················· 325

　　　　12.4.2　部署静态链接库 ······················· 325

　　　　12.4.3　在控制台项目中使用静态链接库 ··············· 326

　　12.5　实用算法及应用 ······················· 327

　　　　12.5.1　快速排序 ······················· 327

　　　　12.5.2　动态规划方法应用实例 ··············· 329

附录 A　C&C++ 的关键字与数据类型 ··············· 331

　　A.1　C 语言关键字 ······················· 331

　　A.2　C++ 常用的专有关键字及含义 ··············· 332

附录 B　C&C++ 的标准库及主要的库函数 ··············· 335

　　B.1　数学函数 ······················· 335

　　B.2　字符函数和字符串函数 ················· 336

B.3　输入输出函数 ·· 338

附录C　Dev-C++ 的配置及调试 ·· 341

C.1　环境配置——修改菜单的语言 ·· 341

C.2　编辑器显示配置——修改编辑器字体 ·· 341

C.3　编译器选项配置 ·· 342

C.4　单步调试 ·· 343

## 第 1 章

计算机语言程序设计概述

计算机程序设计语言简称计算机语言或程序设计语言,是一组用来定义计算机程序的语法规则,用来向计算机发出指令。本章简要介绍程序设计语言的类别和高级语言程序的处理方式,并用几个简单的 C&C++ 程序实例介绍程序的基本框架和组成。

1.1　程序设计语言发展

1.1.1　机器语言到高级语言

计算机程序设计语言的发展是一个不断演化的过程,从最开始的机器语言到汇编语言,再到各种结构化高级语言,最后到支持面向对象技术的高级语言,逐渐把计算机能够理解的语言提升到能够很好地模仿人类思考问题的形式。

机器语言是由计算机能够理解的指令组成的,每条指令由一串 0 和 1 组成。汇编语言的实质和机器语言是相同的,都是直接对硬件操作,指令采用英文缩写的标识符,更容易识别和记忆。用汇编语言编写的源程序经汇编生成的可执行文件不仅比较小,而且执行速度很快。高级语言是目前绝大多数编程者的选择,它去掉了与具体硬件环境有关的细节,如使用堆栈、寄存器等,简化了程序中的指令;同时,它的语法比较接近自然语言,容易阅读和学习。一些高级语言增加了面向对象的特点,更易表达现实世界。

高级语言有很多。C 和 C++ 应用广泛,可用于系统底层开发、嵌入式设备、网络通信协议、图像处理以及游戏和算法等;Java 主要应用于网络应用系统;C♯主要用于 Windows 程序设计和网络应用系统等;Python 则是一种脚本语言,是目前大数据和人工智能领域的主要语言之一。从世界编程语言排行榜(表 1-1)中可以看到,由于网络应用特别是手机应用剧增以及大数据和人工智能的迅猛发展,Java 和 Python 都是目前比较热门的语言;而 C 和 C++ 则稳居排行榜前五,一直是专业编程者主要使用和关注的语言。

表 1-1   世界编程语言排行榜

编程语言	2019 年	2016 年	2011 年	2006 年	2001 年	1996 年	1991 年
Java	1	1	1	1	3	30	
C	2	2	2	2	1	1	1
C++	4	3	3	3	2	2	2
C#	7	4	5	6	10		
Python	3	5	6	7	26	15	

来源于 http://www.tiobe.com/tiobe-index/。

1.1.2   C&C++ 语言的发展与特点

C 语言是 1972 年由美国贝尔实验室的 D. M. Ritchie 开发的。C 语言采用结构化编程方法,遵从自顶向下的原则,重点在于算法与数据结构。在操作系统和编译器的开发以及需要对硬件进行操作的场合,用 C 语言明显优于其他高级语言,例如 UNIX 操作系统就是用 C 语言开发的。

1983 年,贝尔实验室的 Bjarne Stroustrup 在 C 语言的基础上推出了 C++。C++ 进一步扩充和完善了 C 语言,引入了重载、异常处理等。C++ 不仅包含 C 语言的面向过程的特点,还包含面向对象程序设计思想。

C 和 C++ 语言都是跨平台的,它们可以应用到任何一种操作系统上。C 和 C++ 语言在很多方面是兼容的。学习 C++ 并不需要 C 语言的基础。

C 语言与 C++ 语言有多种版本的标准,在编写程序时要注意操作系统以及开发环境支持的版本,本书中的代码适用于 C99 及 C++ 11 标准。

1.2   高级语言程序的编译

计算机只能理解二进制的机器语言,因此高级语言必须翻译成机器语言后才能被计算机执行。用高级语言编写的程序称为**源程序**(source file),例如,C++ 源程序的扩展名是.cpp,C 源程序的扩展名是.c。

编译和解释是语言翻译的两种基本方式。

1.2.1   编译

编译是将高级语言源代码转换成目标代码(机器语言),以后在执行程序时直接执行可执行文件(.exe 文件),因此执行速度较快。大多数高级语言使用编译方式。

以 C&C++ 语言为例,一个源程序需要经过以下几个步骤(如图 1-1 所示):

(1) **编译**(compile)。对源程序(.c 或.cpp 文件)执行编译命令,编译器会检查代码是否正确。如果正确,就将其翻译成二进制**目标文件**(object file),其文件名与源程序名相同,扩展名是.o;如果出错,会返回源程序,并给予一些提示性信息。

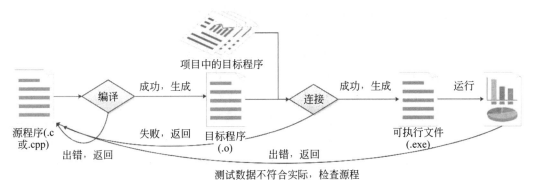

图 1-1　C++ 程序的编译过程

提示：初学者刚开始写程序时，经常会出现编译错误，如名字大小写错误、少些字母、漏写分号等。要熟悉常见错误的提示信息，并且在提示信息中给出的代码行或前面一行逐步向上寻找错误，修改一处后就重新编译，直到编译成功。

（2）**连接**（link）。一个程序**项目**（project）由一个或多个文件组成，包括用户编写的一个或多个源程序以及系统内置的库文件。将目标文件和库文件连接在一起，组成一个**可执行文件**（execute file），其文件名与源程序名相同，扩展名是 .exe。如果连接失败，也会返回源程序。

（3）**运行**（run）。运行 .exe 文件。如果运行中测试结果不正确，也需要检查源程序，判断逻辑上是否出错。程序能够运行，并不代表一定正确，要多运行几次，测试不同数据下的结果是否都正确，特别是边界类数据。

1.2.2　解释与脚本语言

解释是将高级语言源代码逐条转换成目标代码，同时逐条执行。程序每次执行时都会重复逐条解释、逐条执行的过程。

脚本语言通常是解释性的语言，例如 VBScript、JavaScript、Python 等。此外，一些批处理命令也经常写成脚本，如利用 Linux 的 Shell 脚本完成一些系统备份等工作。

1.3　算法与程序设计

1.3.1　算法与工程问题的求解

解决工程问题主要包括以下步骤：

（1）理解问题。

（2）描述问题的输入和输出信息。

（3）设计必要的算法解决问题。

（4）使用一种计算机语言来解决问题。

（5）使用数据测试解决方案。

这些步骤中，只有（4）的具体实现涉及计算机语言，如 C、C++、C♯、Java、VB 等。每种语言有自己的语法和应用领域,但是解决问题的方法和过程基本上是一样的。

算法是解决某个问题的方法和步骤,解决不同的问题需要不同的算法,解决同一个问题可以有多种算法。一个算法应该具有以下 5 个重要的特征:

(1) 有穷性(finiteness)。算法必须能在执行有限个步骤之后终止。

(2) 确切性(definiteness)。算法的每一步骤必须有确切的定义。

(3) 输入项(input)。一个算法有 0 个或多个输入。

(4) 输出项(output)。一个算法有一个或多个输出,以反映数据加工后的结果。

(5) 有效性(effectiveness)。算法中执行的任何计算步骤都可以被分解为基本的可执行的操作步骤。

以扑克牌抓牌排序为例,一般有多种排序算法。比如一种是将所有的牌抓到手中后,每次选取点数最小的牌移动到最前面,然后从剩余的未排序的牌中选取点数最小的移动到剩余未排序列的最前面,一直重复,直到全部排序完成,有 n 张牌则找 $n-1$ 次最小值,依次放入指定位置,这就是排序算法中的选择排序。另一种是每抓一张牌时,将这个牌插入到手中已排序的一组牌中,保持手中的牌有序,重复抓牌和插入过程(有 n 张牌就插入 $n-1$ 次),就完成了排序,这就是排序算法中的插入排序。

描述算法实现的方法有多种,可以使用文字、伪代码或流程图等表示。流程图是算法的图形化描述。图 1-2 表示一个简单的洗衣服的流程。

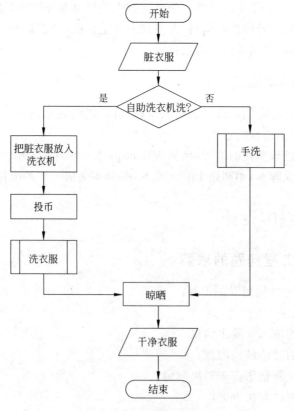

图 1-2 洗衣服的流程图

问题：洗衣服

输入：脏衣服

输出：干净衣服

算法：选择：自助洗衣机洗；手洗。

　　　　自助洗衣机洗细化为：把脏衣服放入洗衣机；投币；洗衣服；晾晒。

每个步骤的实现都可以选择一种实现方法，算法可以逐步细化，直到能够简单实现。

算法是程序设计的核心，用编程语言编写的代码是具体的实现。本书会随着语法的深入，在每章中穿插介绍工程问题的求解中常用的算法，如计算、排序、查找等。

1.3.2　面向过程的程序设计与面向对象的程序设计

程序设计主要有两大思想：面向过程与面向对象。C 语言是面向过程的，C++ 在面向过程的基础上增加了面向对象技术。在面向过程的程序中，C 语言与 C++ 的语法大部分相同，C++ 对 C 语言的语法做了扩充。

面向过程的程序设计首先考虑的是如何通过一个过程定义对输入（或环境条件）进行运算处理得到输出（或实现过程（事物）控制）。因此，面向过程一般采用"自顶向下、逐步求精"的方法，将功能划分为若干个基本模块（函数），每个函数功能相对独立，每个模块内部由顺序、选择、循环 3 种基本结构组成。函数是公有的，一个函数名可以使用多种类型的数据，一组数据能被多个函数使用，程序设计者必须考虑每个细节。当程序规模较大、操作种类较多、数据繁杂时较为困难。

面向过程的程序框架如图 1-3 所示。

面向对象的程序设计首先考虑的是如何构造一个对象模型，让这个模型能够契合与之对应的问题域，这样就可以通过获取对象的状态信息得到输出或实现过程（事物）控制。因此，面向对象程序设计一般将要处理的对象的特征抽象出来，形成类，类中封装了描述对象的数据特征和数据方法，对象通过类中的方法进行创建和处理操作。程序设计者只要考虑清楚要处理的各种类和对象，即确定把哪些数据和操作封装在一起，然后确定怎样向有关对象发送消息、完成任务即可。封装性保护信息，形成"黑箱"。继承性提高了程序的可重用性和开发效率。

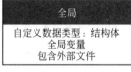

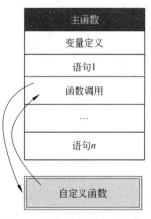

面向对象的程序框架如图 1-4 所示。

本书主要讲解控制台程序的设计与应用，主要使用面向过程的程序设计方法，代码使用 C++ 语言（本章的代码同时给出 C 语言和 C++ 程序），经过简单修改（主要是输入输出）后可以在 C 语言环境下运行。此外，本书后面将简单介绍面向对象的程序设计方法，增加了一些常用的 C++ 函数库与模板库，便于解决比较复杂的实际问题。

图 1-3　面向过程的程序框架

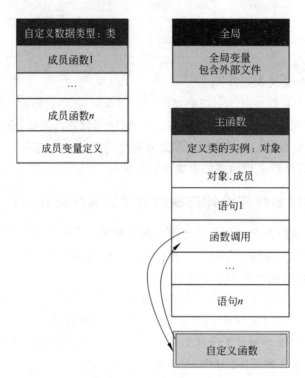

图 1-4　面向对象的程序框架

1.4　C&C++ 源程序示例

下面通过几个示例分别给出 C 语言程序及 C++ 程序的组成。在控制台程序中，C 语言源程序与 C++ 源程序的框架基本相同。在本书的叙述中，"C&C++ 源程序"表示在 C 语言和 C++ 编译环境下都可以运行，"C++ 源程序"表示仅适用于 C++ 环境。本书中的程序以 C++ 代码为主，大部分程序经过简单修改后适用于 C 语言程序。

1.4.1　程序示例

【例 1-1】　在屏幕上输出"Hello World!"。

行号	C++源程序
1	#include <iostream>
2	using namespace std;
3	int main()
4	{
5	cout << "Hello World!";
6	return 0;
7	}

行号	C&C++源程序
1	#include <stdio.h >
2	
3	int main()
4	{
5	printf("Hello World!");
6	return 0;
7	}

说明：一个程序至少有一个输出，例 1-1 是程序的基本框架示例，所有程序都由这个基本框架逐渐扩展而成。初学者必须熟练记住这 7 行的格式，注意大小写和适当的空格分隔。

【例 1-2】　在屏幕上输出下面的图形（3 行符号）。

```
***********
@         @
***********
```

行号	C++源程序	行号	C&C++源程序
1	#include <iostream>	1	#include <stdio.h >
2	using namespace std;	2	
3	void print();	3	void print ();
4	int main()	4	int main()
5	{	5	{
6	print();	6	print ();
7	cout <<"@ @ \n";	7	printf ("@ @ \n");
8	print();	8	print ();
9	return 0;	9	return 0;
10	}	10	}
11	void print()	11	void print ()
12	{	12	{
13	cout << "***********\n";	13	printf("***********\n");
14	}	14	}

说明：例 1-2 展示了用户自定义的函数以及调用。将独立的功能封装成函数，就可以反复调用该函数。函数也是程序中重要的组成部分。函数就像工具，对工具掌握得越熟练，能够解决任务的能力越强。

【例 1-3】　输入两个整数作为分子和分母，输出商。

行号	C++源程序
1	#include <iostream>
2	using namespace std;
3	double Q (int a, int b);　　//声明 Q 函数，其功能是返回 a 除以 b 的商
4	
5	int main()
6	{
7	int a =0, b =0;　　//定义保存整数的整型变量 a 和 b，将其值初始化为 0
8	cin >>a >>b;　　//输入两个数，分别保存到分配给 a 和 b 的内存空间中
9	double val =Q (a, b);　//定义浮点型变量 val，保存调用 Q 函数的结果
10	cout <<"quotient =" <<val ;　//输出商 val 的结果
11	return 0;
12	}
13	
14	double Q (int a, int b)　　//自定义函数

```
15      {
16          double q = 0;                //定义保存商的实数到双精度实型变量 q 中
17          if( b != 0 )                 //分母不为 0 则求商
18              q = 1.0 * a / b;         //计算 a 除以 b 的结果,保留小数
19          else
20              cout << "Divided By Zero!\n";   //输出除数为 0 的错误提示
21          return q;                    //返回 q 的值
22      }
```

行号   C&C++源程序

```
1     #include <stdio.h>
2
3     double Q ( int a, int b );       //声明函数 Q,其功能是返回 a/b 的结果
4
5     int main()
6     {
7         int a = 0, b = 0 ;           //定义保存整数的整型变量 a 和 b,将其值初始化为 0
8         scanf( "%d%d", &a, &b);      //输入两个数,分别保存到分配给 a 和 b 的内存空间中
9         double val = Q ( a, b );     //定义浮点型变量 val,保存调用 Q 函数的结果
10        printf( "quotient = %lf", val );   //输出商 val 的值
11        return 0;
12    }
13
14    double Q ( int a, int b )
15    {
16        double q = 0;                //定义保存商的实数到双精度实型变量 q 中
17        if( b != 0 )                 //分母不为 0 则求商
18            q = 1.0 * a / b;         //计算 a 除以 b 的结果,保留小数
19        else
20            printf( "Divided By Zero!\n" );   //输出除数为 0 的错误提示
21        return q;
22    }
```

说明：例 1-3 展示了程序与用户的交互,根据用户的输入来完成处理并输出结果,还展示了函数调用时传递参数和返回值的过程。自定义函数 Q 封装了除法的功能。声明变量 val 时,系统为 val 分配内存,然后调用 Q 函数。调用时按照声明的格式传递两个数给 Q 函数,分别保存 Q 到函数的两个形式参数变量 a 和 b 中。Q 函数执行完后,返回 q 的值并回到 Q 函数的调用点,将返回值赋值给变量 val。

例 1-3 中的两段代码的主要区别是输入输出语句不同,而整体结构和语句基本相同。cin 与 cout 适用于简单输入输出,比较容易掌握,而 scanf 和 printf 对格式有比较严格的要求,因此建议初学者使用 cin 和 cout,在掌握程序书写格式的基础上学习 scanf 和 printf 的用法。

1.4.2　程序代码说明

在例 1-1 至例 1-3 中,C 语言源程序与 C++ 源程序的框架及代码基本相同,主要包括

以下 7 个部分。

1.4.2.1　编译预处理命令

以♯开头的命令称为**编译预处理命令**（preprocessing command），是在编译之前被处理的内容。♯include 是一个编译预处理命令，编译时，首先把另一个文件的内容插入到当前♯include 语句的位置，再进行语法编译。

1.4.2.2　库与命名空间

C&C++ 语言的输入输出都需要包含专门的文件才能实现。一个程序至少要有一条输出语句，因此，程序首行一般是♯include 行。

C 语言的输入与输出是由 C 语言的库文件 stdio.h 提供的 scanf 和 printf 函数实现的，因此程序的最开始要包含♯include ＜stdio.h＞。C++ 包含了 C 语言的标准库文件，因此在 C++ 程序中也可以直接使用 stdio.h 中的 scanf 和 printf 函数实现输入与输出。

♯include 包含的标准类库头文件都用＜ ＞括起来，文件存储在编译器的类库路径中。如果是自定义的头文件，一般放在程序运行的文件夹中，使用" "包含文件名。

C++ 语言有很多标准库，这些标准库的定义分别放在不同的**命名空间**（name space）中。最常用的是 std 命名空间，包含了所有的标准库。例如 C++ 的输入对象（cin）和输出对象（cout）定义在 std 命名空间的 iostream 文件中。因此，程序的最开始一般都要包含以下两行：

```
#include <iostream>
using namespace std;
```

1.4.2.3　函数

函数（function）是程序的基本组成部分，也是学习编写程序最重要的基本内容之一。函数封装了功能定义，调用函数时不需要了解其内部实现细节，只要按照函数声明的格式使用即可。系统提供了大量功能强大的库函数，也允许程序员自定义函数。

主函数是程序运行的起点，一个程序必须有而且只能有一个主函数。

int main()｛return 0;｝是主函数的基本结构。其中，main 是函数名；int 表示函数返回一个整数；用一对大括号（｛｝）封装了一组语句，称为函数体，执行程序就是调用 main() 函数，逐步执行 main 的函数体的语句。main 函数正常执行完毕后，要向操作系统返回整数 0，如果非 0，表示程序未正常退出，因此 main 函数大括号内的最后一行是 return 0;。

如果有其他函数，函数要先声明后调用。函数声明一般放在本文件的 main 函数的前面，函数定义放在 main 函数的后面。也可以将函数定义在文件外部，在文件开头加上♯include 语句。

如果函数在定义时没有参数，调用时函数名后面的小括号也不能省略。如例 1-2 第 6 行和第 8 行的 print();如果有参数，要按照函数定义时小括号内的参数个数及顺序传递实际值给对应的变量，然后按顺序执行函数体中的语句，如例 1-3 的第 9 行 Q (a,b)。

函数执行完毕后一般会返回函数的执行结果，在函数体内执行到 return 语句即结束函数调用，返回函数调用点，并将返回值作为函数调用表达式的值，继续执行语句。例如，例 1-3 的第 9 行 double val = Q(a,b);，将 Q 函数调用的结果赋给 val 变量。如果函数执行完毕后不需要返回任何值，则定义函数的返回值类型为 void，函数体中也不需要 return 语句，或者只写 return;。例如，例 1-2 第 11～14 行的 print 函数的定义中就没有 return 语句。

1.4.2.4 标识符

标识符(identifier)是表示程序中实体名字的有效字符序列，如变量名、函数名等。

标识符一般使用有意义的英文或英文缩写，如 area 表示面积、triangleArea 表示三角形面积等。

C&C++ 标识符由字母、数字、下画线组成，并且只能由字母或下画线开头，如例 1-3 中第 7 行定义的标识符 a 和 b 都是用于定义程序中的变量的标识符。

C&C++ 的标识符是区分大小写的，注意，area 与 Area 是两个不同的标识符。

本书为了方便，许多程序采用 a、b、c、i、j、k 等简单的变量名称。

1.4.2.5 关键字

C&C++ 中有一些特定含义的词，如 int、if、else、return 等，称为**关键字**(keyword)，系统赋予其特定的含义，可以直接使用。用户自定义的标识符不能与关键字同名。详细的关键字列表见附录 A。

关键字与标识符之间、标识符与标识符之间至少要有一个空格。例如，int a;表明要定义一个整型变量，但是如果写为 inta;（int 和 a 之间没有空格），编译器会将 inta 当作一个标识符，出现如下的编译错误提示：

```
[Error] 'inta' was not declared in this scope
```

1.4.2.6 语句

除了编译预处理命令外，C++ 程序都由**语句**(sentence)组成。一般情况下，一条语句占一行；也允许将多条语句放在一行中，但每条语句必须以英文的分号(;)结尾。

语句控制程序的执行流程并计算表达式。语句分为以下几类。

(1) 表达式语句。表达式后面加上分号(;)。

(2) 空语句。仅有一个分号(;)的语句。

(3) 复合语句。将多条语句用一对大括号括起来，逻辑上是一条语句。

(4) 流程控制语句。选择结构语句(if、switch)、循环结构语句(for、while、do-while)等语句在逻辑上是一条语句。例如，例 1-3 中第 17～21 行是一条 if 语句，通过条件"b 是否不等于 0"来控制程序流程，条件为真则执行 if 后面的一条语句，为假则执行 else 后面的一条语句。

(5) 函数调用语句。例如，例 1-2 中第 6 和第 8 行是调用 print 函数的语句，由于

print 函数无返回值,因此只能作为单独的一条语句出现;而例 1-3 中第 9 行是调用 Q 函数,由于 Q 函数返回一个 double 型的值,因此函数调用可以写到表达式中。

1.4.2.7　注释

注释(note)的作用是为了方便阅读程序。注释不影响程序的执行。

C&C++ 中可以使用/＊注释内容＊/进行块注释,/＊代表注释的开始,＊/代表注释的结束,中间包括若干行。

采用单行末尾注释时,C++ 一般使用双斜线(//)注释;C 语言使用/＊注释内容＊/,C99 标准开始支持用//注释。

1.4.3　程序书写原则

程序要方便阅读,以便于调试程序。程序的一般书写原则如下:

(1) 在源程序中加入适当的注释,如在程序的头部加上:

```
/ *
    源程序名称
    源程序主要功能
    作者
    创建时间
 * /
```

为程序的关键代码加上注释,如例 1-3 示例中的代码注释。

(2) 单词之间加上适当的空格、回车和制表符,以便于阅读。例如 int a ＝ b ＋ 1,int 和 a 之间必须有空格。一个空格和多个空格的作用相同。在＝和＋的两边加空格是为了便于阅读,可以加也可以不加。

(3) 程序各行应按层次关系加上适当的缩进,如 4 个空格,便于分清语句所在的层次。关键字、标识符和运算符之间也最好增加一个空格。例如:

好的写法:	不好的写法:
`if ( b !=0 )`	`if(b!=0)`
`{`	`{`
`    q =1.0 * a / b;`	`    q=1.0 * a/b;`
`    printf( "quotient =%f", q );`	`    printf("quotient =%f", q);`
`}`	`}`
`else`	`else`
`    printf( "Divided By Zero!\n" );`	`    printf("Divided By Zero!\n");`

(4) 避免语法歧义。如果一个表达式中的运算符比较多,为了避免优先级出现问题,可以多用小括号将优先计算的表达式括起来。例如,2＋3 && 4 ＊ 5 || 6－3,如果不清楚 && 和||的运算符优先级,可以写成(2+3) && ((4 ＊ 5) ||(6－3)),则计算过程是 2＋3 的结果和((4 ＊ 5) ||(6－3))的结果进行 && 运算。

(5) 将独立的功能封装成函数,以便重复利用代码,使得主函数代码简洁、逻辑清晰,也有利于团队合作完成较大型的程序,如例 1-2 中的 print 函数与例 1-3 中的 Q 函数。

1.5　C&C++ 开发环境

1.5.1　常用的集成开发环境

编译器是将高级语言翻译成机器语言的工具。软件开发一般需要一个集成源程序的编辑、编译、连接和运行功能的开发环境,称为**集成开发环境**(Integrated Development Environment,IDE)。常用的编译器及 IDE 如下。

1. Dev-C++

Dev-C++ 是 Windows 环境下的 C&C++ 的 IDE,是一款自由软件,体积小。它适合初学者编写比较小而简单的程序,可作为入门的 IDE。

下载地址:https://sourceforge.net/projects/orwelldevcpp/。

不同的 IDE 中少量函数库有所区别,使用时需要注意选择 IDE 支持的函数。

Dev-C++ 兼容 C99 与 C++ 11 等标准,同时有少量扩展。配置时可以选择代码适用的标准。

2. Code∷Blocks

Code∷Blocks 是一个开放源码的跨平台 IDE,主要支持 C、C++ 、FORTRAN。

下载地址:http://www.codeblocks.org/downloads。

3. Microsoft Visual Studio

Microsoft Visual Studio 简称 VS,是微软公司推出的 Windows 应用程序的集成开发环境,最新版本为 Visual Studio 2019,支持 C++ 、C♯、VB、Python 等多种语言,系统庞大,分为收费和免费等多个版本。

下载地址:https://visualstudio.microsoft.com。

Visual Studio Code 简称 VS Code,是微软公司推出的一个免费、开源的代码编辑器,支持 C++ 、C♯、Java、Python 等多种语言,提供 Windows、Linux、MacOS 等多种操作系统支持的版本。

下载地址:https://code.visualstudio.com/ 。

Visual C++ 6.0 简称 VC 6.0,是微软公司在 1998 年推出的 Windows 应用开发环境,现已不再升级。

4. GCC

UNIX/Linux 操作系统支持 GCC 编译器,在命令行环境下运行。在 Windows 操作系统中安装 MinGW 后也可以使用 GCC 编译器。

1.5.2　用 Dev-C++ 创建 C&C++ 项目

本书的所有程序在 Dev-C++ 5.11 环境下能够执行。附录 C 展示了 Dev-C++ 5.11
的配置和调试程序的方法。本节以例 1-1 为例，展示一个 C++ 程序的项目创建、编写、编
译和执行的全过程。

1.5.2.1　新建一个源程序

可以用两种方法新建一个源程序。

第一种方法是新建一个项目，选择项目类型，再在项目中修改或创建源程序文件。

在菜单栏中选择"文件"→"新建"→"项目"命令，在 Basic 选项卡中选择 Console
Application(控制台应用程序)类型，输入项目名称，如 test，单击"确定"按钮，将新建的项
目保存到一个文件夹中。

新建的项目中包含了一个名为 main.cpp 的文件，内容包括：

```
#include <iostream>
    /* run this program using the console pauser or add your own getch, system("
        pause") or input loop */
    int main(int argc, char * * argv) {
        return 0;
}
```

在该文件中已经搭建了一个以 main 函数为程序入口点的 C++ 程序框架，只需要将
代码添加到 main 函数中的 return 0;语句的前面即可。

也可以删除 main.cpp，在项目中创建空白源程序。在菜单栏中选择"文件"→"新建"→
"源代码"命令，新建一个空白文件，自己手写源程序，保存时选择文件类型是 C++ 或
C 程序。

Dev-C++ 提供的 main 函数是带参数的：int argc, char * * argv，允许在执行应用程
序时带运行参数，大多数应用程序的 main 函数无须带参数。此外，iostream 在 std 命名
空间中，每次使用时需要加上 std::前缀，如 std::cout。为了书写方便，一般在包含头文
件时加上命名空间的声明，这样就可以直接使用库函数的名称(如 cout)。因此，手写源
程序的框架如下：

```
#include <iostream>
using namespace std;
int main()
{
    return 0;
}
```

项目关闭后，可以在菜单栏中选择"文件"→"打开项目或文件"命令，选中扩展名为
.dev 的文件，可以打开项目中的所有文件。

注意：一个项目中可以有多个源程序，但是必须有而且只能有一个 main 函数。因此，要创建第二个项目时，应先关闭当前项目，再重复上面的过程。在主界面左边的"项目管理"树状目录中，右击项目中的源程序文件，在快捷菜单中选择"移除文件"命令，可以将源文件移出该项目(文件并未删除)。

下面介绍第二种方法。如果项目中只有一个源程序文件，可以跳过新建项目过程，直接在菜单栏中选择"文件"→"新建"→"源代码"命令，新建一个空白文件，保存时选择文件类型是 C++ 或 C 程序。编译时系统会自动增加一个合适的项目。这个办法适合初学者编写简单的程序。

1.5.2.2 编译和连接

在菜单中选择"运行"→"编译"，或者按快捷键 F9，或者单击工具栏的按钮，都可以编译程序。如果有语法错误，则会有提示信息；如果没有发现错误，编译通过，则在与源程序相同的文件夹中会生成一个同名的 .exe 文件。如图 1-5 所示，编译执行了 g++ 命令，并且未发现错误，也没有警告。

图 1-5　编译通过后的信息提示

编译中出现错误时，会在下方列出错误的行号以及出错提示。双击错误信息，则在源程序中相应的语句处会出现红色的长条，检查当前行以及前面一行，一般可以发现错误。如图 1-6 所示，在第 5 行发现前面的语句(第 4 行)缺少分号。

有时候，显示的出错信息行很多。找到并修改了一个错误后，应立刻重新编译，再根据出错信息寻找并修改语法错误。

图 1-6　编译时的出错信息提示

1.5.2.3 运行

在菜单栏中选择"运行"→"运行"命令，或者按快捷键 F10，或者单击工具栏的按钮，都可以运行程序。

在菜单栏中选择"运行"→"编译运行"命令，或者按快捷键 F11，或者单击工具栏的按钮，可以一次性完成编译、连接和运行程序。

例如,编译并运行例 1-1 程序的结果如图 1-7 所示。

图 1-7　例 1-1 的运行结果

出现运行窗口时,如果屏幕出现光标闪动,能够从键盘按键接收信息,说明程序正在等待用户的输入,应按照程序要求输入正确格式的数据,回车后继续执行,观察结果。此外,可以通过最后一行的信息观察到程序的运行时间及返回值,正常结束的程序返回值为 0,如果是非 0 值,说明程序是不正常退出的。

程序运行完毕后,按任意键或单击窗口右上角的×按钮关闭窗口。注意,不要最小化窗口,否则此时窗口仍然在运行中,可能会导致后续执行程序失败。

程序要多运行几次,输入不同的测试数据,检验结果的正确性。如果结果不正确,需要返回到源程序,继续修改逻辑上的错误。

1.6　实用知识:常见的编译和运行错误

程序的常见错误分为编译错误和运行错误。

1.6.1　常见的编译错误

源程序在编译时要检查语法,如果发现错误,会停止编译,并给出错误提示信息。常见的语法错误有语句末尾缺少分号、函数调用缺少小括号等。例如下面的代码中有 4 个语法错误,编译时出现的提示信息如图 1-8 所示。

```
#include <iostream>
int main()
{
    cout << "Hello World!
    return0;
}
```

初学者常见的编译错误提示信息如表 1-2 所示。

表 1-2　初学者常见的编译错误提示信息

提 示 信 息	编 译 错 误
[Error] missing terminating " character	字符串缺少一个双引号(")
[Error] stray '\243' in program [Error] stray '\273' in program	程序中出现中文字符'\243'。 '\243'与'\273'组成中文字符的分号(;)

提 示 信 息	编 译 错 误
[Error] 'cout' was not declared in this scope	cout 是 std 命名空间的，要写成 std::cout 如果在 #include 后面加上 using namespace std; 则可以直接用 cout
[Error] ' return0 ' was not declared in this scope	return0 并未定义。变量必须先定义后使用。 return 是关键字，return 0; 表示函数返回整数 0，return 和 0 中间要有空格分隔
[Error] expected ';' before 'return'	return 语句前面的语句缺少分号
[Error] redefinition of 'int main()'	main 函数被重复定义。一个项目中必须有而且只能有一个 main 函数，不允许有两个及以上的 main 函数
[Error] no match for 'operator>>' (operand types are 'std::ostream {aka std::basic_ostream<char>}' and 'int')	不匹配的运算符>>。 >>与 cin 匹配，如果 cin>> 书写格式错误，或者输出时写成 cout>>格式，都会出现此错误信息

图 1-8　编译错误代码及提示信息示例

　　修改编译错误时，单击[Error]提示信息行，源程序中会出现一个红色横条，一般是当前行或者在其前面一行出现语法错误。逐行向上寻找错误，一旦发现语法错误，立刻修改后重新编译，可能出现的错误信息会更多或者更少。

1.6.2　常见的运行错误

　　程序能够运行，并不代表完全正确，还需要检查逻辑性。为了保证程序的正确性，一般要多测试几组数据。例如下面的代码能够运行，但是代码是错误的：

```
1    #include <stdio.h>
2
```

```
3    double Q ( int a, int b );              //声明函数 Q,功能是返回 a/b 的结果
4
5    int main()
6    {
7        int a = 0, b = 0 ;
8        scanf( "%d%d", a, b);
9        double val = Q ( a, b);
10       printf( "quotient = %d", val );
11       return 0;
12   }
13
14   double Q ( int a, int b )
15   {
16       double q = 0 ;
17       q = a / b ;
18       return q;
19   }
```

运行时,输入第一组测试用例"3 2",回车后的结果如下:

3 2

Process exited after 3.992 seconds with return value 3221225477

没有看到输出信息,但是显示一行提示信息,意为"3.992 秒后程序退出,返回值为32212225477",说明 main 函数并没有正常执行到第 11 行,而是出现异常后提前退出了。

常见的运行错误包括变量数据类型错误、输入与输出格式错误、计算错误等。在程序中适当增加额外的输出语句,逐步检查程序运行中变量值的变化,进而找到问题。本例中逐步排查的过程如下:

(1) 在第 9 行前面增加一句:printf("%d,%d\n", a, b);。运行后输入测试用例"3 2",观察变量 a 和 b 是否正确接收数据,发现运行结果不变,并没有输出什么有效信息(或者是随机值)。由此找到第一个错误:输入语句错误,scanf 函数要求在整型变量名前面加 &(地址运算符)。

(2) 修改第 8 行语句为 scanf("%d%d", &a, &b);。再次执行程序,输入测试用例"3 2"后,发现输出结果为 quotient = 0,即函数返回值为 0。出错的可能性有两个:一个是 Q 函数定义错误,返回值为 0;另一个是输出格式错误。观察第 10 行,找到第二个错误:输出语句错误,val 是 double 型变量,输出格式应该用%lf 而不是%d。

(3) 修改第 10 行语句为 printf("quotient = %d", val);。再次执行程序,输入测试用例"3 2"后,发现输出结果为 quotient = 1.000000。观察 Q 函数,在其定义中,第 17 行为 q = a / b;语句。C&C++ 语法规定:整数除以整数的结果仍然是整数,小数部分直接舍去,因此 3 除以 2 的结果是 1.5,只保留整数部分,是 1。

(4) 修改第 17 行语句为 q = 1.0 * a / b;。再次执行程序,输入测试用例"3 2"后,

发现输出结果为 quotient ＝1.500000,结果正确。

1.7 练习与思考

1-1 一个 C&C++ 源程序主要有哪些基本组成部分?例 1-1～例 1-3 的 C 程序与 C++ 程序有什么相同点与不同点?

1-2 模仿例 1-1,写一个程序,输出以下结果:

```
************
*Hello     *
************
```

提示:用 cout 或 printf 实现输出信息,注意使用合适的 ♯include。

1-3 模仿例 1-2,写一个程序,输入一个矩形的长和宽(都是整数),计算并输出矩形的面积。例如:

```
输入:3 5
输出:15
```

提示:主函数内定义两个 int 型变量,用 cin 或 scanf 接收键盘输入值给变量,计算得到乘积后输出结果。乘运算符是 ＊ ,可以定义 int 型变量保存乘积,也可以直接输出乘积,用 cout 或 printf 实现输出信息。

1-4 画出例 1-3 的流程图。

1-5 与机器语言相比,高级语言编写的程序的特点是(   )。

  A. 计算机能直接识别和执行　　　B. 执行速度快

  C. 可读性好,语法更接近自然语言　D. 依赖于具体机器,移植性差

1-6 引用 C++ 语言标准库函数,一般要用预处理命令将其头文件包含进来,写法是 ♯(   )。

  A. using　　　　　B. import　　　　　C. define　　　　　D. include

1-7 编写 C 或 C++ 程序一般需要经过的步骤依次是(   )。

  A. 编译、连接、运行、编辑　　　　B. 编辑、编译、连接、运行

  C. 编辑、连接、编译、运行　　　　D. 编译、编辑、运行、连接

1-8 标准 C++ 源程序的文件名的扩展名是(   )。

  A. .c　　　　　　B. .exe　　　　　C. .obj　　　　　D. .cpp

1-9 把源程序文件翻译成目标文件的过程叫作(   )。

  A. 编译　　　　　B. 编辑　　　　　C. 连接　　　　　D. 调试

1-10 计算机高级语言程序设计的 3 种基本结构是(   )。

  A. 顺序结构、选择结构、循环结构　B. 递归结构、循环结构、转移结构

  C. 嵌套结构、递归结构、顺序结构　D. 循环结构、转移结构、顺序结构

数学表达式与简单程序

第2章

编写源程序一般按照输入→处理→输出（Input→Operate→Output，IPO）的过程依次写出的。计算机按照顺序逐条执行语句，最终完成工作。本章介绍顺序结构的简单程序，重点是理解不同数据类型的存储与表达，利用数学运算符以及数学函数库实现数学表达式的计算，逐步实现数学计算。

2.1 顺序结构

顺序结构是最常用的程序结构，按照解决问题的顺序写出相应的语句，程序运行时按照语句的书写顺序一条条执行。假设有一个程序要求输入两个整数，输出两个整数的乘积。程序中需要定义 3 个变量分别用来保存两个整数和乘积，然后进行输入、计算和输出结果。流程图见图 2-1。

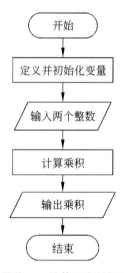

图 2-1 顺序结构——计算两个整数乘积的流程图

按照设计思路可以快速写出源程序。每种高级语言都有定义常量和变量、运算符和表达式、语句等的基本语法。本章介绍最常用的 C&C++ 语法。如果要了解更详细的语法，请查阅附录以及相关版本语言的官方资料。

2.2 基本数据类型与常量

2.2.1 基本数据类型简介

在计算机中使用数据时,不同的**数据类型**（Data Type）有不同的存储形式,允许有不同的操作。例如在计算机内部,一字节 00001001 作为不同的数据类型会有不同的含义。例如,作为整数输出表示 5,作为字符输出表示 ASCII 码为 5 的字符。

C&C++ 中最常用的内置数据类型见表 2-1。更多的内置数据类型见附录 A。本书中在第一次使用某种数据类型时,会介绍该数据类型的使用特点。

表 2-1　C&C++ 中最常用的内置数据类型

数 据 类 型	C&C++ 中的定义	实　　例
整型	int	5　－3
双精度浮点型	double	8.8　1e－3
字符型	char	'A'　'0'

常量（Constant）也具有一定的数据类型。常量的数据类型由其书写格式决定。例如,3.14 是双精度浮点型,365 是整型,'C'是字符型。

C++ 支持两种类型的常量：字面常量和符号常量。字面常量比较简单,一般由其字面形式表示,分为整型常量、浮点型常量、字符常量和字符串常量等；符号常量是用一个标识符来替代常量。

2.2.2 整型常量

在数学运算中,最常见的数分为整数和实数。程序中直接书写十进制整数,如 25、0、－5。

一个整数默认是**整型**（int）。整数在内存中的字节数与编译平台有关,一般占 2 或 4 字节（16 位或 32 位以上）,如果占 4 字节,能够表示的数值范围为 $-2^{31} \sim 2^{31}-1$。

一个整数后面加上后缀 L 或 l 表示**长整型**（long）,如 100L,一般占 4 字节。

整数加上前缀 0 或 0x 表示八进制或十六进制整数,如 0327、0x45F。

每种整数类型默认是**有符号整型**（signed）,都有对应的**无符号整型**（unsigned）,如 unsigned int、unsigned long 等,加上后缀 U 或 u,如 200U、300UL。

C++ 11 和 C99 中增加了 long long 和 unsigned long long 数据类型,能够表示更大的整数,但不是所有编译器都支持。long long 占 8 字节,表示的数值范围为 $-2^{63} \sim 2^{63}-1$,一个整数后面加上后缀 LL 表示 long long,或加上后缀 ULL 表示 unsigned long long,如 12LL、200ULL。

2.2.3 实型常量

实型常量也称为浮点型常量,有两种形式：小数法、科学记数法。小数法是常规的数值写法,如 12.5、0.34 等。科学记数法一般用于表示很大或很小的浮点数,如 1.2E8(即 1.2×10^8)、$-5.73E-9$(即 -5.73×10^{-9})。

一个实数默认是**双精度型**(double),占 8 字节,有效数字(精度)为 15 位或 16 位,能够表示的数值范围为 $10^{-308} \sim 10^{308}$。

一个实数后面加上后缀 F 或 f 表示**单精度型**(float),占 4 字节,有效数字为 6 位或 7 位,表示的数值范围为 $10^{-38} \sim 10^{38}$。

2.2.4　字符型常量

字符常量是用一对单引号括起一个字符,如'Y'、'y'、'6'、'#'、' '(两个单引号中间有一个空格)等。

字符常量是**字符型**(char),占 1 字节,存储该字符的 ASCII 码值。例如,字符'A'的 ASCII 码值是 65,因此在计算机内存中的存储形式是 01000001。

注意下面的字符常量书写问题:

(1) 'ab'错误。一对单引号只能括起一个字符。

(2) 'a'与 a 是不同的。'a'表示字符常量,值是字母 a 的 ASCII 码值;a 未用单引号括起来时是标识符,要定义,如 int a 表示 a 是变量。

(3) '0'与 0 是不同的。'0'表示字符常量,值是字符 0 的 ASCII 码值(整数 48);而 0 表示整型常量 0。

(4) 'a'与"a"是不同的。"a"表示字符串常量,由字符常量'a'和用来标识字符串结尾的'\0'组成。

一对单引号中用反斜线(\)加上一个字符表示一个特殊的字符常量,称为转义字符,同样占一字节。转义字符也可以用反斜和该字符的 ASCII 码构成。其中,字符的 ASCII 码采用 3 位八进制数(形式如\ddd)或两位十六进制数(形式如\xhh)。常用的转义字符如表 2-2 所示。

表 2-2　常用的转义字符

转义字符	ASCII 码	功　　能
'\n'	10	换行(输出时起间隔的作用,光标跳到下一行行首)
'\t'	9	水平制表符(输出时起间隔的作用,相当于按 Tab 键)
'\\'	92	一个反斜线(\)
'\''	39	一个单引号(')
'\"'	34	一个双引号(")
'\ddd'	ddd	3 位八进制整数对应的字符(ddd 表示该字符的 ASCII 码的八进制值),例如,'\012'表示'\n','\101'表示'A'(ASCII 码值为 65)
'\xhh'	hh	两位十六进制整数对应的字符(hh 表示该字符的 ASCII 码的十六进制值),例如,'x0A'表示'\n','\x41'表示'A'(ASCII 码值为 65)

2.2.5　符号常量

符号常量是使用一个标识符保存的一个值,它的值在程序中不能被改变,是只读型。适当命名符号常量可以让程序更容易理解。程序员的习惯做法是将常量名中的字母全部大写,以区别于变量。

C&C++ 的标识符命名原则:可包含任何大小写字母、数字和下画线(_),但不以数字作为首字符。

C&C++ 区分大小写。

声明符号常量一般有两种格式:#define 和 const。

2.2.5.1　用 #define 定义符号常量

#define 是 C 语言提供的宏定义编译预处理命令,指定一个标识符来定义一个字符序列,标识符称为宏名。编译时使用字符序列替换宏名。形式如下:

#define　宏名　字符序列

习惯上,为了与变量区别,常量名的字母一般全部用大写。例如,声明一个值为3.1415 的符号常量 PI:

```
#define PI 3.1415
```

宏定义属于编译预处理命令,一般写在程序的头部,语句结尾没有分号,编译时系统会将程序中所有的宏名替换成字符序列。宏定义提高了程序的可读性,也方便修改,当以后要修改常量值时,只需要修改 #define 后的字符序列即可。

【例 2-1】　用 #define 定义符号常量,计算圆的面积和周长。

要求:计算圆的面积和周长,半径为 3,圆周率为 3.1415926。

源程序如下:

```
1    #include <iostream>
2    using namespace std;
3    #define PI 3.1415926
4    #define R 3
5    int main()
6    {
7        cout << PI * R * R << endl;        //输出半径为 R 的圆的面积
8        cout << 2 * PI * R << endl;        //输出半径为 R 的圆的周长
9        return 0;
10   }
```

程序的运行结果为

```
28.2743
18.8496
```

说明:endl 在 C++ 的 iostream 中定义,用于输出一个换行符,也可以用'\n'换行。例如,第 7 行可以写成 cout << PI * R * R << "\n";。一对双引号内部可以写若干个字符常量,每个字符常量不需要加单引号。例如,"\n\n"表示输出'\n'和'\n'两个字符,称为字符串。

源程序在编译时,代码第 7 行和第 8 行的语句会转化成

```
cout << 3.1415926 * 3 * 3 << endl;
cout << 2 * 3.1415926 * 3 << endl;
```

注意:宏定义在编译前只是简单地进行字符替换,不会做任何转换,也不会检查。例如,将第 4 行的♯define R 3 改写成♯define R 1 + 2,则编译时第 7 行和第 8 行的语句会转化为

```
cout << 3.1415926 * 1 + 2 * 1 + 2 << endl;
cout << 2 * 3.1415926 * 1 + 2 << endl;
```

按照算术运算的优先级,会先做乘法后做加法,结果为

```
7.14159
8.28319
```

宏定义的末尾如果写了分号,那么分号也会作为字符序列的一部分替换到宏名中。例如,如果将第 4 行的♯define R 3 写成♯define R 3;(末尾多了一个分号),那么编译时代码第 7 行和第 8 行的语句会转化为

```
cout << 3.1415926 * 3; * 3; << endl;
cout << 2 * 3.1415926 * 3; << endl;
```

3 和<<endl 之间多了一个分号,导致编译失败,错误提示信息如图 2-2 所示。

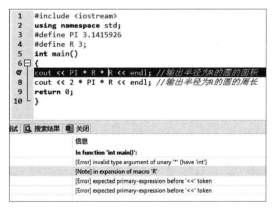

图 2-2　♯define 末尾加分号的编译错误提示信息

2.2.5.2　用 const 关键字定义符号常量

const 关键字修饰一条常量定义语句,形式如下:

const 数据类型 符号常量标识符 =表达式 ;

或

const 数据类型 符号常量标识符(表达式);

例如:

```
const int MAX_VALUE =100;                    //编译时 MAX_VALUE 的值是 100
const int MAX_VALUE (100);                   //编译时 MAX_VALUE 的值是 100
const int A =5.5;                            //编译时将 5.5 取整,因此 A 的值是 5
const int B = 3 +2;                          //编译时计算 3+2 的值,因此 B 的值是 5
```

const 语句必须以分号结尾。编译时首先计算表达式的值,然后将值按照符号常量的数据类型存储(如上例中的 5.5 是 double 型,要转换成 int 型后赋值给符号常量 A)。与宏名一样,习惯上 const 定义的符号常量的字母全部大写。

【例 2-2】 用 const 定义符号常量,计算圆的面积和周长。

要求:计算圆的面积和周长,半径为 3,圆周率为 3.1415926。

源程序如下:

```
1   #include <iostream>
2   using namespace std;
3   const double PI=3.1415926;
4   const double R(3);
5   int main()
6   {
7       //PI =3.14;                  //错:非法改变符号常量的值
8       cout <<PI * R * R <<endl;    //输出半径为 R 的圆的面积
9       cout <<2 * PI * R <<endl;    //输出半径为 R 的圆的周长
10      return 0;
11  }
```

程序的运行结果为

```
28.2743
18.8496
```

编译时,代码第 8 行和第 9 行的语句会转化成

```
cout <<3.1415926 * 3.0 * 3.0 <<endl;
cout <<2 * 3.1415926 * 3.0 <<endl;
```

如果将第 3 行修改为 const int PI = 3.1415926;,编译时会用 3 替代 PI 的值。

2.2.6　sizeof 运算符

sizeof 是一个特殊的关键字,可以获得一个数据类型占据内存的字节数,其语法形式如下:

sizeof (数据类型)

```
sizeof(常量)
sizeof (变量)
```

例如:

（1）sizeof（double）和 sizeof（3.5）：都返回 double 型在计算机中的字节数，值为 8。

（2）sizeof(int)和 sizeof(5)：都返回 int 型在计算机中的字节数。不同编译平台的返回值不同，一般是 2(16 位)或 4(32 位或 64 位)。

（3）sizeof(char)和 sizeof('a')：都返回 char 型在计算机中的字节数，值为 1。

2.3　变量与赋值运算

程序运行中，如果要保存计算值，要定义一个**变量（variant）**，即用一个标识符表示并指明存储的数据的类型，如 int(整型)、double(实型)等。计算机根据数据类型定义内存的大小，再用名字对应到该内存地址，通过名字访问内存空间。内存空间的值可以修改。

2.3.1　变量与内存的关系

变量是计算机内存中的一个空间，可以在这里存储和检索值。可将计算机内存看作一系列排成长队的文件夹，并按顺序为每个文件夹编号，那么文件夹上的编号就相当于内存地址。为了方便记忆和处理，可以给文件夹贴上标签，标明其用途，那么标签就相当于变量名，这样无须知道变量的实际内存地址（文件夹编号）就能访问文件夹了。

图 2-3 显示了 int 型变量 max 在内存中的存放（假定 int 型占据 4 字节）。这段内存地址为 101~107，在编号为 104 的文件夹上贴的标签名（标识符）为 max，此时不需要知道文件夹的实际编号，只需通过标识符 max 就可以获取文件夹里的内容——数值00000000 00000000 00000000 00001001，即十进制 9。

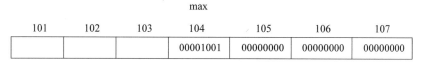

			max			
101	102	103	104	105	106	107
			00001001	00000000	00000000	00000000

图 2-3　int 型变量 max 在内存中的存放

调用（执行）函数时，若遇到变量定义语句，系统就为变量分配大小合适的内存空间；函数调用完毕后回收（释放）内存空间。下次再调用该函数时，再重新为变量分配内存空间；调用完毕后再回收内存空间。

2.3.2　变量定义与初始化

C&C++ 语言规定，变量必须定义后才可以使用。在定义变量的同时可以直接给其赋值，称为初始化。未初始化的变量值是随机值。

2.3.2.1　变量的定义

变量定义的一般形式是：

数据类型 变量名；

其中：

（1）数据类型既包括 C&C++ 已经提供的基本数据类型，如 int、double 等，也可以是后面章节中介绍的自定义数据类型。

（2）变量名是一个合法的标识符，变量名可包含任何大小写字母、数字和下画线，但数字不能作为首字母。C&C++ 区分大小写，例如变量 Area 不同于变量 area。此外，不能使用关键字作为变量名。

下面给出几个变量定义的例子：

```
int max;
double area;
double width;
```

max、area、width 都是变量的名称。相同类型的变量可以在一条语句中定义，用逗号分隔，如改成

```
int max;
double area,width;
```

下面的变量名是错误的：

```
int 3a;                          //不能以数字开头
int a$;                          //不能有字母、数字、下画线之外的字符
inta3;                           //变量名 a3 和 int 之间要有空格
int long;                        //long 是关键字，不能作为变量名
```

在定义变量时，为其分配的内存中原来存在着随机的二进制值。此时，立刻使用变量会带来不确定性，因此建议在变量定义的同时将其初始化为一个明确的值。

2.3.2.2　变量的初始化

在定义变量的同时给它赋初值，称为初始化变量。例如：

```
int max =100;
```

C++ 提供了另一种形式的初始化方法，例如，上面的语句也可改写为

```
int max(100);
```

2.3.3　赋值运算符与自增/自减运算符

程序运行中通过赋值运算符修改变量的值，也就是说，将新值写入分配给变量的内存空间，覆盖旧值。

2.3.3.1　赋值运算符与赋值表达式

赋值运算符＝是双目运算符。＝左边是**左值**,对应能读写的一块内存空间,如变量名;＝右边是右值,可以是常量、变量或表达式。运算后将右边的值保存到左边的变量中。

由赋值运算符组成的表达式称为**赋值表达式**,赋值表达式加上分号就组成**赋值语句**。

下面的语句定义了一个名为 highScore 的整型变量,然后用赋值语句修改变量的值。

```
int highScore;          //创建 highScore 变量并为其分配内存,变量当前的值为随机值
highScore =100;         //向 highScore 变量的内存空间中写入 100(原来的随机值被覆盖)
highScore =5;           //向 highScore 变量的内存空间中写入 5(原来的 100 被覆盖)
```

需要注意几点:

(1) 赋值运算符左边必须是一个左值,不能是表达式,例如:

- a ＝ 3 是赋值表达式,但是 3 ＝ 5 不是。
- 数学中的方程式 a ＋ b ＝ 3(a 的值加 b 的值等于 3)在程序编译时会给出错误信息提示:

  ```
  [Error] lvalue required as left operand of assignment
  ```

  程序中只能写成 a ＝ b － 3(已知 b 的值)或 b ＝ a － 3(已知 a 的值)。

(2) 如果＝两边的数据类型不同,系统会将右值的数据类型自动转换成左值的数据类型。例如:

```
int a =1.8;             //将 1.8(double 型)自动转换为 1(int 型),再赋值给变量 a
double b =1;            //右值为整数 1,自动转换为 double 型 1.0 后赋值给 b
```

(3) 赋值表达式的值就是左值,例如,a ＝ 5 表达式的值就是 5。

(4) 注意＝的优先级与右结合性。＝的优先级非常低(仅高于逗号运算符),一般都是计算右值后再按照左值的数据类型赋值。赋值运算符具有右结合性,表达式按由右向左的顺序执行。赋值表达式的值就是左值,可以继续参与到表达式中。例如:

```
int a, b;
a =b +3;                //计算 b+3 的值,然后赋给 a
a =b =5;
```

等价于 a ＝（ b ＝ 5）;,该表达式首先将整数 5 赋给整型变量 b,表达式 b ＝ 5 的值变为 5,再执行 a ＝ 5,将 5 赋给整型变量 a。

(5) 注意赋值表达式与变量初始化的区别。一个函数内部的变量不能同名,因此在一个函数内部,一个变量的定义及初始化只能有一次,以后要修改变量的值,可以用赋值表达式实现,允许多次使用赋值表达式修改值。例如:

```
int a =3;               //定义整型变量 a,为变量 a 分配内存空间,并将其值初始化为 3
a =4;                   //将 4 赋给 a,即将 4 写入 a 的内存空间中
a =a +2;                //a+2 的值为 6,将 6 赋给 a
```

【例 2-3】 定义两个实数,利用初始化和赋值语句描述一个复数。

源程序如下：

```
#include <iostream>
using namespace std;
int main()
{
    double real =5, image =0;    //定义 real 和 image 变量,分别保存实部和虚部值
    image =10;              //变量可以在定义时初始化,也可以在定义后用赋值语句赋值
    cout <<"Complex: " <<real <<"+" <<image <<'i';
    return 0;
}
```

运行结果是

```
Complex: 5+10i
```

*2.3.3.2　自增与自减运算符

＋＋(两个加号)与－－(两个减号)是单目运算符,功能是将变量值加 1 或减 1 后再赋给自身。＋＋放在变量前面时,称为前置自增;放到变量后面时,称为后置自增。同样,－－也分为前置自减和后置自减。一般自增或自减运算是作为一条语句出现的。例如：

```
int a;
a++;                    //等价于 a =a +1;
++a;                    //等价于 a =a +1;
a--;                    //等价于 a =a -1;
--a;                    //等价于 a =a -1;
```

表达式 a＋＋与＋＋a 作为一条语句时完全相同,都等价于 a ＝ a ＋ 1;但是如果它们出现在一个表达式中,对表达式的值会有影响。前置自增会先执行变量自增 1,然后用变化后的值参与到表达式中;后置自增是先将变量的值参与到表达式中,然后再执行变量加 1。例如：

```
int a =1, b;
b =++a;                 //等价于两条语句: a =a +1; b =a;,执行后 a 的值是 2,b 的值是 2
b =a++;                 //等价于两条语句: b =a; a =a +1;,执行后 a 的值是 2,b 的值是 1
```

2.3.4　陷阱：变量定义与赋值的常见问题

在进行变量定义与赋值时要特别注意以下几点。

(1) 变量必须先定义后使用。

C&C++ 规定,变量必须先定义,才能使用。这一点不同于有的高级语言(如 VB 语言允许变量未经定义而直接使用)。例如：

```
int a =1, b=2;
c =a +b;
```

编译时出现的编译错误信息如下：

[Error] 'c' was not declared in this scope

'c'未定义。c 是一个变量名，要先定义后使用。语句改为

```
int a =1, b=2, c=0;
c = a +b;
```

或

```
int a =1, b=2;
int c =a +b;
```

（2）一个局部范围内不能有重复的变量名。

在一个局部范围内，变量只能定义一次。如果有两个同名变量的定义，会出现编译错误，如图 2-4 所示，第 6 行声明了一个 int 型变量 c，第 7 行再次声明变量 c，会出现［Error］redeclaration of 'int c'的错误提示。去掉第 7 行的 int，改为 c = a + b;，表示对变量 c 赋值，运行后得到正确的结果 8。

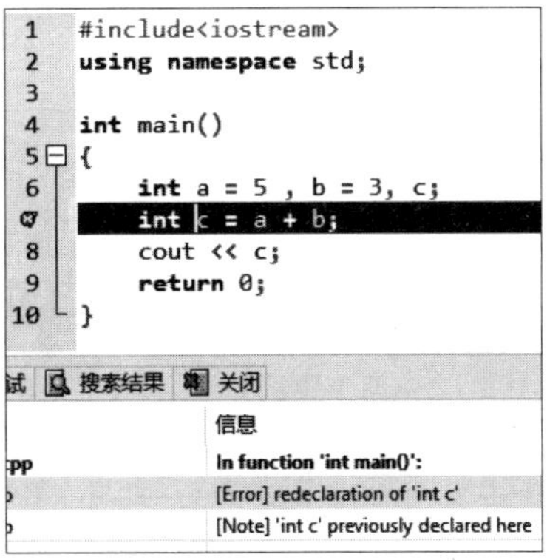

（3）变量使用前必须有确定的值。

当定义变量时，系统为其分配了内存，内存中可能存在一些二进制值（例如图 2-3 中内存地址 101～103 中的值就是不确定的值），如果不赋值就直接使用变量，则变量中的值就是内存中原来的随机值，会存在不确定性。因此，变量必须有明确的值后才能使用。

图 2-4 变量名重复定义的编译错误提示

【例 2-4】 变量未赋值或初始化时会带来结果的不确定性。

```
1  #include <iostream>
2  using namespace std;
3  int main()
4  {
5      int max;
6      max =max -5;
7      cout <<max;
8      cin >>max;
9      return 0;
10  }
```

运行结果为

-5(不同计算机的运行结果不同)
(光标等待用户的输入，如输入 10，按回车键后程序结束)

用户输入 10,为什么不能输出 10−5 的值 5 呢?

程序是顺序执行的,执行第 5 行时为变量 max 分配了内存单元,max 的值是随机的二进制值。执行第 6 行时读取 max 的值(max 内存空间中的二进制值),减 5 后再赋给max(写回 max 的内存单元)。第 7 行输出 max 的值。第 8 等待用户输入一个整数,并将接收到的整数写入 max 中,覆盖了 max 原来的值。第 9 行返回 0,main 函数结束。

出错原因是语句顺序不对,输入语句写在了计算后面,执行 max−5 时 max 是随机值。

将第 8 行挪到第 6 行的前面,定义变量 max 后,执行输入语句后 max 的值是确定的值,这样计算和输出才是有意义的。

2.4 算术运算符与算术表达式

2.4.1 算术运算符

C&C++ 提供了 5 种基本的算术运算符,见表 2-3。

表 2-3 基本的算术运算符

运算符	说 明	举 例	结 果
+	两个数的和	2 + 3	5
−	两个数的差	5 − 3	2
*	两个数的乘积	2 * 3	6
/	两个数的商。如果除数与被除数都是整数,则商也是整数	5.0 / 3 5 / 3.0 5.0 / 3.0 5 / 3	1.66667 1.66667 1.66667 1
%	一个整数除以另一个整数的余数(符号与%左操作数相同)	5 % 3 −5 %3	2 −2

运算符+、−、* 的使用等同于数学中的加、减、乘,需要注意的是运算符/、%。

如果两个整数相除,商也是整数,例如 1/2 的结果是 0 而不是 0.5,这是初学者经常容易犯错误之处。

参与取余运算的操作数必须为整型数据,其结果为两个整型数据相除之后的余数。例如 5%3,余数是 2。而 5.0%3 是错误的,编译无法通过。

%的用处很多,例如:

(1) 求整数 n 的个位数:n%10。

(2) 求整数 n 的十位数:n/10%10。

(3) 求整数 n 除以 2 的余数:n%2。

2.4.2 算术表达式及优先级

算术表达式由常量、变量、函数调用、小括号、运算符等组成。一个常量、一个已有确

定值的变量、一个函数调用都是合法的表达式。例如,已知 int a＝4,b＝3,则下面几个表达式都是合法的:

```
3                       //表达式是常量的值,为 3
a                       //表达式是变量的值,为 4
a+b                     //表达式是算术表达式的值,为 7
sqrt(a*a+b*b)           //表达式是函数调用的返回值,为 5.0,即 √(4²+3²) 的值
```

与数学中的算术运算符类似,＊、/、％属于同一优先级,高于＋、－。同一优先级的运算符组成的表达式按照从左到右的顺序进行计算。可以用小括号来改变运算的顺序。例如:

```
sqrt( (a+1) * (a+1) / (2 * b) )
```

sqrt 函数中的参数是一个表达式:(a＋1)＊(a＋1)/(2＊b),＊与/的优先级相同,自左向右先乘后除。首先计算＊左边的(a＋1)的值和＊右边的(a＋1)的值,得到一个乘积;再计算(2＊b)的值,然后将前面求得的乘积除以(2＊b)的值,得到商;最后调用 sqrt 函数求出商的平方根。

＊2.4.3　复合赋值运算符

复合赋值运算符是由一个算术运算符与赋值运算符组合而成的。以 a＋＝2 为例,首先计算＋＝右边表达式的值,然后与＋＝左边的变量 a 的值相加,最后将结果赋给＋＝左边的变量 a。

a＋＝2 等价于 a＝a＋2,a－＝3 等价于 a＝a－3。类似地,还有＊＝、/＝、％＝等复合赋值运算符,例如 a＊＝2＋3 等价于 a＝a＊(2＋3)。

复合赋值运算符的优先级和结合性与赋值运算符相同。

2.4.4　陷阱:算术运算的常见问题

在进行算术运算时,应注意以下几个问题:

(1) 在程序中书写数学表达式时,要注意数学表达式与程序中的表达式不同的地方,如表 2-4 所示。

表 2-4　数学表达式与程序中的表达式的比较

数学表达式	程序中的表达式	说　　明
$2a+3$	2 * a＋3	2 和 a 之间如果没有星号＊,会被认为是一个非法的标识符
$\dfrac{a+b}{2}$	(a+b)/2.0	如果写成(a+b)/2,则结果是一个整数,会丢失小数部分
$a+b=3$	a＝3－b 或 b＝3－a 或 a+b＝＝3	编程语言中的＝是赋值运算符,左边必须是一个变量,不能是一个表达式。如果要判断表达式 a＋b 的值是不是等于 3,要使用逻辑运算符＝＝(在第 3 章介绍)
$\dfrac{2(a+b)+a^2}{3}$	((a+b) * 2＋a * a)/3	复杂的表达式中使用小括号()嵌套,不用中括号[]。平方或立方一般用连乘形式表示;更高多次方一般用 pow 函数,如 pow(a,5) 表示 a 的 5 次方

（2）进行算术运算时要考虑溢出问题。

如果两个 int 型数的乘积过大，会超过 int 型能表示的整数最大范围时，会产生高位溢出（高位因无法保存而丢失），导致结果不正确。例如：

【例 2-5】 算术运算溢出实例。

```
#include <iostream>
using namespace std;
int main()
{
    int n =60000;
    int p =n * n;
    cout <<p;
    return 0;
}
```

运行后的结果是

```
-694967296
```

解决大数问题有多种方法，实际使用中要根据处理数据的范围采取合适的解决办法。例如，本例中只需要修改 p 的数据类型为 unsigned int（无符号整数），即

```
unsigned int p =n * n;
```

运行后的结果是

```
3600000000
```

（3）进行算术运算时要考虑异常问题，如除数为 0。

使用运算符/和％时，要注意除数不能为 0，否则系统运行时将发生严重的计算错误，会提前终止程序的执行，并会显示异常的结果。例如：

【例 2-6】 程序异常退出实例。

```
#include <iostream>
using namespace std;
int main()
{
    int a =5 , b =0, c;
    c =a / b;
    cout <<c;
    return 0;
}
```

执行后的结果如下：

```
--------------------------------
Process exited after 4.118 seconds with return value 3221225620
```

程序运行后没有输出值,返回一个非 0 值(3221225620),说明并没有执行到 main 函数的 return 0;语句就退出了程序。

2.5 类型转换

2.5.1 隐式类型转换

在一个数学表达式中,如果运算符两边的数据类型不同,系统会自动进行数据类型转换,主要规则是按占用存储空间小(精度低)的数据类型向占用存储空间大(精度高)的数据类型转换。

2.5.1.1 char 型自动转换为 int 型

例如:

```
char ch = 'a'+2;
```

'a'的 ASCII 码值是 97,则表达式'a'+2 的值是 97+2=99,再将整型值 99(字符'c'的 ASCII 码值)转换为 char 型,赋给变量 ch,输出 ch 时能够看到字符'c'(在屏幕上显示时不显示单引号)。

2.5.1.2 int 型自动转换为 double 型

当运算符两边的数据类型是 int 型和 double 型时,int 型自动转换为 double 型。例如:

```
double b = 1.0 / 2;
```

计算表达式 1.0/2 时,先将整型常量 2 转换为 double 型的 2.0,再执行除法,得到 double 型的商 0.5,再赋给 double 型变量 b。

2.5.2 强制类型转换

有时候,根据表达式的需要,某个数据需要被按照其他数据类型来处理,这时,就需要强制编译器把变量或常量由声明时的类型转换成需要的类型。为此,就要使用强制类型转换说明。

例如,%要求两边的数据类型必须是 int 型,下面的代码表示强制类型转换:

```
double b = 2.0;
```

C 语言风格的强制类型转换为(int) b % 5。

C++ 风格的强制类型转换为 int (b) % 5。

如果/两边的数据类型都是 int 型,则结果也是 int 型;若要保留小数,则需要进行强制类型转换:

```
int a = 5 , b = 2 ;
```

```
double avg;
avg =int (a +b) / 2;
```

也可以利用自动类型转换规则,让运算中包括实型常量,如修改右值表达式为(a + b) /
2.0 或 1.0 * (a + b) / 2 或 1.0 * (a + b) / 2.0。

2.6　输入与输出

C&C++ 中不提供内在的输入输出运算符,输入和输出是通过函数或类来实现的。
C++ 中提供的 cin 与 cout 对象能自动选择最适合的数据类型进行输入与输出,是最为简
单和方便的方法。特定情况下,使用 C 语言的 printf 等函数的速度比较快,代码简洁。

2.6.1　C++ 的输入和输出——cin 和 cout

C++ 的输入和输出是用**流**(stream)的方式实现的。有关流对象 cin、cout 和流运算符
的定义等信息存放在 C++ 的输入输出流库(std 命名空间中的头文件 iostream)中,因此
需要如下的预处理命令:

```
# include <iostream>
using namespace std;
```

2.6.1.1　cin 语句

cin 语句实现从键盘接收用户输入的值并保存到变量中的功能。一般的语法格式为

cin >>变量 1 >>变量 2>>… >>变量 n;

例如:

```
int a, b;
cin >>a >>b;
```

执行时,屏幕上的光标闪烁,等待用户输入数据。在输入数据时,多个数据之间使用
空格、制表符或回车符作为分隔符,按回车键后会将所有输入值写到缓存区中,然后逐个
提取数据并保存到对应的变量中。例如:

(1) 用户输入"3 4↙"(↙表示回车符),则提取 3 写入 a 的内存中,空格作为分隔符处
理,提取 4 写入 b 的内存中,将回车符放在缓存区中。3 与 4 之间使用一个空格或多个空
格或制表符,处理是一样的。

(2) 用户输入"3↙",则将 3 写入 a 的内存中,回车符作为分隔符处理,光标闪烁,等
待用户继续输入数据;用户输入"4↙",则将 4 写入 b 的内存中,将回车符放在缓存区中。

使用 cin 时,要注意以下几个问题:

(1) >>后面只能是变量,不能出现形如"b="或 endl 的输出信息。如果需要显示
输入提示信息,需要先写一条 cout 语句,然后再写 cin 语句。例如:

```
cout << "输入两个整数: ";
```

```
cin >>a >>b;
```

（2）cin 接收输入时，多个值之间可以用空格、制表符或回车符分隔。整数或实数之间一定要有分隔符；字符之间可以有分隔符，也可以没有分隔符。例如：

```
char c1,c2;
cin >>c1 >>c2;
```

执行时，用户直接输入两个字符，如"ab↙"，则字符常量'a'赋给变量 c1，字符常量'b'赋给变量 c2，回车符放在缓存区中。如果用户输入"a b↙"，则字符常量'a'赋给变量 c1，字符常量' '(空格)作为分隔符，字符常量'b'赋给变量 c2，回车符放在缓存区中。如果接下来还有 cin 语句，回车符作为分隔符被抛弃。

（3）输入的值要符合变量的数据类型的赋值兼容规则。

2.6.1.2　cout 语句

cout 语句实现输出到屏幕的功能。其一般的语法格式为

cout<<表达式 1 <<表达式 2 <<…<<表达式 *n*;

其中：

（1）表达式可以由变量、常量、运算符、函数调用等组成。

（2）用一对双引号("")包含 0 个或多个字符组成一个字符串常量，输出时原样输出。

（3）cout 后通过<<(流插入运算符)可以连接一个或多个表达式。

例如：

```
int score=100;
cout<< "你的分数是：";     //输出字符串常量的值
cout<< score;            //输出变量 score 的值
cout<< "分";             //输出字符串常量的值
```

语句运行后的结果是在屏幕上输出"你的分数是：100 分"。

上面的 3 条输出语句等价于下面的一条输出语句：

```
cout <<"你的分数是:" <<score <<"分";
```

为了使代码清晰易读，可以将一条语句写成多行。例如：

```
cout <<"你的分数是: "
    <<score
    <<"分";
```

在 C++ 的输出语句中，可以使用字符常量'\n'表示换行，也可以使用特殊符号 endl (end of line)。例如：

```
int a =1, b =2;
cout <<"a=" <<a <<"\nb=" <<b <<"\n";
```

等价于

```
cout << "a=" <<a <<endl <<"b=" <<b <<endl;
```

输出结果是

```
a=1
b=2
```

2.6.2　C&C++ 的输入和输出——scanf 和 printf

在 C&C++ 的头文件 stdio.h 中包含了与输入输出有关的基本函数，因此在程序开头需要包含头文件 stdio.h：

```
#include <stdio.h>
```

2.6.2.1　scanf 函数

scanf 函数是格式化输入函数，它从标准输入设备（键盘）读取输入的信息。其一般格式为

scanf("格式化字符串",地址表);

格式化字符串中一般只包含若干个格式化说明符，而不包含其他字符；地址表中按顺序书写与格式化说明符相匹配的变量地址（变量名前面加 &），用逗号分开。

例 1-3 的第 7 行与第 8 行是 scanf 函数的输入实例：

```
double a =0, b =0 ;
scanf( "%lf%lf", &a, &b);
```

scanf 函数中的双引号中有两个格式化说明符 %lf，分别对应 double 型变量 a 与 b，输入时，两个数之间可以用一个或多个空格、制表符，或回车符分隔。用户输入数据后，按回车键，会将输入信息写入缓存区中，然后按照格式化说明符的要求逐个提取指定格式的值。例如：

（1）用户输入"3 2↙"，这些信息写入缓存区中。按照格式要求，第 1 个 %lf 读取 3 写到变量 a 的内存中；第 2 个 %lf 接收实数，去掉空格后，读取 2 写到变量 b 的内存中，回车符保存在缓存区中。

（2）用户如果在 3 和 2 之间输入制表符或多个空格，等同于（1），制表符或多个空格作为数值之间的分隔符会被忽略，3 和 2 保存到 double 型变量 a 和 b 的内存中，回车符保存在缓存区中。

（3）用户输入"3↙2↙"。在输入"3↙"时，将 3 写到变量 a 的内存中，等待用户继续输入；在输入"2↙"时，缓存区中的回车符作为分隔符被忽略，读取 2 写到变量 b 的内存中，回车符保存在缓存区中。

如果接下来还有输入语句接收数值，缓存区中的回车符作为分隔符会被忽略；如果接下来要接收一个字符，则回车符作为有效字符写到字符变量中。

如果 scanf 函数中的格式化字符串中包含格式化说明符之外的普通字符,则用户必须原样输入该字符,否则读取会失败。例如 scanf("%lf,%lf", &a, &b);,由于两个 %lf 之间有一个逗号,则用户输入时必须用逗号分隔。如果输入“3,2✓”,则读取 3 写到变量 a 中,读取 2 写到变量 b 中;如果输入“3 2✓”、“3✓2✓”等,都会造成部分读取失败,读取 3 写到变量 a 中,而剩余内容保留在缓存区中,b 没有得到用户输入的值,仍然是随机值。

对于字符型数据的接收,要注意,字符之间的空格、回车符会作为有效字符接收。例如:

```
char c1,c2,c3;
scanf ("%c%c%c", &c1, &c2, &c3);
printf("c1=%c, c2=%c, c3=%c", c1, c2, c3);
```

运行 3 次,每次的输入与输出结果为

(1) 输入: abc✓;输出: c1=a, c2=b, c3=c。
(2) 输入: a b c✓;输出: c1=a, c2= , c3=b。
(3) 输入: a✓b✓;输出 c1=a, c2=✓ , c3=b。

与 printf 函数一样,格式化说明符必须与后面对应的变量类型相同,否则读取失败,用户输入仍然在缓存区中,变量没有得到用户的输入值,仍然是随机值。例如 scanf("%d%d", &a, &b);,a 和 b 都是 double 型变量,与 %d 不匹配,a 和 b 无法得到用户输入的值。

随机值会对运行结果产生很严重的影响,错误也比较隐蔽,不容易被发现。因此当运行结果不正确时,要考虑到用户输入数据可能没有写入到指定的变量中。要特别注意 scanf 函数的写法是否正确,可以增加输出语句输出变量的值来检验变量是否得到了用户的输入。

格式化说明符还有很多,本书中不作详细介绍。

2.6.2.2　printf 函数

printf 函数是格式化输出函数,按规定格式向标准输出设备输出信息。其一般格式为

printf("格式化字符串", 参数表);

其中:

(1) 格式化字符串包括两部分内容:正常字符按原样输出;格式化说明符以 % 开始,后跟一个或几个特定字符,用来确定输出内容格式。

(2) 参数表是需要输出的一系列参数,其个数必须与格式化字符串所列出的输出参数个数保持一致,各参数之间用逗号(,)分开,并与格式化字符串中各参数的顺序对应。

格式化说明符如表 2-5 所示。

表 2-5　格式化说明符

格式化说明符	作　　用
%d，%ld	十进制有符号整数(short、int 或 long)
%u	十进制无符号整数
%f，%lf	浮点数(float,double)
%c	单个字符(char)
%s	字符串
%p	指针的值
%e	指数形式的浮点数
%x 或%X	以十六进制表示的无符号整数
%0	以八进制表示的无符号整数
%g	自动选择合适的表示法

例如,例 1-3 中的输出语句中,第 20 行 printf("Divided By Zero! \n");的双引号中全部是普通字符,因此原样输出。

又如,例 1-3 中的第 10 行 printf("quotient = %lf", val);的双引号中的普通字符会原样输出,格式化说明符%lf 与 double 型的 val 对应,输出 val 的值。

注意:双引号中的格式化字符串必须与后面的参数的数据类型一致。例如,第 10 行的%lf 和后面的 val 如果不一致,会出现运行结果错误;又如,将第 10 行的%lf 改为%d,则运行结果是 quotient = 0,看不到实际的 val 值。

* 2.6.3　一个字符的输入和输出——getchar 和 putchar 函数

一个字符的读写,可以使用 cin 和 cout 或者 printf 和 scanf 函数的"%c"格式,也可以使用特殊的函数 getchar 和 putchar。

2.6.3.1　用 getchar 读取一个字符

getchar 是包含在 C&C++ 的标准输入输出库中的函数,使用时可以声明包含文件 iostream 或 stdio.h。该函数的返回值是键盘输入的第一个字符,一般将返回值保存在 char 型变量中。例如:

```
char ch;            //定义一个字符型变量 ch
ch =getchar();      //接收用户输入的一个字符,保存到 ch 中
```

如果用户输入多个字符,当按回车键时,所有字符及回车符会一起存放在缓存区中。getchar()函数读取缓存区中的第一个字符。因此,如果程序中有多个 getchar 函数,则直接从缓冲区逐个读取已输入的字符,直到缓冲区为空时才重新等待用户输入。

【例 2-7】 getchar 函数读取多个字符举例。

```
#include <iostream>
```

```
using namespace std;

    int main()
{
    char ch1, ch2;
    ch1 =getchar ();
    ch2 =getchar ();
    cout <<ch1 <<"," <<ch2;
    return 0;
}
```

运行 3 次程序,每次的输入及输出结果如下:

(1) 输入:ab↙;输出:a,b。(回车符仍然在缓存区中)
(2) 输入:a b↙;输出:a, 。(ch2 是空格,b 仍然在缓存区中)
(3) 输入:a↙;输出:a,。(ch2 是回车符,缓存区清空)

从 3 次运行的结果看,接收一个字符型数据时,要注意前面是否有输入,缓存区中是否残留回车符等字符。

2.6.3.2　putchar 函数输出一个字符

putchar 函数与 getchar 函数对应,用来输出一个字符,将要输出的字符写到小括号中。例如:

```
putchar('a');          //输出常量'a'到屏幕
putchar(a);            //输出变量 a 对应的 ASCII 字符到屏幕
```

上面例子中的 cout << ch1 << "," << ch2;语句可以改写为

```
putchar(ch1);
putchar(',');
putchar(ch2);
```

* 2.6.4　格式化输出控制

有时人们对输出有一些特殊的要求,如输出实数时规定只保留两位小数,输出数据规定向左或向右对齐等,此时需要特殊的格式化输出控制。

2.6.4.1　cout 控制格式化输出

cout 输出浮点数值时,默认会根据数值的实际情况输出值,不同编译器可能会有所不同。例如下面的语句

```
double b;
b =100.0 ; cout <<b;
b =100.5 ; cout <<b;
b =10/3.0 ; cout <<b;
```

```
b =1000000 ; cout <<b;
```

在 Dev-C++ 中的输出为

```
100
100.5
3.33333
1e+006
```

如果不希望输出指数形式,可以用 fixed 关键字指定用固定的小数位数形式输出。例如:

```
double x =1000000 ;
cout <<fixed <<x ;              //输出 1000000.000000
```

C++ 的 std 命名空间中 iomanip 头文件提供了 cout 输出流中使用的控制符,见表 2-6。

表 2-6　输出流中使用的控制符

控 制 符	说　　明
setfill(c)	设置填充字符 c,c 可以是字符常量或字符变量
setw(n)	设置字段宽度为 n 位
setprecision(n)	设置浮点数的精度为 n 位。以十进制小数形式输出时,n 代表有效数字。在 setiosflags 以 fixed(固定的小数位数)形式和 scientific(科学记数法)形式输出时,n 为小数位数
setiosflags(ios::fixed)	设置浮点数以固定的小数位数显示
setiosftags(ios::scientific)	设置浮点数以科学记数法(即指数形式)显示
setiosflags(ios::left)	输出数据左对齐
setiosflags(ios::right)	输出数据右对齐
setiosflags(ios::skipws)	忽略前导的空格
setiosflags(ios::uppercase)	数据以十六进制形式输出时字母以大写表示
setiosflags(ios::lowercase)	数据以十六进制形式输出时字母以小写表示
setiosflags(ios::showpos)	输出正数时给出加号
dec	设置数值的基数为 10
oct	设置数值的基数为 8
hex	设置数值的基数为 16

【例 2-8】　以多种格式输出双精度数 a 的值。

```
1  # include <iostream>
2  # include <iomanip>              //格式控制头文件
3  using namespace std;            //上面的头文件都在 std 命名空间中
```

```
4   int main()
5   {
6       double a =123.456789019345;    //定义 double 型变量 a 并且初始化
7       cout << a << endl;
8       cout << setprecision(9) << a << endl;
9       cout << setiosflags(ios::fixed) << setprecision(8) << a << endl;
10      cout << a << endl;
11      cout << resetiosflags(ios::fixed);
12      cout << a << endl;
13      cout << setiosflags(ios::scientific) << setprecision(8) << a << endl;
14      cout << setprecision(4) << a << endl;
15      return 0;
16  }
```

运行结果如下：

```
123.457
123.456789
123.45678902
123.45678902
123.45679
1.23456789e+002
1.2346e+002
```

第 7 行直接输出 a 的值时，cout 自动选择合适的方案输出值；第 8 行在＜＜a 前面加上了 setprecision(9)，表示输出精度是 9，共 9 个有效数字；第 9 行在＜＜a 前面加上 setiosflags(ios::fixed) 和 setprecision(8)，表示 a 是按小数形式输出并且小数点后保留 8 位；第 10 行在输出 a 时与前面相同，也就是说，一旦指定了格式，后面的内容会自动按前面的格式输出；第 11 行清除了前面的输出格式；第 12 行输出时又恢复了 cout 自动输出；第 13 行指定用指数形式输出；第 14 行修改了小数点保留位数。

2.6.4.2　printf 控制格式化输出

printf 函数在输出时，在格式符中允许增加输出的格式化控制信息。例如：

```
double a =123.456789012345;
printf( "%.2lf, %10.2lf, %-10.2lf!", a, a, a );
```

输出为

```
123.46,    123.46, 123.46    !
```

%.2lf 表示输出的浮点数保留两位小数，则输出 123.46；%10.2lf 表示输出的浮点数宽度为 10 位，精度为保留两位小数，若实际的数值小于 10 位，默认右对齐，左边补空格，则输出"   123.46"（左边有 4 个空格）；%-10.2f 与%10.2f 类似，区别是右边补空格，则输出"123.46   "（右边有 4 个空格）。

```
int n=123;
print( "%5d,%-5d,%05d", n, n, n );
```

输出为

```
123, 123  ,00123
```

%5d 表示输出的实数宽度占 5 位,若实际的数值小于 5 位,默认右对齐,左边补空格,则输出“ 123”(左边有两个空格);%−5d 与%5d 类似,右边补空格,则输出“123 ”(右边有两个空格)。按右对齐方式输出时,如果在宽度说明前加一个 0,则数据前多余的空位用 0 填补。例如%05d 输出 00123。

*2.6.5   C99 中 scanf 和 printf 函数系列的增强

C99 中 scanf 和 printf 函数系列引进了处理 long long int 和 unsigned long long int 数据类型的特性。long long int 类型的格式修饰符是 ll,在 scanf 和 printf 函数中,ll 适用于 d、i、o、u、x 格式说明符。

C99 还引进了格式修饰符 hh,当使用 d、i、o、u 和 x 格式说明符时,hh 用于指定 char 型参数。格式修饰符 ll 和 hh 均可以用于格式说明符 n。

格式修饰符 a 和 A 用在 printf 函数中时,将会输出十六进制的浮点数,格式如下:

[−]0xh, hhhhp +d

使用格式修饰符 A 时,x 和 p 必须是大小。A 和 a 也可以用在 scanf 函数中,用于读取浮点数。调用 printf 函数时,允许在%f 说明符前加上格式修饰符 l,即%lf,但不起作用。

2.7   实用知识:数学应用中常用的标准库函数

库函数是学习高级语言程序设计并将其应用于实际的关键。学会调用已有的库函数和自定义函数都是极其重要的。因为一个函数就是一个基本功能模块,拥有的基础模块越多,能实现的应用功能就越强大。

本节介绍数学应用中经常用到的标准库函数,附录 B 中有更多的 C++ 标准库文件及其函数的介绍。库中也提供了一些符号常量,方便实用,如 π 在 cmath 库中。一般情况下,C 语言中使用的标准库文件是以 .h 为扩展名的文件,而 C++ 兼容了 C 语言的函数库并放到 std 命名空间中,将 C 语言的标准库文件名去掉了 .h,在文件名前面加上小写的 c,如 C 语言中的数学函数库 math.h 在 C++ 中为 std 命名空间的 cmath。

2.7.1   幂与平方根——pow 与 sqrt 函数

pow 函数的功能是返回 x 的 y 次幂,函数的原型声明是

```
double pow(double x,double y);
```

sqrt 函数的功能是返回 x 的平方根,函数的原型声明是

```
double sqrt(double x);
```

【例 2-9】 pow 与 sqrt 函数举例——求两点之间的距离。

假设两个点 A、B，坐标分别为 (x_1, y_1)、(x_2, y_2)，则 A 和 B 两点之间的距离的公式为

$$d = \sqrt{(x_1 - x_2)^2 + (y_1 - y_2)^2}$$

算法分析：

（1）程序的流程：输入 4 个 double 型值（两点的坐标）→处理（计算两点的距离）→输出 1 个 double 型值（距离）。

（2）定义 4 个 double 型变量，分别保存两个点的坐标，如 double x1，x2，x3，x4；（注意，变量名必须是合法的标识符，不能有下标形式）。

（3）数学表达式 x^2（x 的平方）可以表示为 x ＊ x，也可以调用 cmath 函数库中的函数 pow(x，2) 实现。

（4）数学表达式 $\sqrt{x}$（x 的平方根）可以调用 cmath 函数库中的函数 sqrt(x) 实现。

（5）数学表达式 d 转换为程序语句：d ＝ sqrt（pow（x1 － x2，2）＋ pow（y1 － y2，2））；。

完整的代码如下：

```
#include <iostream>
#include <cmath>
using namespace std;
int main()
{
    double x1, y1, x2, y2;
    cin >>x1 >>y1 >>x2 >>y2;
    double d =sqrt ( pow ( x1 -x2, 2 ) +pow ( y1 -y2, 2 ) );
    cout <<d;
    return 0;
}
```

运行时的输入数据和输出结果如下：

```
1 1
2 3
2.23607
```

运行时，第一行输入第一个点的坐标，第二行输入第二个点的坐标，第三行输出两个点的距离。输入时，数字之间可以用空格、制表符或回车符分隔，效果相同。为了程序运行时的清楚及美观，建议在程序中的输入及输出部分增加适当的输出提示信息。

2.7.2　绝对值函数——abs 与 fabs 函数

一个数的绝对值可以直接采用数学运算完成。假如 n 是负数，则－n、（－1）＊ n 都是 n 的绝对值。数学函数库中提供了 abs 与 fabs 函数，分别用于求整数和实数的绝对

值。函数原型声明如下：

```
int abs( int n ) ;
double fabs( double n ) ;
```

由于 int 型与 double 型的赋值兼容规则，两个函数的参数都可以是整数和实数，abs 函数返回一个整数，fabs 函数返回一个实数。例如：

```
int n = -5;
double x = -3.5;
int m = abs(n);                      //m 的值是 5
double y = fabs(x);                  //y 的值是 3.5
```

由于 int 型与 double 型的赋值兼容规则，所以下面的赋值语句也是正确的：

```
int m2 = fabs(x);                    //fabs(x)的值是 3.5,m2 的值是 3
int m3 = fabs(n);                    //fabs(n)的值是 5.0,m3 的值是 5
double y2 = abs(x);                  //abs(x)的值是 3,y2 的值是 3.0
double y3 = fabs(n);                 //fabs(n)的值是 5.0,y3 的值是 5.0
```

2.7.3 浮点数取整——ceil 与 floor 等函数

对浮点数取整的一种办法是利用变量的隐式类型转换规则，定义一个整型变量保存浮点数，则自动截取整数部分赋值给整型变量。例如：

```
double a = 3.6;
int n = a;                           // n 的值是 3,向下取整
int m = (a + 0.5);                   //n 的值是 4,向上取整
```

此外，可以利用数学库中的函数，实现向下取整与向上取整。
向下取整的函数原型声明是

```
double ceil(double n);
```

例如，ceil(2.6)的值是 2。
向上取整的函数原型声明是

```
double floor(double n);
```

例如，floor(2.2)的值是 3。
此外还有四舍五入取整的函数，其原型声明是

```
double round(double n);
```

例如，round(2.6)的值是 3,round(2.2)的值是 2。

2.7.4 三角函数——sin 与 cos 等函数

sin 函数的功能是求某个角的正弦值。该函数的原型声明是

```
double sin(double x);
```

参数 x 是弧度,所以在调用函数时,如果参数是角度值,需要转换为弧度值。例如,30°的弧度值为 π * 30/180。

类似地,有 cos、tan、asin、acos、atan 等函数,函数声明的参数类型、个数与返回值与 sin 函数一样。

【例 2-10】　将极坐标(r,θ)(θ 的单位为度)转换为直角坐标(x,y)。

极坐标转换为直角坐标的转换公式是

$$x = r\cos\theta$$
$$y = r\sin\theta$$

代码如下:

```
# include <iostream>
# include <cmath>
using namespace std;
const double PI = 3.1415926 ;
int main()
{
    double r,theta;
    cin >> r >> theta;
    double x, y;
    x = r * cos ( theta * PI /180 ) ;
    y = r * sin ( theta * PI /180 ) ;
    cout << fixed << x << " " << y;          //以固定位数的小数形式输出 x 和 y
    return 0;
}
```

运行时的输入数据和输出结果样例 1($r=10,\theta=30°$):

```
10 30
8.660254 5.000000
```

运行结果样例 2($r=5,\theta=45°$):

```
5 45
3.535534 3.535534
```

2.7.5　指数与对数函数——exp 与 log 等函数

exp 函数的功能是求指数 e^n(e 的 n 次幂),函数原型声明是

```
double exp(double n);
```

例如,exp(1)的值是 e^1,即 2.71828。

log 函数的功能是求对数 $\ln n$(以 e 为底的对数),函数原型声明是

```
double log(double n);
```

例如，log(1)的值是 ln 1，即 0。

$\log_{10}$ 函数的功能是求 $\log_{10} n$（以 10 为底的对数），函数原型声明是

```
double log10(double n);
```

例如，log10(10)的值是 log10，即 1。

*2.7.6　陷阱：C 语言的 NAN 错误

在数学运算中，经常会出现值异常错误，如分母为 0、负数的平方根、输入值超出变量范围等，应及时发现和处理。

C 语言用宏名 NAN 表示无效数字（Not A Number）。用 isnan 函数判断一个值是否是无效的。如果是，返回非 0 值；如果不是，返回 0。例如，sqrt(－1)的返回值是 nan（不能求负数的平方根），因此 isnan(sqrt(－1))的返回值是 1（非 0 值）。

对于浮点数，C 语言用宏名 FP_NORMAL 表示值是一个正常的浮点数。用 isnormal 函数判断一个值是否是正常的值。如果是，返回一个非 0 值；如果不是，返回 0 值。

2.8　简单程序算法及应用实例

2.8.1　交换两个整数的值

【例 2-11】　交换两个整数的值。例如，已知 a＝3，b＝4，交换后 a 为 4，b 为 3。

输入：两个整数，用空格、回车符或制表符分隔。

输出：交换后的两个整数。

算法分析：声明两个整型变量，保存用户输入的两个整数。声明一个临时变量，作为交换的临时空间。经过 3 次赋值实现交换。

程序如下：

```
1  #include <iostream>
2  using namespace std;
3
4  int main()
5  {
6      int a, b, temp ;
7      cin >>a >>b;
8
9      temp =a;
10      a =b;
11      b =temp;
12
13      cout <<a <<" "<<b ;
14      return 0;
15  }
```

程序运行时的输入数据和输出结果示例:

```
4 3
3 4
```

代码第 9～11 行是交换两个整数的核心代码。两个数交换的过程如下所示:

第 7 行执行后	
a	4
b	3
temp	随机值

第 9 行: temp = a;	
a	4
b	3
temp	4

第 10 行: a = b;	
a	3
b	3
temp	4

第 11 行: b = temp;	
a	3
b	4
temp	4

这个算法是最常用的方法,利用一个相同类型的变量来临时存储交换过程的中间数据。

说明:交换两个整数的值还有多种方法。例如将第 9～11 行修改为下面的 3 行:

```
a = a +b;
b = a -b;
a = a -b;
```

不需要临时变量,也能实现两个整数的交换,这是怎么做到的呢? 这 3 条语句的执行过程如下:

第 7 行执行后	
a	4
b	3

第 8 行: a = a + b;	
a	7
b	3

第 9 行: b = a − b;	
a	7
b	4

第 10 行: a = a − b;	
a	3
b	4

可以看到,执行 a=a+b;后,a 的值是两个整数的和,再减去 b 就是原来的 a 的值,减去 a 就是原来 b 的值。

此外,C++ 的 iostream 中包含了一个 swap 函数,可以实现两个数的交换。因此可将第 8～14 行修改为下面的一行:

```
swap(a,b);
```

2.8.2　字母替换

【例 2-12】　将一个大写字母替换为字母表中向右循环移 3 个位置的大写字母。

这是一个简单的加密算法应用。用户输入一个大写字母,用一个固定距离的大写字母替换后输出。替换字母是原字母循环右数第 3 个位置的字母,即'A'替换为'D','B'替换为'E'……'X'替换为'A','Y'替换为'B','Z'替换为'C',如表 2-7 所示。

表 2-7　原始字母和按规则(向右循环 3 个位置)替换后的字母的对应关系

原始字母	A	B	C	…	X	Y	Z
替换后的字母	D	E	F	…	A	B	C

算法分析:字符型在计算机中保存的是对应的 ASCII 码值,允许进行数学计算。将一个字母的 ASCII 码值加 3 即可得到其右数第 3 个位置的字母的 ASCII 码值。但是,'X' 怎么样替换为'A'呢?

考虑数学中的替换需求:假设有 26 个整数 $0,1,2,\cdots,25$,如何求一个整数向右循环移 3 个位置后的整数?答案是

$$(x + 3)\% 26$$

利用数学符号%,可以很方便地实现循环右移 n 个位置的算法。%可以解决本例的问题。

在本例中,定义一个字符型变量 c1 保存输入的大写字母,则 c1−'A'得到了 c1 距离'A' 的位置 d,d 是一个 $0\sim25$ 的整数,$(d + 3)\% 26$ 就是向右循环移 3 个位置的大写字母的位置,再加上'A'就得到了替换后的大写字母的 ASCII 码值。

完整的表达式为

$$(c1 - 'A' + 3)\% 26 + 'A'$$

完整的代码如下:

```cpp
#include <iostream>
using namespace std;
int main()
{
    char c1,c2;
    cin >>c1;

    c2 = ( c1 - 'A' +3 ) %26 +'A';
    cout <<c2;
    return 0;
}
```

运行时的输入数据和输出结果示例如下。
第一次运行:

```
A
D
```

第二次运行:

```
E
H
```

第三次运行:

```
Z
C
```

2.8.3 BMI 计算

【例 2-13】 根据用户输入的身高(单位为 cm)、体重(单位为 kg),计算 BMI(Body Mass Index,身体质量指数)的值。

BMI 的计算公式为

$$BMI = \frac{体重}{身高^2}$$

式中,体重的单位是 kg,身高的单位是 m。

输入:身高(cm)、体重(kg)。

输出:BMI 的值,保留两位小数。

算法分析:声明 3 个浮点型变量保存身高、体重和 BMI 的值;用户输入的身高要进行单位换算,1m=100cm;然后计算得到 BMI 的值并输出结果。

流程图如图 2-5 所示。

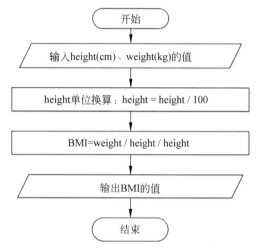

图 2-5 简单程序流程图——BMI 计算

程序代码如下:

```
# include <iostream>
# include <iomanip>                    //C++格式化输出库文件
using namespace std;
int main()
{
    double height,weight,BMI;
    cout <<"身高(cm): ";
    cin >>height;
    height =height / 100;              //可以简写为: height /=100;
    cout <<"体重(kg): ";
    cin >>weight;
```

```
    BMI =weight / height /height ;
    cout <<"BMI: "
        <<fixed <<setprecision(2)
        <<BMI ;                              //输出保留两位小数
    return 0;
}
```

运行时输入数据和输出结果如下：

身高(cm)：165
体重(kg)：55
BMI：20.20

说明：本例程序比较简单，但需要注意应用中的细节，例如单位换算、算术表达式的书写、适当的用户输入提示信息、输出的格式化控制等。

2.9 练习与思考

2-1 下面哪些标识符是合法的？

Main cout_1 1float -down abcd @cugb log2

2-2 请写出计算理想体重的程序。计算理想体重(kg)的公式为：身高×(1−F)。其中，身高单位为 cm；F 是符号常量，值为 0.618(黄金分割)。例如 165×(1−0.618)的值为 63.03。

2-3 将以华氏度为单位的温度 f 转换为摄氏度为单位的温度 c。二者间的转换公式为

$$c = \frac{5}{9}(f-32)$$

2-4 编写一个程序，声明 3 个变量，分别是 int 型、double 型、char 型，不进行初始化，输出结果，观察变量的值是多少。然后修改程序，对变量初始化或为其赋值后再输出结果，运行程序，观察变量的值是多少。

2-5 编写一个程序，输入一个秒数，输出其对应的时、分、秒。要求以 24h 制输出结果，即输出结果的范围为 0:0:0～23:59:59。例如，用户输入 135，输出 0:2:15；输入 90000，输出 1:0:0(而不能输出 25:0:0)。

2-6 下面对符号常量的定义中正确的是(   )。

    A. const int N;   B. const N;

    C. const N=5;   D. const int N=1;

2-7 执行下面的程序段：

```
int x,y;
cin>>x>>y;
```

给 x、y 赋值时，不能作为数据分隔符的是(   )。

A. 回车符　　　　　B. 空格　　　　　C. 制表符　　　　　D. 逗号

2-8　设 d 为字符变量,下列表达式中不正确的是(　　)。

A. d＝110　　　B. d＝"n"　　　C. d＝'n'　　　D. d＝'\n'

2-9　在 C 或 C++ 中,运算对象必须是整型数的运算符是(　　)。

A. /　　　　　B. ％和/　　　　　C. ∗　　　　　D. ％

2-10　什么叫表达式? x ＝ y ＋ 2 和 x － y ＝ 2 都是表达式吗?

2-11　表达式 17/5＋17.0/5－17％5 的值等于_____。

第3章

选择结构及相关表达式

　　程序由3种基本结构组成：顺序结构、选择结构和循环结构。前面介绍了顺序结构，本章将介绍选择结构。选择结构又称分支结构，它在程序执行中根据条件判断的结果来控制程序的流程。

3.1　选择结构

　　程序执行过程中，经常需要进行条件判断，根据判断结果进行不同的处理，形成多个分支。假如一门课程的及格分数定为60分，那么当输入一个学生的分数后，成绩如果大于或等于60分，则显示"通过"，否则显示"不通过"。程序流程图如图3-1所示。

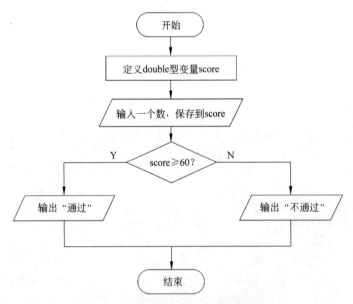

图 3-1　选择结构程序流程图示例

　　选择结构中的判断条件通常是使用关系运算符或逻辑运算符的表达式，因此本章先学习关系运算符和逻辑运算符，再学习用 if 语句或 switch 语句来控制程序的流程。

3.2　关系运算符和关系表达式

3.2.1　关系运算符

比较两个值的运算符称为关系运算符。程序中经常需要比较两个值的大小,根据结果决定程序的下一步。例如比较成绩与 60 的大小,若成绩≥60 输出"通过",若成绩<60 输出"不通过"。

C&C++ 的关系运算符有 6 个,如表 3-1 所示。

表 3-1　关系运算符

关系运算符	说　　明	优　先　级
>	大于	相同 低于+、-、*、/、% 高于= 高于==、! =
>=	大于或等于	
<	小于	
<=	小于或等于	
==	等于	相同 低于+、-、*、/、% 高于= 低于>、>=、<、<=
! =	不等于	

关系运算符是双目运算符,结合性为左结合。<、<=、>、>= 的优先级相同,高于 == 和! =;== 和! =的优先级相同。关系运算符的优先级低于算术运算符,高于赋值运算符。

例如:

(1) c>a+b 等价于 c>(a+b)。

(2) a>b == c 等价于 (a>b) == c。

(3) a == b<c 等价于 a == (b<c)。

(4) a=b>c 等价于 a=(b>c)。

3.2.2　关系表达式及应用

关系表达式用关系运算符将表达式连接起来。一般形式为

表达式　　关系运算符　　表达式

任何表达式都可以用关系运算符连接。例如,下面都是合法的关系表达式:

a >b

a +b>b +c

(a ==3) > (b ==5)

'a' < 'b'

（a >b) >(b <c)

关系表达式的值是逻辑值真或假，真对应整数 1 或布尔型值 true，假对应整数 0 或布尔型值 false。

例如：

（1）5 ＞ 0。值为真，表达式的结果为 1(true)。

（2）（a ＝ 3）＞（b ＝ 5）。第一个小括号内表达式的值是 a 的值，将 3 赋给 a（注意，＝是赋值运算符）；第二个小括号内表达式的值是 b 的值，将 b 赋给 5；然后判断 3>5，值为假，该表达式的结果为 0（false）。

3.2.3　陷阱：关系表达式的常见问题

在实际应用中，要注意以下几个与数学应用不同的情况：

（1）10 ＜= a ＜= 20。它在数学中的含义是 a 的值在 10 到 20 之间且包含 10 和 20，但是在程序中这个表达式永远为真。按照计算机的运算规则，首先计算表达式 10<=a，得到的值要么为真(1)要么为假(0)，而无论 1 或 0 都一定小于或等于 20。要想表达 10 ＜= a 和 a ＜= 20 两个条件同时成立，要使用逻辑运算符 && 连接这两个条件，正确的表达式是 10 ＜= a && a ＜= 20，逻辑运算符见 3.3 节。

（2）==与=的区别。例如，a＝＝2 是一个关系表达式，判断 a 与 2 是否相等，结果为真或假；而 a＝2 是一个赋值表达式，将 2 赋值给＝左边的变量，表达式的值为 a 的值，即 2。程序认为 a＝2 和 a＝＝2 的语法都是正确的，所以书写时要注意，判断相等时要用两个等号（＝＝），赋值表达式使用一个等号（＝）。

（3）判断一个实数是否等于 0，不要用＝＝或！＝，而是要判断是否在精度范围内。例如：

```
double a =0 ;
double eps =0.000001 ;          //定义一个精度
fabs ( a ) <eps
```

为真表示 a 的值为 0(a 的值与 0 的差在精度范围内)。

3.3　逻辑运算符和逻辑表达式

3.3.1　逻辑运算符

现实生活中判断的条件可能是复杂的，需要对多个条件综合判断后才能得到结果。例如，闰年的判断条件是"四年一闰，百年不闰，四百年再闰"，即闰年要满足下面两个条件之一：①能被 4 整除但是不能被 100 整除；②能被 400 整除。判断能否整除要用关系表达式，几个关系表达式之间存在着"并且""或"的关系，这些关系就要用逻辑运算符表示。C&C++ 中提供了 3 种逻辑运算符，如表 3-2 所示。

表 3-2　逻辑运算符

逻辑运算符	说　明	举　　例
&&	逻辑与	a＞b && a＞c(a 比 b 大并且 a 比 c 大时为"真",否则为"假")
||	逻辑或	a＞0 || b＞0(a 大于 0 或者 b 大于 0 时为"真",否则为"假")
!	逻辑非	! 0(0 是"假",则! 0 的值是"真")

逻辑与运算符 && 和逻辑或运算符‖均为双目运算符,具有左结合性。逻辑非运算符! 为单目运算符,具有右结合性。逻辑运算符和其他运算符的优先级从高到低是

! → 算术运算符 → 关系运算符→ && → ‖ → =

例如:

(1) a＞b && c＞d 等价于 (a＞b) && (c＞d)。

(2) ! b == c ‖ d＜a 等价于 ((! b) == c) ‖ (d＜a)。

(3) a＋b＞c && x＋y＜b 等价于 ((a＋b)＞c) && ((x＋y)＜b)。

3.3.2　逻辑表达式及应用

将两个表达式用逻辑运算符连接起来就成为一个逻辑表达式,3.3.1 节的几个式子就是逻辑表达式。逻辑表达式的一般形式可以表示为

表达式　逻辑运算符　表达式

逻辑表达式的值是逻辑真或假,真对应整数 1 或布尔型值 true,假对应整数 0 或布尔型值 false。关系表达式、赋值表达式、算术表达式、函数调用表达式等任何表达式都可以用逻辑运算符连接。判断一个条件是真还是假时,非 0 值代表真,0 值代表假。例如,在 $3+2 == 5$ && $2+3$ 中,$3+2==5$ 是关系表达式,值为 1(true),$2+3$ 是算术表达式,值为 5(非 0 值),在逻辑运算中取值为 1(true),所以表达式 $3+2 == 5$ && $2+3$ 的值为 1(true)。

逻辑运算时,计算机一旦能够得到表达式的结果,就会结束计算。例如 0 && 3＞2,0 与任何值逻辑与的结果都是假,则计算机不会判断 3＞2 的结果。

例如,若 a＝4,b＝5,则:

(1) ! a 值为 0。因为 a 的值是非 0,为真,非真是假。

(2) a && b 值为 1。因为 a 和 b 的值都是非 0(真),逻辑与的结果也是真。

(3) a － b ‖ a＋b,值为 1。因为 a － b 的值是非 0(真),逻辑或的结果也是真(不用看 a＋b 的值)。

(4) ! a ‖ b 值为 1。因为! a 的值为真,逻辑或的结果也是真(不用看 b 的值)。

(5) 4 && 0 ‖ 2 值为 1。首先看 4 && 0 的值,为假,即 0(false),然后 0 ‖ 2 的结果为真。

【例 3-1】　写出判断某一年(year)是否为闰年的条件表达式。

闰年要满足下面两个条件之一:①能被 4 整除但是不能被 100 整除;②能被 400 整

除。例如,2000 年、2004 年是闰年,而 1900 年、2005 年不是闰年。

可以用一个逻辑表达式来表示上面两个条件,表达式的值为 1(true)则 year 是闰年,否则不是闰年:

```
( year %4 ==0 && year %100 !=0) || (year %400 ==0)
```

当给定 year 为某一整数值时,如果上述表达式值为真(即表达式值为 1),则 year 是闰年;否则 year 不是闰年。

【例 3-2】 计算 3 个点组成的三角形面积。

用户输入 3 个点的坐标,判断它们能否组成三角形。如果能,计算三角形面积并输出;如果不能,输出错误提示。

程序代码如下:

```
#include <iostream>
#include <cmath>
using namespace std;
int main()
{
    double a,b,c;
    cin >>a >>b >>c;
    if ( a+b>c && a+c>b && b+c>a && a>0 && b>0 && c>0 )
    {
        double s =(a +b +c) / 2;
        double area =sqrt ( s * ( s -a ) * ( s -b ) * ( s -c ) );
        cout <<area;
    }
    else
        cout <<"不能组成三角形";
    return 0;
}
```

3.4   条件运算符及条件表达式

条件运算符(?:)要求有 3 个运算对象,因此为三目(元)运算符,它是 C&C++ 中唯一的三目运算符,可以把 3 个表达式连接起来,构成一个条件表达式,条件表达式的一般形式如下:

表达式 1 ? 表达式 2 : 表达式 3

条件表达式的执行顺序如下:

(1) 求解表达式 1。

(2) 若表达式 1 的值为非 0(真),则条件表达式的值是表达式 2 的值。

(3) 若表达式 1 的值为 0(假),则条件表达式的值是表达式 3 的值。

例如：

```
max = ( a >b ) ? a : b;
```

相当于下面的 if 语句：

```
if ( a >b)
    max =a;
else
    max =b;
```

条件运算符优先于赋值运算符,因此上面赋值表达式的求解过程是：先求解条件表达式,再将它的值赋给 max。条件表达式（a＞b）? a : b 的执行结果是 a 和 b 中较大的值。

在条件表达式中,允许表达式 1 的类型与另外两个表达式的类型不同。例如,对于表达式 x ? 'a' : 'b',如果已定义 x 为整型变量,若 x 的值为 0,则条件表达式的值为字符'b'。

表达式 2 和表达式 3 的类型也可以不同,此时条件表达式的值是二者中较高的数据类型。例如,条件表达式 x＞y ? 1 : 1.5,由于 1.5 是 double 型,精度要比 1 的 int 型高,因此,将 1 转换成双精度数,条件表达式的值是双精度浮点型值 1.0 或 1.5。

【例 3-3】　输入一个字符,判断它是否为大写字母。如果是,将它转换成小写字母;如果不是,不转换。然后输出最后得到的字母。

算法分析：

(1) 小写字母的 ASCII 码值比对应的大写字母的 ASCII 码值大 32。

(2) 判断一个字符变量 ch 的值是否是大写字母,就是判断'A'≤ch≤'Z',程序中用逻辑表达式表示为 ch ＞= 'A' && ch ＜= 'Z'。常量'A'也可以用 65 表示(65 是'A'的 ASCII 码)。

代码如下：

```
#include <iostream>
using namespace std;
int main()
{
    char ch;
    cin >>ch;
    ch = (ch >='A' && ch <='Z') ? (ch +32) : ch;        //若 ch 是大写字母则转换为小写字母
    cout <<ch;
    return 0;
}
```

运行结果如下：

```
A
a
```

字符转换也可以使用标准库中的字符函数 isupper 来实现,在 C++ 程序中需要包含

std 命名空间的 cctype 文件,在 C 语言程序中是 ctype. h。

代码如下:

```
#include <iostream>
#include <cctype>
using namespace std;
int main()
{
    char ch;
    cin >> ch;
    ch = isupper(ch) ? ( ch + 32 ) : ch;        //若 ch 是大写字母则转换为小写字母
    cout << ch;
    return 0;
}
```

3.5　C99&C++ 的布尔型常量与变量

C++ 提供布尔型(bool)常量 true 和 false,分别用来表示逻辑值的真和假。C 语言中没有布尔型常量,一般用整数 1 或非 0 值表示 true,用 0 表示 false。

C++ 中提供布尔型变量用来保存逻辑值:true(真)和 false(假),对应整数值 1 和 0。

C 语言默认无布尔型,一般使用 int 型变量保存逻辑值对应的整数 1 和 0。从 C99 开始支持布尔型,但需要增加 #include <stdbool. h>语句(布尔型定义在 stdbool. h 中)。因此使用布尔型变量时要注意编译环境是否支持 C99 或 C++ 。

在逻辑运算表达式中,非 0 值表示 true,0 值表示 false。

3.6　if 语句

实现选择结构主要使用 if 语句。if 语句根据表达式的值来决定执行哪一个分支。

3.6.1　标准 if⋯else 语句

标准的 if⋯else 语句的一般使用形式如下:

if(表达式)
　　语句 1
else
　　语句 2

if⋯else 语句在执行时首先判断 if 后面表达式的值,为真则执行语句 1,为假则执行语句 2,如图 3-2 所示。if 和 else 后面只能是逻辑上的一条语句(有多条语句时要加上大括号变成复合语句)。

书写 if⋯else 语句时要注意几个问题:

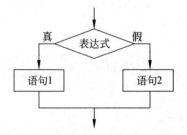

图 3-2　if⋯else 语句执行过程的流程图

（1）if 后面的表达式可以是任何一种表达式，表达式的值非 0 则为真，0 为假。

（2）if 后面的表达式要用一对小括号括起来。

（3）if 后面的语句只能是逻辑上的一条语句，可以是空语句，也可以是复合语句。一般为了防止出错，即使一条语句也建议加上一对大括号。

（4）else 后面没有表达式。else 后面的语句只能是逻辑上的一条语句，可以是空语句，也可以是复合语句。一般为了防止出错，即使是一条语句，也建议加上一对大括号。

【例 3-4】　输入一个分数（0～100），如分数不低于 60，提示 Pass，否则提示 Fail。

一共有两个分支，使用 if…else 结构。源代码如下：

```
#include <iostream>
using namespace std;
int main()
{
    int grade;
    cout << "Enter a grade(0～100): ";
    cin >> grade;
    if ( grade >= 60 )
        cout << "Pass\n";
    else
        cout << "Fail\n";
    return 0;
}
```

运行示例如下：

```
Enter a grade(0～100): 75
Pass
```

注意，条件表达式一定要写到 if 后面的小括号内，如果条件表达式单独作为一条语句出现，是不能控制流程的。例如，下面是错误的写法：

```
1   #include <iostream>
2   using namespace std;
3   int main()
4   {
5       int grade;
6       cout << "Enter a grade(0～100): ";
7       cin >> grade;
8       grade >= 60 ;
9       if ( grade )
10          cout << "Pass\n";
11      else
12          cout << "Fail\n";
13      return 0;
14  }
```

程序执行到第 8 行,表达式的结果无论是真还是假,语句都结束了,并没有记录 grade ≥60 的结果。接下来的 if 语句中判断条件是 grade,也就是说,grade 的值非 0 就为真,0 为假,这与判断 grade 大于或等于 60 的要求不符。

【例 3-5】 根据 3 条边的长求三角形的面积;如无法组成三角形,输出错误信息。

算法分析:

(1) 3 个边长 a、b、c 组成三角形的条件是"任意两条边长之和大于第三边"。表达式为

$$a+b>c \&\& a+c>b \&\& b+c>a \&\& a>0 \&\& b>0 \&\& c>0$$

(2) 3 个边长 a、b、c 组成的三角形的面积公式是

$$s = \frac{a+b+c}{2}$$

$$area = \sqrt{s*(s-a)*(s-b)*(s-c)}$$

(3) 求平方根需要调用 sqrt 函数,它定义在 std 命名空间的 cmath 头文件中。格式化输出需要包含 std 命名空间的 iomanip 头文件。

源代码如下:

```cpp
# include <iostream>
# include <cmath>                          //使用数学函数时要包含头文件 cmath
using namespace std;
int main()
{
    double a,b,c;
    cout << "Please Enter a,b,c: ";
    cin >>a >>b >>c;
    if ( a +b >c && a +c >b && b +c >a && a >0 && b >0 && c >0 )
    {                                       //复合语句开始,计算并输出面积
        double s, area ;                    //在复合语句内定义变量
        s = ( a +b +c ) / 2;
        area =sqrt ( s * ( s -a ) * ( s -b ) * ( s -c ) ) ;
        cout << "area=" <<area <<endl ;     //在复合语句内输出变量的值
    }                                       //复合语句结束
    else
        cout<<"It is not a triangle!"<<endl;
    return 0;
}
```

运行示例如下:

```
Please enter a, b, c: 2.45 3.67 4.89
area =4.35652
```

变量 s 和 area 只在复合语句内用到,因此在复合语句内定义,它的作用范围为从定义变量开始到复合语句结束。将某些变量局限在某一范围内,与外界隔离,可避免在其他

地方被误调用。

如果在复合语句外使用 s 和 area,则会在编译时出错。例如,在 return 0;前面增加一行 cout << area;编译时会出现错误信息,如[Error]'area' was not declared in this scope,系统认为 area 变量未定义。

3.6.2　简单的 if 语句

if 语句可以只有 if 一个分支,当不满足条件时就什么都不做。语法形式为

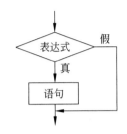

图 3-3　简单 if 语句执行过程的流程图

```
if(表达式)
    语句
```

与标准 if…else 语句类似,if 后面只能是逻辑上的一条语句。其执行过程如图 3-3 所示。

例如,若 x > y 为真,则执行语句输出 x 的值,否则就不输出 x 的值。if 语句如下:

```
if ( x >y )
    cout << x << endl;
```

3.6.3　复杂的 if…else if … else 语句

当有多个分支选择时,可采用一条 if…else if…else 语句,else if 允许有多个,每个 else if 后面都要有表达式。其一般形式为

```
if (表达式 1)
    语句 1
else if (表达式 2)
    语句 2
    ⋮
else if (表达式 n)
    语句 n
else
    语句 n+1
```

if…else if…else 语句在执行时,首先判断 if 后面的表达式 1 的值,若值为真,执行语句 1,语句结束;若值为假,判断表达式 2 的值,若值为真,执行语句 2,语句结束……如果所有 if 后面的条件都为假,执行最后的 else 后面的语句 n+1。同样地,if 与 else 后面的所有语句都只能是逻辑上的一条语句。

if…else if…else 语句的执行过程如图 3-4 所示。

【例 3-6】　铅笔价格如下:每支铅笔单价 2 元,购买量大于或等于 10 支且小于 50 支时对超出部分打 9.5 折,当购买量大于或等于 50 支时对超出部分打 9 折。根据用户输入的铅笔数量计算顾客应付金额(保留到元,角与分忽略)。

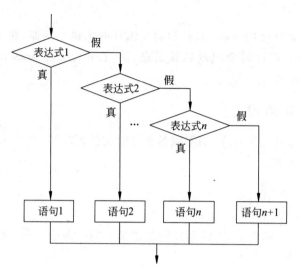

图 3-4   if…else if…else 语句执行过程的流程图

算法分析：定义符号常量 UNIT 值为 2,定义整型变量 x 保存用户输入的购买量,浮点型变量 y 为应付金额。

由于有多个分支,使用 if…else if…else 来实现,注意表达式的写法(见 3.2 节中的类似例子)。

源代码如下:

```cpp
#include <iostream>
using namespace std;
const double UNIT =2;                    //每支铅笔单价为 2 元
int main()
{
    int x;
    int y =0;
    cout <<"请输入支数: " <<endl;
    cin >>x;
    if ( x <0 )
        y =0;
    else if ( x <10 )                    //等价于 x>0 && x<10
        y =x * UNIT;
    else if ( x <50 )                    //等价于 x>=10 && x<50
        y =10 * UNIT +( x-10 ) * UNIT * 0.95;
    else
        y =10 * UNIT +( 50 -10 ) * UNIT * 0.95 +( x -50 ) * UNIT * 0.9 ;
        cout <<"应付款=" <<y ;
    return 0;
}
```

运行 3 次,输入数据与输出结果如下:

请输入支数：
2
应付款=4
请输入支数：
11
应付款=21
请输入支数：
51
应付款=97

3.6.4　if 语句的嵌套

if 语句中执行分支的语句可以是任何一条语句,如果这条语句是另一个 if 语句,则称为 if 语句的嵌套。其一般形式如下：

```
if(表达式 1)
    if(表达式 2)
        语句 1
    else
        语句 2
else
    if(表达式 3)
        语句 3
else
        语句 4
```

注意：

（1）外层的 if 语句必须完整地包含内层的选择语句,缩进书写有助于看清包含关系。

（2）else 总是和离它最近且未和任何 else 配对的 if 进行配对,和代码的缩进无关。缩进的作用只是使代码富有层次感,美观易读。

（3）if 语句可以是标准的 if…else 语句,也可以是简单的 if 语句,还可以是复杂的 if…else if…else 语句。最好为每一层内嵌的 if 语句都加上大括号,变成复合语句,这样可以避免很多不必要的错误。例如：

```
if(表达式 1)
{
    if (表达式 2)
        //if 语句的内嵌 if 语句,即表达式 1 与表达式 2 都成立时执行语句 1
            语句 1
}
else
    //与第一个 if 配对,即在表达式 1 不成立时,执行语句 2
    语句 2
```

【例 3-7】　编写程序,判断某一年是否为闰年。

前面已经分析过闰年的条件：（ year ％ 4 == 0 && year ％ 100 ！= 0）｜｜（year ％ 400 == 0），如果对表达式逐个进行判断，当 year ％ 4 == 0 为真时，再判断 year ％ 100 ！= 0，也为真，就确认是闰年；否则判断 year ％ 400 == 0，若为真，就确认是闰年，为假则不是闰年；如果 year ％ 4 == 0 为假就不是闰年。流程图如图 3-5 所示。

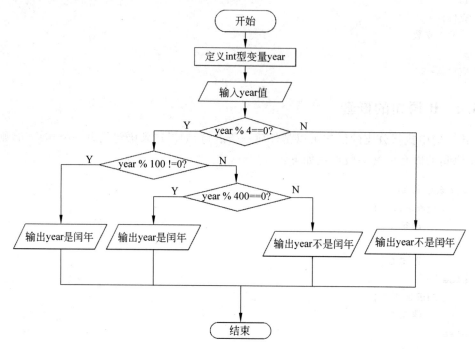

图 3-5　判断年份是否是闰年的程序流程图

代码如下：

```cpp
#include <iostream>
using namespace std;
int main()
{
    int year;
    bool leap = false;                //bool 型变量 leap 保存是否是闰年,初值为 false
    cout << "please enter year: " ;   //输出提示
    cin >> year;                      //输入年份
    if ( year %4 == 0 )               //年份能被 4 整除
    {
        if ( year %100 !=0 )          //年份能被 4 但是不能被 100 整除
            leap = true;              //是闰年,leap 赋值 true
        else                          //年份能被 4 和 100 整除
        {
            if ( year %400 == 0)      //年份能被 4、100 和 400 整除
            leap = true;              //是闰年,leap 赋值 true
            else                      //年份能被 4 和 100 整除,但不能被 400 整除
```

```
        leap =false;                    //非闰年,leap 赋值 false
    }
}
else                                    //年份不能被 4 整除
    leap=false;

if ( leap )                             //若 leap 为 true,输出年份和 is
    cout <<year <<" is " ;
else                                    //若 leap 为 false,输出年份和 is not
    cout <<year <<" is not " ;
cout <<" a leap year." <<endl;          //输出" a leap year."
return 0;
}
```

运行两次的输入数据和输出结果如下：

```
2004
2004 is a leap year.
1900
1900 is not a leap year.
```

也可以将程序中嵌套的 if 语句修改为 if…else if…else 语句,例如：

```
if ( year % 4 !=0 )
    leap =false;
else if ( year %100 !=0 )
    leap =true;
else if ( year %400 ==0)
    leap=true;
else
    leap=false;
```

3.7　switch 语句

3.7.1　switch 语句实现的多分支结构

switch 语句也是一条实现多分支选择结构的语句,它在有些情况下要比 if 语句更清晰。它的一般形式如下：

```
switch ( 表达式 )
{
    case 常量表达式 1: 语句 1; [break;]
    case 常量表达式 2: 语句 2; [break;]
      ⋮
    case 常量表达式 n: 语句 n; [break;]
    default: 语句 n+1
```

```
}
```

说明：

(1) switch 后的表达式必须是整型或字符型；如果是双精度型，必须强制将类型转换为整型。

(2) case 后的常量表达式必须是整型或字符型，如 case 1：、case 'A'：、case 1+2：等，不能有变量。

(3) 各个 case 后面表达式的值是唯一的，如果相同会出错。例如，switch 中有 case 1||2：与 case 3||4：，则编译出错，因为 1||2 与 3||4 的值都是逻辑真。

(4) 执行 switch 语句时，计算 switch 括号中的表达式的值，然后逐个与 case 后面的常量表达式的值比较。如果相同，从此 case 子句开始一直执行下去（后面的 case 子句不再做判断）；如果与所有的 case 后面的常量表达式的值都不同，就执行 default 后面的语句。

(5) break 是可选语句，如果执行匹配的 case 标记的语句，然后就希望结束 switch 语句（不执行后面的 case 语句）时，需要在该 case 子句的最后加上一条 break 语句，语法是 break；。

(6) case 和 default 的出现次序不影响执行结果。

(7) 每个 case 后面允许有多条语句，不需要加大括号。

【例 3-8】　输入两个整数的四则运算表达式，输出结果。

例如，输入 2+3，结果为 2+3=5；输入 3/2，结果为 3/2=1（取整数）。

算法分析：要定义 3 个变量；两个整型变量，记录整数；一个字符型变量，记录运算符。然后根据运算符对两个整数执行相应的运算并输出结果。由于有'+'、'−'、'*'、'/'4 个分支，可以使用 switch 语句来实现，也可以使用 if…else if… else if … else 语句来实现。

参考代码如下：

```cpp
#include <iostream>
using namespace std;
int main()
{
    char op;
    int a, b, c =0;
    cin >>a >>op >>b;
    switch ( op )
    {
        case '+' :                    //如果运算符是字符常量'+',就执行后面的语句
            c =a +b;                  //将加法运算的结果赋给 c
            break;                    //结束 switch 语句,若不写,则会继续向下执行 c=a-b;语句
        case '-':
            c =a -b;
            break;
```

```
        case '*':
            c = a * b;
            break;
        case '/':
            c = (b!=0) ? (a / b) : 0;          //除数取整,且 b 为 0 时结果为 0
            break;
        defalut:
            break;
    }
    cout << a << op << b << " = " << c;
    return 0;
}
```

运行示例如下:

```
3+2
3+2 = 5
```

说明:用户从键盘输入字符常量时,直接写字符本身,如＋,进入内存时是字符常量'＋'的 ASCII 码。进行条件判断时,要判断是否等于字符常量,如'＋'。而语句中的＋是加法运算符,要注意两者的区别。

本例的 switch 语句也可以用 if 语句实现。代码段如下:

```
if ( op == '+' )
    c = a +b;                                  //将加法运算的结果赋给 c
else if ( op == '-' )
    c = a -b;
else if ( op == '*' )
    c = a * b;
else if ( op == '/' )
    c = (b!=0) ? (a / b) : 0;                  //除数取整,且 b 为 0 时结果为 0
```

3.7.2　break 语句的合理使用

一般情况下,switch 的每个 case 中都有一条 break 语句,用来终止 switch 语句。如果程序中省略了 case 中的 break 语句,那么计算机在执行完一个 case 中的代码后,会继续执行下一个 case 中的代码。利用这个特点,在有些 case 后面不加 break 语句,使得同一段代码可以适用于多个 case 标记。

【例 3-9】　用 switch 语句改写例 3-6,价格如下:每支铅笔单价 2 元,购买量大于或等于 10 支且小于 50 支时对超出部分打 9.5 折,当购买量大于或等于 50 支时打 9 折。根据用户输入的铅笔数量计算顾客应付金额(保留到角)。

算法分析:case 后是一个常量值,不能是关系表达式或逻辑表达式,因此要对用户购买铅笔的数量进行分段,对于一个大于或等于 0 的数量 x,除以 10 取整之后,可能的取值是 0,1,2,…,可以分段计算应付金额,如表 3-3 所示。

表 3-3　按铅笔数量分段计算应付金额

铅笔数量 x 的范围	顾客应付金额 y	x/10
x<0	0	负整数
0≤ x <10	x * UNIT	0
10 ≤ x <50	10 * UNIT + (x−10) * UNIT * 0.95	1,2,3,4
x ≥ 50	10 * UNIT + (50 − 10) * UNIT * 0.95 + (x − 50) * UNIT * 0.9	5,6,7,…

当 case 后面的值是 1、2、3、4 时,执行相同的计算 y 的公式,因此可以将语句写到第 4 个 case 的后面,形式为

```
case 1:
case 2:
case 3:
case 4: 语句; break;
```

这样,当 switch 中表达式的值为 1 时,跳到 case 1: 的行,开始向下执行,执行 case 4: 后面的语句,然后执行 break 退出 switch 语句;当 switch 中表达式的值为 2 时类似,跳到 case 2: 的行开始向下执行。

x<0 的值与 x>=50 的值范围太大。可以对 x<0 使用 if 语句判断。x>=50 时可以用 default 处理。

完整的代码如下:

```
#include <iostream>
#include <iomanip>
using namespace std;
const double UNIT =2;                    //每支单价为 2 元
int main()
{
    int x;
    double y =0;
    cout <<"请输入支数: " <<endl;
    cin >>x;
    if ( x <0 )
        y =0;
    else                                 //x 大于或等于 0 时计算价格
    {
        switch ( x / 10 )                //计算数量除以 10 的可能值
        {
            case 0: y =x * UNIT; break;
            case 1:
            case 2:
            case 3:
```

```
       case 4: y = 10 * UNIT + ( x-10 ) * UNIT * 0.95; break;
       default: y = 10 * UNIT + ( 50-10 ) * UNIT * 0.95 + ( x -50 ) * UNIT * 0.9;
    }
  }
  cout << "应付款=" << setiosflags(ios::fixed) << setprecision(2) << y ;
  return 0;
}
```

3.8　实用知识：生成随机数函数——rand 等函数

产生随机数常用的是 rand、srand 和 time 函数，见表 3-4。

表 3-4　生成随机数的常用函数

函数原型声明	功　能	头　文　件	说　明
int rand();	产生[0，RAND_MAX)区间的一个随机数	#include <cstdlib> using namespace std; 或 # include < stdlib. h>	RAND_MAX 定义在头文件中。通过%等数学运算可以生成指定范围内的随机数，如 rand()%10 生成 0~9 的随机数
void srand (unsigned int);	用来设置 rand 产生随机数时的随机数种子		相同的随机数种子产生的随机数是一样的，因此程序最开始一般用 srand 初始化一个不同的随机数种子,参数值一般是 time 函数返回值（当前系统时间）
time_t time (time_t *);	time(0) 的返回值是从 1970 年 1 月 1 日至今所经历的时间(以秒为单位)	#include <ctime> using namespace std; 或 # include < time. h>	time(0) 作为 srand 函数的参数，每次运行程序时 time(0) 的值都不同，保证了随机数种子不同，进而保证 rand 函数的随机性

【例 3-10】　简单的两位数加法练习游戏。

执行程序时,显示器输出一个两位随机整数([10,99])的加法表达式,用户输入计算结果后,程序判断结果是否正确。

算法分析：程序的关键点是随机数的范围,随机数范围为[10,99],共 90 个整数。首先用 rand()%(100-10)能得到 0~89 的一个随机整数,再加上 10,就得到 10~99 的整数。

代码如下：

```
# include <iostream>
# include <cstdlib>
# include <ctime>
using namespace std;
const int MIN =10;                    //符号常量 MIN 保存随机数的最小值 10
const int MAX =99;                    //符号常量 MAX 保存随机数的最大值 99
int main()
```

```
{
    //产生[MIN,maxValue]间的随机数(包括 MIN 和 maxValue)
    srand((unsigned)time(0));              //依据系统时间初始化随机种子
    int num1 =MIN +rand() % ( MAX -MIN +1 );
    int num2 =MIN +rand() % ( MAX -MIN +1 );
    cout <<num1 <<"+" <<num2 <<"=";
    int val =0;
    cin >>val;
    if(num1+num2 ==val)
        cout <<"正确!";
    else
        cout <<"错误!";
    return 0;
}
```

运行两次,示例如下:

第 1 次(用户输入 24):

```
10+14=24
正确!
```

第 2 次(用户输入 80):

```
15+66=80
错误!
```

3.9　选择结构算法及应用

3.9.1　判断整数 m 是否能被 n 整除

【例 3-11】　输入两个整数 m 和 n,输出 m 是否能被 n 整除。

算法分析:如果 m%n 的结果为 0,则说明 m 能够被 n 整除,否则不能。

代码如下:

```
#include <iostream>
using namespace std;
int main()
{
    int m, n;
    cin >>m >>n;
    if ( m %n ==0 )
        cout <<m <<"能被" <<n <<"整除";
    else
        cout <<m <<"不能被" <<n <<"整除";
    return 0;
```

```
}
```

运行示例如下：

```
6 3
6 能被 3 整除
```

对除法运算一定要注意：如果 n 为 0,则 m％n 会出现异常,退出程序。
例如运行程序时输入

```
5 0
```

得到的输出结果是

```
--------------------------------
Process exited after 3.599 seconds with return value 3221225620
请按任意键继续...
```

也就是说,没有执行到 main 函数的 return 0;函数返回了一个随机值。
为了防止程序异常中止,要考虑到特殊数值的处理。代码修改如下：

```cpp
#include <iostream>
#include <cmath>
using namespace std;
int main()
{
    int m,n;
    cin >>m >>n;
    if ( n ==0 )
        cout <<"除数不能为 0!";
    else if ( n !=0 && m %n ==0 )
        cout <<m <<"能被" <<n <<"整除!";
    else
        cout <<m <<"不能被" <<n <<"整除!";
    return 0;
}
```

3.9.2　判断一个浮点数的值是否等于 0

【例 3-12】　输入一个数给浮点型变量,写出判断变量是否为 0 的表达式。

算法分析：如果是一个整数 n,可以用关系运算符＝＝组成表达式 n＝＝0,如果表达式的值为 true 则说明 n 等于 0,如果表达式的值为 false 则说明 n 不等于 0。

一个浮点数 0.0 在内存中的值可能是 0.00000015,用关系运算符＝＝的结果可能是 false,因为达不到运算符要求的精度。

如果浮点数的值不超过一个指定的最小精度（如 0.000001）,则认为该浮点数为 0。
代码如下：

```
double n;
n>=-0.000001 && n<0.000001            //或 fabs(n)<0.000001
```

3.9.3 利用 BMI 判断肥胖程度

【例 3-13】 用户输入身高（单位为 cm）和体重（单位为 kg），输出 BMI 的值，并且根据 BMI 对应的标准输出提示信息。

BMI 标准及程序输出的提示信息如表 3-5 所示。

表 3-5 BMI 标准及程序输出的提示信息

胖瘦程度	标　准	提 示 信 息
体重过低	BMI<18.5	您的体重过低！
正常范围	18.5≤BMI<24	您的体重很标准！
超重	24≤BMI<28	您的身体超重！
肥胖	BMI≥28	您的身体肥胖！

算法分析：

要设计 3 个 double 型变量，分别保存 BMI、体重、身高的值。

输入：提示用户输入身高（单位为 cm）、体重（单位为 kg）。

处理：BMI 的计算公式是 BMI = 体重/ 身高^2。其中，体重的单位为 kg，身高的单位为 m。

处理计算公式时要注意以下两点：

（1）单位换算。要将身高换算为以 m 为单位。

（2）算术运算的优先级。由于乘与除的运算级相同，且从左向右计算，因此要注意 BMI 公式的表达式的写法。

输出：BMI 的值。

处理并输出：根据 BMI 的值，对照表 3-3 的标准，对于各种条件判断的分支结果进行输出处理，输出提示信息，如图 3-6 所示。可以使用 if…else if…else if …else 的语句实现。

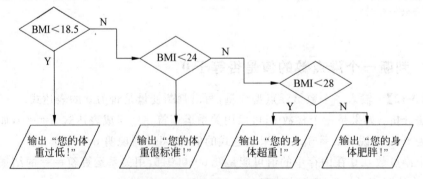

图 3-6 根据 BMI 标准输出提示信息的流程图

源程序如下：

```
#include <iostream>
using namespace std;
int main()
{
    double height, weight, BMI;
    cout <<"身高(cm): ";
    cin >>height;
    cout <<"体重(kg): ";
        cin >>weight;
        BMI =weight / ((height / 100) * (height / 100));
        //也可以写成 BMI =weight / height / height * 10000;
        //或者 height /=100; BMI =weight / height / height;
        cout<<"BMI 指数: " <<BMI <<endl;
        if ( BMI <18.5 )
            cout <<"您的体重过低!";
        else if ( BMI <24 )
            cout <<"您的体重很标准!";
        else if ( BMI <28 )
            cout <<"您的身体超重!";
        else
            cout <<"您的身体肥胖!";
    return 0;
}
```

运行示例如下：

```
身高(cm): 160
体重(kg): 50
BMI 指数: 19.5312
您的体重很标准!
```

用户输入身高和体重,如 160、50,然后显示 BMI 值 19.5312,最后一行是根据 BMI 值给出的提示信息。

3.10　练习与思考

3-1　计算下面的公式：

$$f(x) = 2x^2 + \frac{2}{x^2} + 5x$$

输入 x 后,判断 x 是否等于 0。如果不等于 0,计算并输出表达式的值;否则显示提示信息。

3-2　交通信号灯共有 3 种颜色：红、绿、黄,分别用 1、2、3 对应这 3 种颜色。当用户输入 1~3 的整数时,显示对应的提示语。例如,1 输出"红灯停",2 输出"绿灯行",3 输出"黄灯亮了等一等";输入其他整数输出"注意交通安全"。

3-3　下面的程序段执行后，x 的值是（　　）。

```
int a = 9, b = 7, c = 3, d = 5, x;
x = a > b ? c : d;
```

　　　　A. 3　　　　　　B. 5　　　　　　C. 7　　　　　　D. 9

3-4　与 y=(x>0? 1；x<0? -1；0);的功能相同的 if 语句是（　　）。

　　　　A. if (x>0)　y=1；　else if(x<0) y=-1；　else y=0；

　　　　B. if (x)　if(x>0)　y=1；　else if(x<0) y=-1；　else y=0；

　　　　C. y=-1；　if(x>0) y=1；　else y=-1；

　　　　D. y=0；　if(x>=0) y=1；　else if(x==0) y=0；　else y=-1；

3-5　在下列条件语句中，只有一个在功能上与其他 3 个语句不等价（其中 s1、s2 表示某个 C 语句)，这个语句是（　　）。

　　　　A. if (a) s1；　else s2；　　　　B. if (! a) s2；　else s1；

　　　　C. if (a! =0) s1; else s2；　　　 D. if (a==0) s1; else s2；

3-6　判断 char 型变量 s 是否为小写字母的正确表达式是（　　）。

　　　　A. 'a' <= s<= 'z'　　　　　　　　B. (s>='a') & (s<='z')

　　　　C. (s>='a') && (s<='z')　　　　 D. ('a'<=s) and ('z'>=s)

3-7　以下程序（　　）。

```
#include <iostream>
using namespace std;
int main()
{
    int x = 5, a = 0, b = 0;
    if ( x = a + b)
        cout << " * * * * * \n";
    else
        cout << "aaaa\n";
    return 0;
}
```

　　　　A. 输出 * * * *　　　　　　　　B. 有语法错,不能通过编译

　　　　C. 能通过编译,但不能连接　　　D. 输出 aaaa

3-8　关于下面的程序：

```
#include <iostream>
using namespace std;
int main()
{
    int a,b;
    cin >> a >> b;
    if(a>b)
        a=b;b=a;
```

```
else
    a++;b++;
cout <<a <<b;
return 0;
}
```

正确的说法是(   )。

    A. 有语法错误不能通过编译   B. 若输入 5,4 则输出 4,5

    C. 若输入 4,5 则输出 5,6   D. 若输入 5,4 则输出 5,5

3-9 要表示 a 和 b 同时为正或同时为负(0 既可以认为是正也可以是负),以下表达式中不正确的是(   )。

    A. $(a+b) >= 0$

    B. $a * b>=0$

    C. $(a>=0$ && $b>=0) || (a<=0$ && $b<=0)$

    D. $a==0 || b==0 || (a>0$ && $b>0) || (a<0$ && $b<0)$

3-10 假设有如下的程序片段:

```
switch(grade)
{
    case 'A': cout <<"GREAT!";
    case 'B': cout <<"GOOD!";
    case 'C': cout <<"OK!";
    case 'D': cout <<"NO!";
    default : cout <<"ERROR!";
}
```

若 grade 的值为'C',则输出结果是(   )。

    A. OK!   B. GREAT! GOOD! OK! NO! ERROR!

    C. 不确定   D. OK! NO! ERROR!

自定义函数与封装

　　函数是程序设计的一个基本功能模块,实现一个独立的功能。一个程序是由一个主函数和若干子函数组成的。本章重点介绍自定义函数的方法,理解函数如何定义和封装功能,如何调用函数,如何在函数之间传递信息,这些对于用计算机程序解决实际复杂问题是至关重要的。

4.1　函数与结构化程序设计

　　实际解决问题时,对于较大的任务,一般将其分解成若干个较小、较简单的任务,然后对每个任务采用合适的算法解决,这种"自顶向下、逐步求精"的设计思想是面向过程程序设计的主要思想。主函数相当于总调度,用来控制流程结构(顺序结构、选择结构、循环结构等),调用各个函数(标准库函数、用户自定义的函数等)实现具体的功能;函数之间也可以互相调用。

　　函数是程序设计的基本单位,是对一个问题的抽象,一般只包含一个独立的功能。函数将具体实现的过程封装起来,外界只能通过函数原型声明(相当于说明书)来了解如何使用函数,而无法看到函数的细节。

　　函数定义成功后,使用前要先声明函数原型,或者将含有函数原型声明的外部文件包含进来,然后就可以按照声明的格式要求使用该函数,称为函数调用。调用函数者看不到也无需关心函数功能的具体实现,这有利于代码重用,提高开发效率,以及团队分工合作和维护。

　　初学者在学习自定义函数时,记住函数定义的语法规范很重要,同时要理解程序的执行过程,不能盲目照抄代码。函数学习的主要难点如下:

　　(1) 自定义函数包括 3 个部分:函数原型声明(一般在主函数定义的前面)、函数调用(在主函数或其他自定义函数中的函数调用语句)、函数定义(一般在主函数定义的后面)。

　　(2) 函数定义的函数体是用一对大括号封装起来的函数功能语句,与 main 函数的定义类似。

（3）函数与外部其他函数之间传递的信息是由函数原型声明的参数及返回值类型决定的。自定义函数时要首先确定与外部交流的信息格式,确定函数原型声明的格式,然后再实现函数定义部分。

（4）要理解程序执行的过程。程序会从主函数跳到被调用函数的定义部分,执行函数结束后再回到函数调用点,继续向下执行。

（5）要明确变量的作用域和生存空间,在变量可见范围内使用。

（6）为了保证函数的封装性,函数要从外界获取信息时最好通过形式参数来实现,尽量不要直接使用全局变量。

【例 4-1】　自定义函数实现以下功能①判断 3 条边能否构成三角形;②已知 3 条边的边长,计算三角形的面积。主函数测试功能。

分析程序中的函数功能与定义:

（1）自定义函数——判断 3 条边是否能够构成三角形。

- 函数名：与变量名的定义类似,如 IsTriangle。
- 函数原型声明分析：调用函数时需要提供 3 个数值,函数调用后能够得到 true 或 false 的布尔值(C 语言中可用 1 或 0 的整数值),因此自定义该函数的原型声明可写为

```
bool IsTriangle(double a, double b, double c);
```

- 函数定义算法分析：根据 3 个形参 a、b、c 的值,写出逻辑表达式,并返回表达式的值。

（2）自定义函数——计算三角形面积。

- 函数名：AreaOfTriangle。
- 函数原型声明分析：调用函数时需要提供 3 个数值,函数调用后能得到三角形面积的值。因此自定义该函数的原型声明可写为

```
double AreaOfTriangle(double a, double b, double c);
```

- 函数定义算法分析：根据 3 个形参变量 a、b、c 的值,计算面积,公式为

$$s = \frac{a+b+c}{2}$$
$$\text{area} = \sqrt{s(s-a)(s-b)(s-c)}$$

s 与 area 是函数内部在计算时使用的变量,与调用者无关,因此在函数内部定义。计算后返回 area 的值。

（3）测试程序的 main 函数。

首先需要接收用户输入的 3 个实数,然后判断它们是否能够构成三角形。如果能,计算三角形的面积;如果不能,输出提示信息。

上述 3 个函数的流程图如图 4-1 所示。

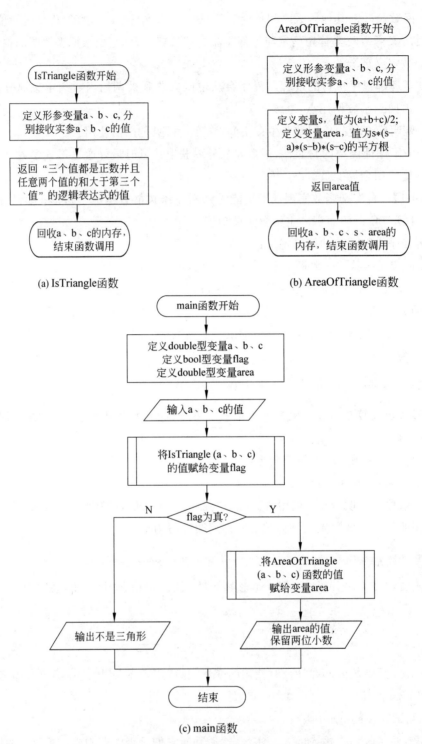

(a) IsTriangle函数

(b) AreaOfTriangle函数

(c) main函数

图 4-1　例 4-1 中 3 个函数的流程图

4.2　自定义函数的声明与定义

自定义函数可以与主函数放在同一个文件中,也可以放到一个单独的文件中,以便重用在不同的程序中,两者并没有本质的差别。本章中将自定义函数与 main 函数定义在同一个文件中。一般将自定义函数的声明定义在 main 函数定义的前面,将自定义函数的定义写在 main 函数定义的后面,在 main 函数中调用自定义函数,自定义函数也可以调用其他函数或者自身。

自定义函数分为函数声明、函数定义两个部分,调用函数时根据调用(使用)语句之前的函数声明格式按顺序给出符合格式的前提条件,就能实现函数的功能,得到正确的结果,调用者并不需要了解自定义函数内部的细节。

4.2.1　函数的声明

函数声明是一种原型声明,不包含任何代码。它只是声明了函数定义中的函数名称、函数返回值的数据类型以及函数参数的类型。用户在使用函数时,并不需要了解函数定义内部的实现细节,只要知道函数声明中各个参数的作用,按照参数的数据类型和顺序提供参数值,就能够使用函数,得到函数声明中的返回值类型的正确结果。程序在编译时会检查调用函数的格式是否与函数声明的格式相匹配,但不会检查用户输入的实际参数值是否合理。

函数声明语句一般与函数定义头部完全相同,末尾增加一个分号,例如:

```
double AreaOfTriangle(double a, double b, double c);
```

自定义函数 AreaOfTriangle 的返回值是 double 型。函数名后面的小括号中包括3 个参数,都是 double 型变量,是三角形的 3 条边。函数声明语句末尾以分号结束。

调用函数时,根据函数声明格式提供函数实际的参数值,如 AreaOfTriangle(3,4,5)就能让函数求出 3 条边长为 3、4、5 的三角形的面积,并且返回面积的值。

函数声明中的参数只是用来匹配格式,并不实际分配内存,因此可以不写参数名称,或者与函数定义的头部的参数变量名称不同,但是参数的类型及顺序必须与函数定义中的参数的类型及顺序完全相同。例如,AreaOfTriange 函数的声明也可以写成

```
double AreaOfTriangle(double , double , double);          //形参无变量名
```

如果函数没有返回值,函数返回类型声明为 void,表明这个函数的作用只是实现功能,并不会返回值。

4.2.2　函数的定义

自定义函数的定义格式与 main 函数的定义格式相同,一般形式为

```
返回类型 函数名称 (形式参数列表)
{
    函数体;
}
```

自定义函数的定义包括两部分：函数头和函数体。

4.2.2.1　函数定义中的函数头

函数头包括 3 部分：**返回类型、函数名称、形式参数列表**，但不以分号结尾。

(1) 返回类型是函数调用后返回值的数据类型，如 int、double、char 等。如果不需要返回值，返回类型定义为 void。

(2) 函数名称的定义方法与变量相同，一般应能够反映函数的功能，方便用户使用。例如 abs 函数是返回一个整数的绝对值等。

(3) 形式参数列表写在函数名后面的一对小括号中，可以包括 0 个或多个变量的声明，用逗号分开。每个变量(称为形式参数，简称形参)在函数被调用时分配内存，并接收用户传过来的值(称为实际参数，简称实参)，在函数内部使用。函数调用结束后，系统自动回收分配给变量的内存。

(4) 每个形参前面必须定义数据类型，多个形参之间用逗号分隔。例如，bool IsTriangle(double a, double b, double c)是正确的，但是 bool IsTriangle(double a, b, c)是错误的。

4.2.2.2　函数定义中的函数体

函数体是一条复合语句，由一对大括号括起 0 或若干条语句，用于实现函数的功能。如果函数需要返回一个值，函数体中至少要包含一条 return 语句，该语句返回一个与返回类型匹配的常量、变量或表达式。若函数不需要返回值，则返回类型为空(void)，此时就不需要包含 return 语句，或者写成 return ;。

下面是函数 IsTriangle 的定义，该函数用于判断 3 个数是否能够构成三角形。

```
bool IsTriangle(double a, double b, double c)          //注意,每个形参必须定义数据类型
{
    return a +b >c && a +c >b && b +c >a && a >0 && b >0 && c >0;
}
```

该函数只有一条语句，返回逻辑表达式的值(true 或 false)。

类似地，定义 AreaOfTriangle()函数，该函数用于计算三角形面积。

```
double AreaOfTriangle ( double a, double b, double c)
{
    //注意,函数内部定义的变量名不能与函数名同名
    double s = (a +b +c ) / 2;
    double area =sqrt ( s * ( s -a ) * ( s -b ) * ( s -c ) );
    return area;
}
```

系统并不会立即为函数定义中的形参变量分配内存，只有当函数被调用时才会为形参分配内存，函数调用完毕后回收内存，下次再被调用时重复形参的内存分配和回收过程。

4.2.3 函数返回值

使用关键字 return 从函数返回一个值,可以是常量、变量、表达式或调用函数的返回值,也可以是空语句。例如:

```
return 5;                          //返回一个常量的值
return x >5;                       //返回一个表达式的值
return f( n );                     //返回一个函数调用表达式的值
return ;                           //无返回值,适用于返回类型为 void 的函数
```

这些都是合法的 return 语句。return 返回值的类型应该和函数声明中定义的返回类型保持一致;如果不一致,按照返回类型进行类型转换;如果不能转换,则会出现编译错误。

一个函数体内部允许有 0 个或多个 return 语句,执行语句时,一旦遇到 return 语句,将立即结束函数调用,返回到调用函数的语句处,得到函数调用表达式的值,然后释放被调用函数中的所有变量的内存。

【例 4-2】 自定义 IsLeapYear 函数,判断用户输入的年份是否是闰年。

完整源代码示例如下:

```
#include <iostream>
using namespace std;
bool IsLeapYear ( int year );            //函数声明
int main()
{
    int input;                           //input 变量接收用户输入的年份
    cout <<"Enter a year: ";
    cin >>input;
    if ( IsLeapYear ( input ) )          //函数调用,返回 true 或 false
        cout <<input <<" is a leap year.\n";
    else
        cout <<input <<" is not a leap year.\n";
    return 0;
}
bool isLeapYear ( int year )             //函数定义,判断 int 值的年份是否是闰年
{
    if ( year %4 ==0 )
    {
        if ( year %100 ==0 )
        {
            if ( year %400 ==0 )
                return true;
            else
            return false;
        }
        else
            return true;
```

```
    }
    else
        return false;
}
```

IsLeapYear 函数使用了嵌套的 if 语句，有多个分支，因此有多个 return 语句，遇到任何一条 return 语句都会结束函数的执行。

IsLeapYear 函数体也可简化为如下格式：

```
bool IsLeapYear( int year )
{
    if ( ( year%4 ==0 && year%100 !=0 ) || year%400 ==0 )
        return true;
    else
        return false;
}
```

也可以直接返回表达式的逻辑真（假）值。例如：

```
bool IsLeapYear( int year )
{
    return ( year%4 ==0 && year%100 !=0 ) || year%400 ==0;
}
```

4.2.4　陷阱：函数声明与定义的常见问题

编写代码时，一般将函数定义的函数头复制到文件的头部，末尾加上分号，就是函数声明，这样能确保一致性。当任何一方要修改时，记得复制并修改另一方。此外，函数定义内部声明的变量仅在内部可见，与函数调用的实参名没有任何关系，但是在一个函数内部定义变量时，应注意变量重名可能带来的问题。

4.2.4.1　函数声明与定义中的常见错误

编译连接时，函数声明与定义中的常见错误见表 4-1。

表 4-1　函数声明与定义中的常见错误

错误提示信息	错误原因
［Error］ undefined reference to 'IsTriangle (double, double, double)' ld returned 1 exit status	连接错误：找不到与函数声明相匹配的函数定义。检查函数声明与函数定义的头部是否完全一致；检查是否缺少函数定义
［Error］ 'IsTriangle ' was not declared in this scope	编译错误：找不到与函数调用表达式相匹配的函数声明。检查函数声明的名称、参数列表的数据类型与个数是否符合函数调用的要求
［Error］ expected unqualified-id before '{' token	编译错误：函数定义头部与'{'之间多一个分号

4.2.4.2　形参变量与局部变量重名问题

函数内部的形参变量与函数体中声明的变量都是局部变量,作用域范围相同,如果同名会发生冲突,因此不要在函数体内声明与形参变量同名的变量。例如:

```
double AreaOfTriangle ( double a, double b, double c)
{
    double a, b, c;                        //出错行
    double s = (a +b +c ) / 2;
    double area = sqrt (s * ( s -a ) * ( s -b ) * ( s -c ));
    return area;
}
```

编译时会提示变量重复定义的错误信息:

```
[Error] declaration of 'double a' shadows a parameter
[Error] declaration of 'double b' shadows a parameter
[Error] declaration of 'double c' shadows a parameter
```

类似地,不允许定义与函数名同名的变量。例如,在 AreaOfTriangle 函数体中不能定义 AreaOfTriangle 变量名。

4.2.4.3　语句块的变量定义问题

在一个复合语句中定义的变量,其作用域限定在该复合语句中。例如下面的代码段:

```
double AreaOfTriangle ( double a, double b, double c)
{
    double area;
    if ( IsTriangle(a, b, c) )
    {
        double s = (a +b +c ) / 2;
        double area = sqrt ( s * ( s -a ) * ( s -b ) * ( s -c ) );
    }
    return area;
}
```

if 语句中的变量 s 和 area 仅在 if 条件为真时定义及存在,if 语句执行结束后就会释放这两个变量的内存。接下来执行 return area;语句,返回的是函数内部定义的 area 变量(在 if 语句上一行)的值,是随机值,这个错误是非常隐蔽的,需要特别注意。

4.3　函数的调用

一个函数被使用称为调用。在 main 函数中调用函数时,传递实参值给形参变量,并开始执行函数体的语句,当遇到 return 语句或者执行到函数体末尾的右大括号时结束,

返回到 main 函数的调用点,继续向下执行。自定义函数内部也可以调用其他函数。

　　函数调用前必须有函数声明,函数调用的实参顺序与数据类型必须与函数声明中的一致。

4.3.1　函数调用的格式

　　函数调用表达式的一般格式为

函数名称 (实际参数)

　　调用函数时,函数名称右边的()不能省略。如果函数声明为无参函数(没有形式参数),则调用语法是“函数名()”。如果函数声明为有参函数(有形式参数列表),就按照形式参数列表的数据类型及顺序提供实际参数,语法是“函数名(实参列表)”。实参必须是确切的值,可以是变量、常量、表达式、函数调用等。实参的数据类型必须与形参的数据类型赋值兼容,调用时会自动类型转换为形参的数据类型。例如:

　　(1) 例 1-2 中的 print 函数是无参的,调用函数表达式可以是

```
print()
```

　　(2) 4.2.2 节中的 IsTriangle 函数是有参的,调用函数表达式为

```
IsTriangle ( a, b, c )
```

　　(3) 4.2.2 节中的 AreaOfTriangle 函数是有参的,调用函数表达式为

```
AreaOfTriangle ( a, b, c )
```

　　【例 4-3】 包含判断 3 条边能否构成三角形及计算三角形面积函数的完整程序。源代码如下:

```
//外部文件包含等预处理命令
#include <iostream>
#include <cmath>
using namespace std;
//自定义函数 IsTriangle 和 AreaOfTriangle 的原型声明
bool IsTriangle(double a, double b, double c);
double AreaOfTriangle(double a, double b, double c);
//主函数的定义
int main()
{
    double a, b, c;                    //定义变量 a、b、c,作用在 main 函数中
    cout << "输入 3 个边长: ";
    cin >>a >>b >>c;
    bool flag = IsTriangle(a, b, c );  //IsTriangel 的函数调用
    if( flag )
    {
```

```
        double area =AreaOfTriangle(a, b, c);        //AreaOfTriange 的函数调用
        cout <<area ;                                  //输出面积
    }
    else
        cout<< "it is not a triangle!"<<endl;
    return 0;
}
    //自定义函数的定义
bool IsTriangle(double a, double b, double c)        //每个形参必须定义数据类型
{
    return a +b >c && a +c >b && b +c >a && a >0 && b >0 && c >0;
}
double AreaOfTriangle(double a, double b, double c)
{
        double s = (a +b +c ) / 2;
        double area =sqrt ( s * ( s -a ) * ( s -b ) * ( s -c ));
        return area;
}
```

运行示例如下：

输入 3 个边长：3 4 5

6

4.3.2 陷阱：函数调用的常见问题

调用函数时,如果实参与函数声明时的形参在数据类型上不同,会自动进行数据类型转换,将实参转换成形参的数据类型。如果数据类型匹配不成功,或者实参与形参的个数不同,都会出现编译错误。函数调用的常见错误如表 4-2 所示。

表 4-2　函数调用的常见错误

错误提示信息	错 误 原 因
［Error］ too few arguments to function ' double AreaOfTriangle(double，double，double)'	调用 AreaOfTriangle 时的实参数量过少,与形参个数不匹配
［Error］ too many arguments to function ' double AreaOfTriangle(double，double，double)'	调用 AreaOfTriangle 时的实参数量过多,与形参个数不匹配
［Error］ cannot convert ' double ＊ ' to ' double ' for argument '3' to 'bool IsTriangle(double，double，double)'	调用 IsTriangle 时的第 3 个实参的数据类型与形参不符,无法将实参的 double 型变量的指针(地址)值转换为 double 型

对于有返回值类型的函数,函数调用有以下几种用途：

（1）可以用在合适的表达式中参与计算。例如,bool flag = IsTriangle(a, b, c)；将函数调用的返回值作为赋值表达式的右值赋给左值变量。

（2）可以作为另一个函数调用的实参。例如，sqrt（sqrt（4））首先执行里面的 sqrt（4），得到 4 的平方根 2；然后再将 2 作为实参，执行 sqrt（2），得到 2 的平方根。

（3）可以用在输出语句中，直接输出结果，如 cout << IsTriangle（a，b，c）;。

（4）可以用在流程控制语句中，控制程序的执行。例如，if（IsTriangle（a，b，c））{ … }，将函数调用的返回值作为 if 括号中的条件。

对于没有返回类型的函数，函数调用作为一条表达式语句使用，如例 1-2 中的 print 函数的调用。函数调用的常见语法错误举例如表 4-3 所示。

表 4-3　函数调用的常见语法错误举例

函数调用的错误写法	说　明
bool flag = IsTriangle（double a，double b，double c）;	函数调用时，函数名后面的参数是实参，是将实参值传递给形参。实参如果是变量，一定是在调用前定义并赋值的，在调用时不要再写变量的数据类型
bool flag = boolIsTriangle（a，b，c）;	函数调用时，不要写函数的返回类型。数据类型是在函数定义时指定的，在读或取值时无需重复指定
bool IsTriangle = IsTriangle（a，b，c）;	定义了与函数同名的变量，会发生编译错误
IsTriangle（a，b，c）;	函数调用作为一条表达式语句使用，只完成了函数功能，返回值在表达式语句执行完毕后就消失了

4.3.3　函数的调用过程

函数调用包括 3 个步骤：

（1）参数传递：将实参值赋给形参变量。

（2）执行函数体的语句。

（3）返回函数调用表达式的位置。

判断 3 条边能否组成三角形以及计算三角形面积的程序的完整流程图如图 4-2 所示。

具体步骤如下：

（1）程序从 main 开始，定义了变量 a、b、c 以保存用户的输入值。

（2）IsTriangle 函数调用。遇到函数调用表达式时，计算机会记住 IsTriangel 函数名的位置（内存地址），然后跳到 IsTriangle 函数的定义头部，为形参变量 a、b、c 分配内存，将实参变量 a、b、c 的值按顺序赋给形参变量 a、b、c。注意，形参变量 a、b、c 与 main 函数中的变量 a、b、c 是不同的变量，分别占据完全不同的内存空间。

（3）执行 IsTriange 函数体的语句，返回结果到调用点，然后回收函数中的变量 a、b、c 的内存空间。

（4）回到 main 函数的函数调用语句，将返回结果赋给变量 flag。

（5）判断 flag 的值，根据结果决定执行其中的一个分支：

① 如果 flag 的值为假，输出不能组成三角形的提示信息。

② 如果 flag 的值为真，计算并输出面积的值：

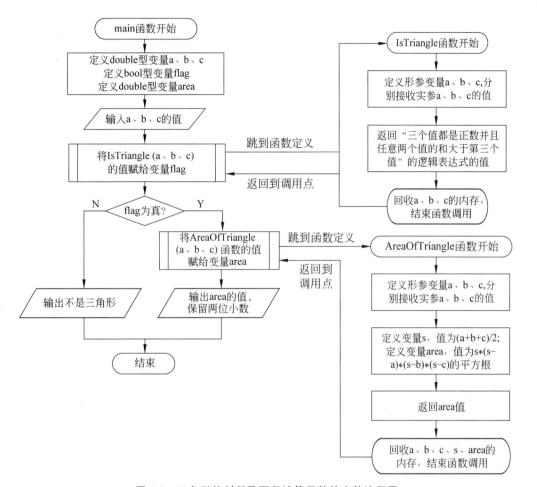

图 4-2 三角形的判断及面积计算函数的完整流程图

a. 调用 AreaOfTriangle 函数,为形参变量 a、b、c 分配内存,将实参变量 a、b、c 的值按顺序赋给形参变量 a、b、c。注意,形参变量 a、b、c 只在自定义的函数内部有效。

b. 执行 AreaOfTriangle 函数体的语句,返回结果到调用点,然后回收函数中的变量 a、b、c 的内存空间。

c. 回到 main 函数的函数调用语句,将返回结果赋给变量 area。

d. 输出 area 的值。

(6)程序结束,回收 main 函数中的变量 a、b、c、flag、area 的内存空间。

4.3.4 函数的嵌套调用

在函数定义内部允许调用另一个函数,称为函数的嵌套调用。调用方法相同,一个函数被调用时,开始执行函数定义中的语句,遇到另一个函数的调用时,跳到另一个函数的定义,开始执行函数定义中的语句,调用完毕后回到调用点,继续向下执行。函数嵌套调用过程如图 4-3 所示。

【例 4-4】 函数嵌套调用实例——根据 3 个点的坐标求三角形的面积。

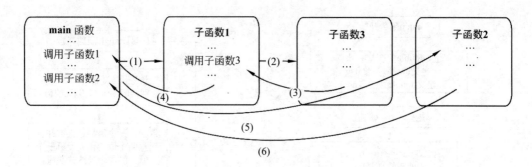

图 4-3 函数嵌套调用的过程

算法分析：main 要解决 3 个问题。

（1）根据用户输入的 3 对值计算出 3 条边的边长。

假设有两个点 A、B，坐标分别为 (x_1, y_1)、(x_2, y_2)，则 A 和 B 两点之间的距离的公式为

$$d = \sqrt{(x_1 - x_2)^2 + (y_1 - y_2)^2}$$

（2）判断这 3 条边能否组成三角形。在前面的例子中，已经实现了算法，即返回以下表达式的值：

$a + b > c \,\&\&\, a + c > b \,\&\&\, b + c > a \,\&\&\, a > 0 \,\&\&\, b > 0 \,\&\&\, c > 0$

（3）根据 3 条边长输出三角形的面积。在前面的例子中已经实现了算法，即边长为 a、b、c 的三角形面积的计算公式为

$$s = \frac{a + b + c}{2}$$

$$area = \sqrt{s(s-a)(s-b)(s-c)}$$

每个小问题都用一个函数实现，main 函数完成数据的输入、处理、输出的功能，求面积的函数分别调用各个函数（求边长、判断 3 条边能否组成三角形）来实现程序功能。

该程序的流程图如图 4-4 所示。

源代码如下：

```
//外部文件包含等预处理命令
#include <iostream>
#include <cmath>
using namespace std;

//自定义函数 Distance、IsTriangle 和 AreaOfTriangle 的声明
double Distance(double x1,double y1,double x2,double y2);
bool IsTriangle(double a, double b, double c);
double AreaOfTriangle (double ax, double ay, double bx, double by, double cx,
double cy);

//主函数的定义
int main()
```

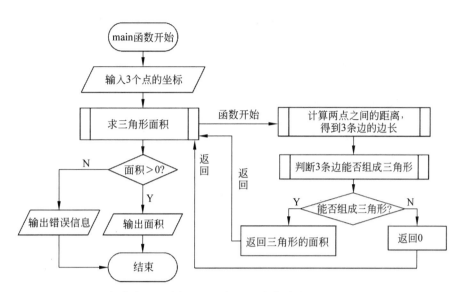

图 4-4　函数嵌套调用的例子——根据 3 个点的坐标输出三角形的面积

```
{
    double ax, ay, bx, by, cx, cy;                //3个点的坐标
    cin >> ax >> ay >> bx >> by >> cx >> cy;
    double area = AreaOfTriangle(ax, ay, bx, by, cx, cy);
    if(area > 0)
        cout << "Area =" << area;
    else
        cout<< "it is not a triangle!";
    return 0;
}

double Distance(double x1,double y1,double x2,double y2)
{
    return sqrt(pow ( x1 - x2, 2 ) + pow ( y1 - y2, 2 ) );
}

bool IsTriangle(double a, double b, double c)
{
    return a + b > c && a + c > b && b + c > a && a > 0 && b > 0 && c > 0;
}

double AreaOfTriangle ( double ax, double ay, double bx, double by, double cx,
double cy)
{
    double ab, bc, ca;                           //3 条边长
    ab = Distance ( ax,ay,bx,by);                //a 和 b 的距离
    bc = Distance ( bx,by,cx,cy);                //b 和 c 的距离
```

```
        ca =Distance ( cx,cy,ax,ay );                    //c 和 a 的距离

        if ( IsTriangle(ab, bc, ca))
        {
            double s = (ab +bc +ca ) / 2;
            double area =sqrt ( s * ( s -ab ) * ( s -bc ) * ( s -ca ));
            return area;
        }
        else
            return 0;                                     //不能构成三角形,面积为 0
    }
```

程序运行示例如下：

```
1 2
2 3
3 5
Area =0.5
```

4.4 函数的参数传递

调用函数时,主调函数与被调用函数的信息交换是依靠函数的参数实现的,被调用函数的形参变量获得内存空间,并接收主调函数的实参的值。形参与实参占据不同的内存空间。C 语言中函数的参数传递有两种方式：值传递和址传递;C ++ 语言中增加了引用传递。址传递是 C&C ++ 所特有的传参方式。本节介绍高级语言中常见的值传递和引用传递,在 6.2.2 节中介绍址传递。

4.4.1　参数的值传递

最常见的一种传参方式是值传递,即形参变量单向接收实参的值,形参变量的任何修改都不会影响实参的值。参数的值传递增强了函数的独立性,避免了调用函数时对主调函数内部变量值的修改。

前面的自定义函数 IsTriangle 与 AreaOfTriangle 都采用了值传递的方式。实参可以是具体的常量值。例如,AreaOfTriangle(3,4,5)会返回三角形的面积,这 3 个数作为边长能组成一个三角形。

调用 AreaOfTriangle 函数的实参也可以是变量。例如,main 函数中定义了 double 型变量 a、b、c,并从键盘获得用户的输入,然后开始调用 AreaOfTriangle(a,b,c)函数,参数值传递如图 4-5 所示。形参变量 a、b、c 虽然与实参变量 a、b、c 的名称相同,但是对应着不同的内存单元,并且每个函数执行中只能看到自己函数内部的变量。例如,main 函数只能看到自己内部定义的变量 a、b、c,而看不到 AreaOfTriangle 函数中的变量。执行 AreaOfTriange 函数时,对形参变量的修改并不会影响实参的值。

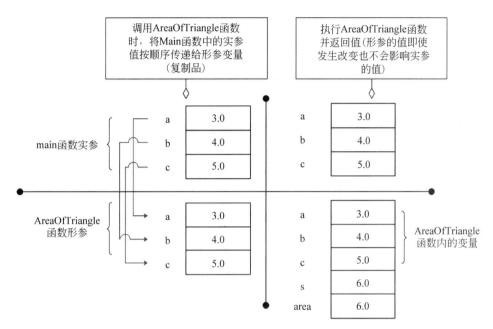

图 4-5　AreaOfTriangle(a,b,c)函数的参数值传递

4.4.2　C++ 的引用传递

引用类型是 C++ 中新增加的数据类型,引用型变量就是变量的别名。C++ 的变量可以取别名。引用型变量在定义时必须初始化。变量及其别名都对应同一个内存空间。

引用型变量在定义时以 & 开头,同时要对被引用的变量赋初值。例如:

```
int a =10;
int &b =a;
```

表示定义一个引用型变量 b,b 是对变量 a 的引用(别名)。接下来,对 a 和对 b 进行操作是一样的。例如:

```
b =b +10 ;
cout <<a;
```

输出结果是 20。

在 C++ 的引用传递中,实参是被引用的变量,形参是引用型变量(别名)。函数在调用时定义形参变量为实参变量的别名,这样形参与实参在函数内部操作同一块内存空间,免去了内存空间的分配以及赋值的过程,提高了效率。

例如,修改 AreaOfTriangle 函数的形参变量为引用型变量,则函数定义为

```
double AreaOfTriangle ( double &a, double &b, double &c)
{
    //注意,函数内部定义的变量不能与函数同名
    double s = (a +b +c ) / 2;
```

```
    double area = sqrt(s * (s-a) * (s-b) * (s-c));
  return area;
}
```

从形式上看，引用传递与值传递的函数的区别仅仅是定义时在变量名前面加上 &，但实际上两者在函数调用和执行中的参数传递是有区别的。如图 4-6 所示，IsTriange 函数的形参变量定义为应的对实参变量的别名，操作同一块内存。

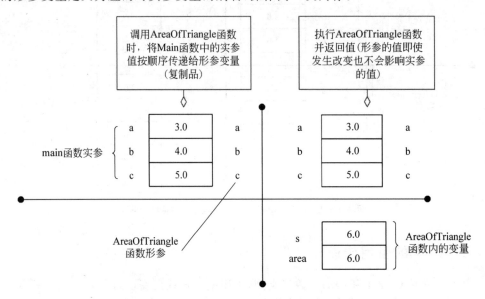

图 4-6　AreaOfTriangle 函数的参数引用传递

引用传递的另一个优点是改变形参的值就是修改实参的值，因此可以快速实现主调函数与被调用函数之间的信息传递。

【例 4-5】　自定义一个函数，交换两个数的值。

算法分析：

（1）形参使用引用型变量，是对实参变量的引用。因此，对形参值的修改就是对实参值的修改。

（2）在交换算法中增加一个临时变量，作为交换的临时存储区。

自定义函数的代码如下：

```
void Swap(double &a, double &b)
{
    double temp = a;
    a = b;
    b = temp;
}
```

注意：使用引用型变量作为函数的形参时，实参必须是可以被引用的变量，不能是常量或表达式。此外，在函数体内，引用型变量的书写形式，与被引用变量的语法完全一致，只是名字不同而已。

表 4-4 以 Swap 函数为例列出了引用型变量作为函数形参的常见错误。

表 4-4　引用变量作为形参的常见错误——以 Swap 函数为例

swap( )函数的错误写法	说　　明
| ```
void Swap(double &a, double &b)
{
    double temp =&a;
    &a =&b;
    &b =temp;
}
``` | 在函数体内执行语句时,变量名前面加上 & 表示变量的地址,编译时会出现类型转换错误:<br><br>〔Error〕cannot convert 'double * ' to 'double ' in initialization<br><br>(double * 表示 double 类型的指针,详见第 10 章)<br>以及赋值的左值错误:<br><br>〔Error〕lvalue required as left operand of assignment<br><br>(左值必须是变量,而 &a 是变量 a 的地址) |
| ```
void Swap(double &a, double &b)
{
    double &temp =a;
    a =b;
    b =temp;
}
``` | 函数体内定义的变量 temp 是变量 a 的别名,也就是 main 函数中实参变量的别名,它们都对应同一块内存空间。因此执行 a = b;后,temp 的内存空间(也是 a 的内存空间)存放的是 b 的值,a 的值被 b 覆盖后丢失 |
| ```
int main()
{
    double m=2 , n=3;
    Swap(&m, &n);
    …
}
``` | 引用变量的函数在被调用时,实参是变量名,不要加地址符 &,否则在编译时会出现引用变量初始化类型错误:<br><br>〔Error〕invalid initialization of non-const reference of type 'double&' from an rvalue of type 'double * 'Swap 函数的正确调用格式是 Swap(m, n); |

C 语言中函数的参数传递只有两种:值传递和址传递。址传递能通过形参变量修改实参变量的值,会在第 6 章和第 10 章中介绍。C++ 语言可以使用值传递、址传递和引用传递来实现。引用传递语法简单,效率高。

*4.4.3　const 修饰引用形参

如果既希望利用引用传递免去内存分配和复制的过程,又不希望实参值被改变,可以在定义形参变量的前面加上 const 修饰,变为常引用类型,表示变量的值不能修改。例如,将 AreaOfTriangle 的原型声明改为

```
double AreaOfTriangle ( const double &a, const double &b, const double &c);
```

在引用参数的前面增加 const 修饰符,则形参变量值不能修改,就能既达到值传递的效果,又减少了形参变量分配内存的开销,是值传递的首选方法。而且,这种方法限定了函数形参是 const 类型,可以避免以后其他人维护函数定义时在函数内部修改了形参引用变量的值。
```

4.5 变量的作用域与生存期

变量根据其在在程序中的声明位置，分为局部变量和全局变量，它们在内存中的存放区域不同，生存期不同，被引用的区域（即作用域）不同。

4.5.1 局部变量的作用域与生存期

在函数、语句等代码块中声明的变量是**局部变量**（local variable），局部变量的**作用域**（scope）是从声明开始直到所属代码块结束。因此，不同函数允许在内部声明同名变量，它们在各自所属的作用域中被使用。

局部变量存储在栈内存中，当变量所属的代码块（函数、语句）执行完毕后，变量的内存被操作系统自动回收。由于栈是一种以后进先出特点存放数据的数据结构形式，先声明的变量会后回收。如 AreaOfTriangle 函数中定义的局部变量共 5 个，包括 3 个形参变量 a、b、c 以及函数内部定义的两个局部变量 s、area，变量的分配与回收顺序是：分配 a，分配 b，分配 c，分配 s，分配 area，回收 area，回收 s，回收 c，回收 b，回收 a，如图 4-7 所示。

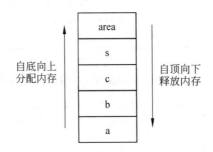

图 4-7 AreaOfTriangle 函数中局部变量的内存分配与回收顺序

每个局部变量仅在其所属的函数或语句范围内生效，因此不同函数内部的同名变量并没有任何冲突，它们各自有自己的内存空间和生存周期。

4.5.2 全局变量的作用域与生存期

在函数外部声明的变量是**全局变量**（global variable）。全局变量的作用域是从变量声明直到程序结束。也就是说，一个全局变量声明语句之后的所有语句及函数块都能使用该全局变量。

全局变量存储在全局数据区中，当程序执行结束后回收内存。全局变量一般声明在文件的头部，方便文件中各个函数的使用，但是全局变量也破坏了函数的封装性，因此只在特殊情况下使用。

【例 4-6】 利用全局变量实现三角形的判断及计算面积。

算法分析：将 3 条边长定义为全局变量，自定义函数为无参函数，都使用全局变量完成。

源代码如下：

```
//外部文件包含等预处理命令
#include <iostream>
#include <cmath>
using namespace std;


//全局变量声明
double a, b, c;


//自定义函数 IsTriangle 和 AreaOfTriangle 的原型声明
bool IsTriangle();                          //判断全局变量 a、b、c 能否构成三角形
double AreaOfTriangle();                     //计算三角形面积


//主函数的定义
int main()
{
    cout << "Please Enter a b c: ";
    cin >> a >> b >> c;                      //输入值给全局变量 a、b、c
    bool flag = IsTriangle();
    if( flag )
    {
        double area = AreaOfTriangle();      //调用无参函数
        cout << area ;                       //输出面积
    }
    else
        cout << "it is not a triangle!" << endl;
    return 0;
}


//自定义无参函数,参数值通过全局变量获得,独立性差,不利于代码重复利用
bool IsTriangle()
{
    return a +b >c && a +c >b && b +c >a && a >0 && b >0 && c >0;
}


    double AreaOfTriangle()
{
    double s = (a +b +c ) / 2;              //对全局变量的操作
    double area =sqrt ( s * ( s -a ) * ( s -b ) * ( s -c ) );
    return area;
}
```

表面看,各个函数内部都无须定义局部变量 a、b、c,全部使用同一组全局变量 a、b、c,

代码比较简单。但是全局变量对于函数的独立性和封装性而言是有局限的:

(1) 函数的封装性差,无法保证其他函数内部不修改全局变量的值。

(2) 函数的移植性差,函数应用到其他工程时,必须依赖一个外部的全局变量,而无法保证变量声明与该工程没有冲突,带来移植困难。

函数内部定义的形参变量等局部变量仅在函数内部有效,这样有利于大规模的程序设计中的变量重名带来的冲突问题。

要注意局部变量与全局变量同名的问题。由于全局变量与局部变量定义在不同的内存空间中(全局数据区和栈内存),所以允许局部变量与全局变量同名,但是优先使用局部变量。例如:

```
double a, b, c;
bool IsTriangle()
{
    double a, b, c;
    return a +b >c && a +c >b && b +c >a && a >0 && b >0 && c >0;
}
```

当 IsTriangle 函数被调用时,函数体内定义了局部变量 a、b、c,则优先使用局部变量 a、b、c,它们都是随机值(未初始化未赋值),return 语句返回的表达式也是随机值。

*4.5.3　静态变量的作用域与生存期

函数内部的局部变量在每次被调用时获得内存,调用结束时释放内存。如果下次调用时希望保留上一次的局部变量的值,要用关键字 static 将局部变量定义为**静态变量** (static variable)。静态变量存储在全局数据区中,在声明时必须初始化,函数调用结束后不会回收内存,下次调用时直接使用变量(初始化只在第一次调用时执行一次),当程序执行结束后回收内存。例如:

【例 4-7】 自定义函数实现输出一个空格,每输出 3 个空格就换行(用静态变量控制)。

算法分析:自定义 format 函数,声明静态变量 n 来控制函数被调用的次数,初始值为 0,每调用一次加 1,调用 3 次就输出'\n'。

源代码示例:

```
# include <iostream>
using namespace std;
void format();                    //自定义函数:每次调用输出一个空格,每调用 3 次输出换行符
int main()
{
    cout << "a";    format();
    cout << "b";    format();
    cout << "c";    format();
    cout << "d";    format();
    cout << "e";    format();
```

```
    return 0;
}
    void format()
{
    static int n = 0;               //静态变量记录函数被调用的次数,初始为 0
    cout << " ";                    //每次函数调用时,输出一个空格
    n ++;                           //每次函数调用时,记录次数加 1
    if ( n % 3 == 0 )
        cout << endl;               //每当函数调用次数为 3 的倍数,输出换行符
}
```

运行结果如下:

```
a b c
d e
```

如果去掉 static 关键字,则每次调用 format 函数时,都要为变量 n 分配内存,调用结束后回收 n 的内存,就无法保存 n 的值,也就无法实现每行输出 3 个字符的功能。

如果将 n 定义为全局变量,也能解决此应用,但是全局变量破坏了函数的封装性。

因此,如果既希望保留变量的作用域不变(保证函数的封装性),又希望延长变量的生存周期到程序结束,可以使用静态变量。

4.6 C++ 的函数重载与默认参数

C++ 提供了函数重载与默认参数等特性,为用户在函数调用时的函数名、实参值等方面提供了方便。

4.6.1 C++ 的函数重载

在函数声明中,函数名称、参数类型及其排列顺序构成了函数的签名。函数签名唯一地标识了一个特定的函数。

函数与变量一样,在同一个作用范围内是不能重名的。编程时,经常要实现同一类的功能,只是有些细节不同,例如求圆、长方形或三角形面积,函数的功能都是求面积,只是参数不同,内部处理的算法不同。C 语言只能采用不同的函数名,习惯上在函数名末尾加上数字来区分不同的函数名,例如下面的函数原型声明:

```
double Area1(double a, double b, double c);    //求三角形面积的函数
double Area2(double w, double l );             //求矩形面积的函数
double Area3(double r );                       //求圆面积的函数
```

C++ 语言提供了函数重载的功能,允许用同一个函数名定义多个函数,只要这些函数的签名不同即可,这样就极大方便了程序设计者以及使用者,便于记住函数名。

函数的签名分为以下几种情况:

(1) 参数的数据类型不同。

(2) 参数的个数不同。

(3) 参数的数据类型和个数都不同。

判断函数是否重载,不考虑函数的返回类型,多个重载函数的返回类型可以相同,也可以不同。

在 C++ 中可以将上述 3 个函数原型改写为

```
double Area(double a, double b, double c);   //求三角形面积的函数
double Area(double w, double l);             //求矩形面积的函数
double Area(double r);                       //求圆面积的函数
```

函数 Area()有 3 个函数重载版本,它们的差别在于参数的数据类型和个数不同,而返回值类型都相同。

调用函数时,根据实际参数的数据类型及个数决定调用相应的函数。例如:

```
double area1 =Area( 3, 4, 5 );      //计算边长为 3、4、5 的三角形的面积并赋给变量 area1
double area2 =Area( 6, 10 );        //计算长和宽为 6 和 10 的矩形的面积并赋给变量 area2
double area3 =Area( 2 );            //计算半径为 2 的圆的面积并赋给变量 area3
```

【例 4-8】 输入圆的半径以及矩形的长和宽,求圆的面积和矩形面积以及这两个面积之和。

算法分析:圆的面积和矩形面积的自定义函数名都是 Area,只是形参的类型和个数不同。

源代码如下:

```cpp
#include <iostream>
#include <cmath>
using namespace std;
double Area(double radius);
double Area(double length, double width);
int main()
{
    double radius, length, width;
    cin >>radius >>length >>width;
    double areaOfCircle =Area(radius);
    double areaOfRectangle =Area(length, width);
    cout <<"圆的面积=" <<areaOfCircle <<endl;
    cout <<"矩形的面积=" <<areaOfRectangle <<endl;
    cout <<"面积的和=" <<areaOfCircle +areaOfRectangle <<endl;
    return 0;
}
double Area(double l, double w)
{
    return l * w;
```

```
}
double Area(double r)
{
    double area =M_PI * r * r;    //M_PI 是 math.h 中常量 PI 的值
    return area;
}
```

运行示例如下：

```
1 2 3
圆的面积=3.14159
矩形的面积=6
面积的和=9.14159
```

4.6.2　陷阱：函数重载的调用失败问题

需要注意，由于同一个函数名有多个函数签名，调用时会根据实参的数据类型或个数选择完全匹配的那个函数，如果没有找到完全匹配的数据类型，会自动进行类型转换后再次寻找匹配的函数。如果类型转换后仍然找不到匹配的函数，会出现编译错误，提示信息如：

`[Error] no matching function for call to '具体的函数声明'`

如果函数调用时发现有多个函数可以匹配，就会出现混淆，系统不知道该调用哪个函数，也会出现编译错误，提示信息如下：

`[Error] call of overloaded '具体的函数声明' is ambiguous`

如图 4-8 所示，程序中定义了 Max 重载函数，分别求两个整数的较大值和两个实数的较大值。当调用函数时，第 10 行的 Max(1,2) 会匹配 int Max(int, int);，第 11 行的 Max(1.5,2.3) 会匹配 double Max(double,double);，而第 12 行的 Max(1,2.5) 在调用时没有找到完全匹配的函数，因此产生了二义性，错误信息占 4 行。解决办法是，明确选择其中的某一个函数来调用，修改第 12 行的函数调用，一种是 Max(double(1)，2.5)（将 1 转换为 double 型），另一种是 Max(1，(int) 2.5)（将 2.5 转换为 int 型）。

*4.6.3　C++ 的默认参数

一般情况下，函数调用时将实参的值传递给形参，因此实参的个数和类型必须与形参相同，否则会出现形如 [Error] too few arguments to function '…' 的错误。C++ 允许在函数声明或定义中给形参一个默认值，这样，在调用函数时，可以用默认实参值来自动填充。

C++ 中在函数声明中可以在形参列表定义的同时指定值，一般形式为

返回数据类型　函数名称 (形参 1 =默认值 1, 形参 2=默认值 2,…);

其中：

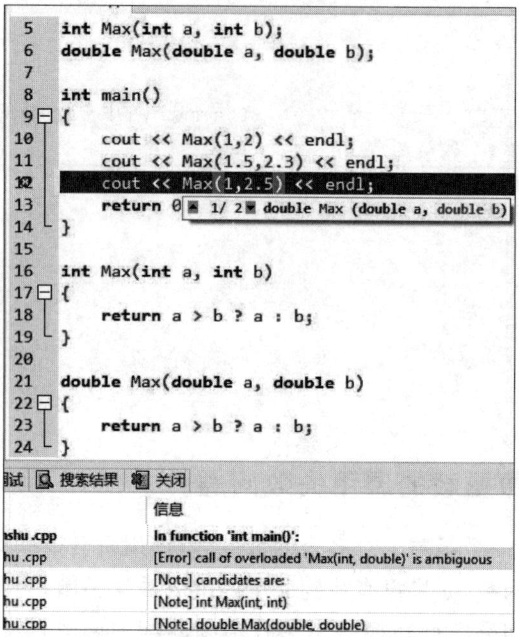

```
 5    int Max(int a, int b);
 6    double Max(double a, double b);
 7
 8    int main()
 9  □ {
10        cout << Max(1,2) << endl;
11        cout << Max(1.5,2.3) << endl;
12        cout << Max(1,2.5) << endl;
13        return 0  1/2  double Max (double a, double b)
14  └ }
15
16    int Max(int a, int b)
17  □ {
18        return a > b ? a : b;
19  └ }
20
21    double Max(double a, double b)
22  □ {
23        return a > b ? a : b;
24  └ }
```

试 | 搜索结果 | 关闭

	信息
ashu.cpp	In function 'int main()':
hu .cpp	[Error] call of overloaded 'Max(int, double)' is ambiguous
hu .cpp	[Note] candidates are:
hu .cpp	[Note] int Max(int, int)
hu .cpp	[Note] double Max(double, double)

图 4-8　重载函数调用时的二义性举例

（1）只在函数声明时指定形参默认值，函数定义时不再指明形参默认值。

（2）如果函数有多个形参，指定参数默认值时，需要遵循一个规则：一旦某个形参指定了默认值，那么其右侧所有的形参都必须指定默认值，即指定默认值的参数必须放在形参列表的最右端，否则出错。

（3）函数调用时，实参按顺序逐个传给形参。如果实参比形参少，形参取默认值；如果形参没有默认值，会出现缺少参数的错误。

（4）如果有重载函数时，要注意带默认参数的函数不能与其他重载函数有相同的函数签名情况，否则会产生调用时的二义性，编译失败。

函数原型声明及调用举例如表 4-5 所示。

表 4-5　函数声明与调用举例

函数原型声明	函数调用举例及说明
int fun(int a, int b, int c);	int n = fun(1, 2, 3); 无默认参数，实参必须有 3 个

int fun(int a, int b, int c=1);	int n = fun(1, 2, 3);
	实参个数与形参相同，形参按顺序接收实参的值，即 a 的值是 1，b 的值是 2，c 的值是 3
	int n = fun(1, 2);
	实参个数少于形参个数，形参按顺序接收实参的值，即 a 的值是 1，b 的值是 2，而 c 的值是默认值 1

续表

函数原型声明	函数调用举例及说明
int fun(int a＝1，int b＝2，int c＝3)；	int n ＝fun(1,2,3)； a 的值是 1,b 的值是 2,c 的值是 3 int n ＝ fun(1,2)； a 的值是 1,b 的值是 2,c 的值是 1 int n ＝ fun(5)； a 的值是 5,b 的值是 2,c 的值是 3 int n ＝ fun()； a 的值是 1,b 的值是 2,c 的值是 3
int fun(int a＝1，int b＝2，int c)；	出现编译错误： [Error] default argument missing for parameter 2 of 'int' 如果形参 a 指定了默认值,则右边的 b 和 c 都要指定默认值
int fun(int a，int b)； int fun(int a，int b，int c ＝ 1)；	fun (2，3)； 重载的两个函数都匹配两个整型实参,有二义性,出现编译错误： [Error] call of overloaded 'fun(int, int)' is ambiguous

【例 4-9】 用户输入矩形的长和宽(单位为 m),圆的半径取默认值 1(单位为 m),求矩形面积和圆的面积(单位为 m^2)以及面积之和。

```cpp
#include <iostream>
#include <cmath>
using namespace std;
double Area(double radius =1);
double Area(double length, double width);
int main()
{
    double length, width;
    cin >>length >>width;
    double areaOfRectangle =Area(length, width);    //用户输入矩形的长和宽
    double areaOfCircle =Area();                     //圆的默认半径为 1
    cout <<"矩形的面积=" <<areaOfRectangle <<endl;
    cout <<"圆的面积(半径为 1)=" <<areaOfCircle <<endl;
    cout <<"总面积=" << (areaOfRectangle +areaOfCircle);
        return 0;
}
double Area(double l, double w)
{
    return l * w;
}
```

```
double Area(double r)
{
    double area =M_PI * r * r;                    //M_PI是math.h中常量PI的值
    return area;
}
```

运行示例如下:

```
5 6
矩形的面积=30
圆的面积(半径为 1)=3.14159
总面积=33.14159
```

*4.7　递归思想——递归函数

在自顶向下的程序设计中,一个复杂问题被逐渐被划分为若干个小的更简单的问题,在某些情况下,一个问题的子问题也用相同的算法来解决,这种求解的问题具有自我调用的重复特性,即递归性。在实际应用中,这种递归设计思想是一种常见的算法设计思想,如简单的阶乘、斐波那契数列求和、深度优先搜索等。

在函数定义中直接或间接调用自身的函数称为**递归函数**(recursive function)。

4.7.1　递归函数的定义

递归函数的定义与普通函数类似,只是在函数体内部会调用自身。为了防止无限次调用自身,函数内部会用选择结构来控制某个分支,以结束当前函数的执行,返回函数调用点。递归函数定义的一般形式为

```
返回类型   函数名(形参列表)
{
    if (条件)
    return 值;
    ...
    包含调用自身的语句
    ...
}
```

【例 4-10】　用递归函数求 n! (n≥0)。

算法分析:n 的阶乘的计算公式为 $n! =n(n-1)(n-2)\cdots\times2\times1$

这是一个有限次的乘法,$n!$ 的值是 $n(n-1)!$,$(n-1)!$ 的值是 $(n-1)(n-2)!$ ……只要有了前一个数的阶乘,就能计算出当前数的阶乘,直到 n 为 1 结束,0 的阶乘是 0。这样就找到了递归的公式:

$$n! = \begin{cases} n(n-1)!, & n>0 \\ 1, & n=0 \end{cases}$$

函数定义如下:

```
int Factorial(int n)
{
    if(n==0)                                    //函数的出口,当 n 为 0 时结束调用自身
        return 1;
    else
        return n * Factorial(n-1);              //调用自身,调用结束后回到此处继续运行
}
```

4.7.2　递归函数的调用过程

递归函数的定义一般都很简单,只包含简单的 if 语句,调用自身时不会有大量复杂的循环结构等语句。但是递归函数的调用过程很复杂,要经历多次函数调用、返回的过程,每次调用都要记住函数名(在内存中保存函数名,函数名是一个地址值)、分配形参变量、接收实参的值等,内存消耗比较大。如果没有递归截止的条件,函数会不断调用自身,最终会耗尽内存,导致程序异常结束。

以 $n!$ 例说明函数调用的过程。为了使过程展示得更清楚,在递归函数定义中增加临时变量,每次调用时输出该变量的值,以观察中间运行结果。

【例 4-11】　$n!$ 的递归函数调用过程及值的变化($0 \leqslant n \leqslant 12$)。

为了方便观察,在 Factorial 函数中增加了临时变量 f 保存中间结果,还增加了一些输出语句。此外,修改递归函数结束的条件为 n==0 || n==1。

源代码如下:

```
1   include <iostream>
2   using namespace std;
3   int Factorial(int n);
4   int main()
5   {
6       cout <<Factorial(3);
7       return 0;
8   }
9   int Factorial(int n)
10  {
11       cout << "n=" <<n <<endl;
12      if(n==0 || n==1)
13          return 1;
14      else
15      {
16          int f =n * Factorial(n-1);
17          cout << "Factorial(" <<n <<")=" <<f <<endl;
18          return f;
19      }
20      cout << "The end.";
21  }
```

程序运行示例如下：

```
n=3
n=2
n=1
Factorial(2)=2
Factorial(3)=6
6
```

程序执行时，在 main 函数中调用 Factorial(3)，进入 Factorial 函数中，系统记录函数的调用点，为形参变量 n 分配内存，并接收实参值 3。由于 3>1，调用 Factorial，此时分配形参 n（刚才 Factorial(3) 函数仍然存在，内存中分别存储了两个形参 n），并接收实参值 2。同样，由于 2>1，继续调用 Factorial 函数，分配形参 n，并接收实参值 1，由于 1==1 成立，return 1，将 1 返回到刚才的调用点 2 * Factorial(1)，计算 f 的值，为 2，将 f 的值返回函数调用点，即上一层的 3 * Factorial(2) 中，计算并返回 6，回到主函数，输出 6，结束程序。递归调用过程详见图 4-9，Factorial(3) 让 Factorial 函数被调用了 3 次：Factorial(3)、Factorial(2)、Factorial(1)，每次函数在执行了部分语句后就跳到另一个函数继续执行，执行结束后回到上一层调用点，直到最后的 Factorial(3) 函数调用完毕后返回 main 函数。

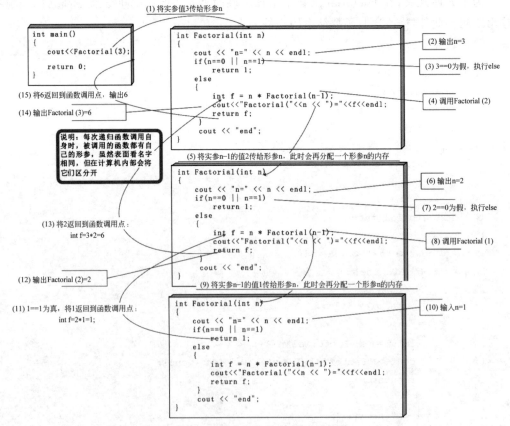

图 4-9 递归函数执行 3!的调用过程

执行 Factorial 函数时,if…else 语句中都有 return 语句,执行完毕后会结束函数调用,因此第 20 行的输出语句从来没有被执行过。

注意:本例仅是通过 n 的阶乘来反映递归函数的调用过程。例子中限定了 n 的值的范围是 0~12,如果 $n>12$,n 的阶乘就超出了 int 型的存储范围,需要用 double 型存储。表 4-6 分别展示了 Factorial 函数返回类型为 int 型和 double 型时 n! 的值。当 n 为 int 型时,最大能计算到 12!。

表 4-6　Factorial 函数返回类型为 int 与 double 时 $n!$（$n \in [2, 20]$）

返回类型为 int 型时的结果	返回类型为 double 型时的结果
Factorial(2)＝2	Factorial(2)＝2
Factorial(3)＝6	Factorial(3)＝6
Factorial(4)＝24	Factorial(4)＝24
Factorial(5)＝120	Factorial(5)＝120
Factorial(6)＝720	Factorial(6)＝720
Factorial(7)＝5040	Factorial(7)＝5040
Factorial(8)＝40 320	Factorial(8)＝40 320
Factorial(9)＝362 880	Factorial(9)＝362 880
Factorial(10)＝3 628 800	Factorial(10)＝3 628 800
Factorial(11)＝39 916 800	Factorial(11)＝39 916 800
Factorial(12)＝479 001 600	Factorial(12)＝479 001 600
Factorial(13)＝1 932 053 504(从此开始向下均错)	Factorial(13)＝6 227 020 800
Factorial(14)＝1 278 945 280	Factorial(14)＝87 178 291 200
Factorial(15)＝2 004 310 016	Factorial(15)＝1 307 674 368 000
Factorial(16)＝2 004 189 184	Factorial(16)＝20 922 789 888 000
Factorial(17)＝−288 522 240	Factorial(17)＝355 687 428 096 000
Factorial(18)＝−898 433 024	Factorial(18)＝6 402 373 705 728 000
Factorial(19)＝109 641 728	Factorial(19)＝121 645 100 408 832 000
Factorial(20)＝−2 102 132 736	Factorial(20)＝2 432 902 008 176 640 000

【例 4-12】 用递归法求两个整数的最大公约数。

求两个整数的最大公约数的方法有多种,根据朴素的欧几里得原理(又称辗转相除法)有 $\gcd(a,b)=\gcd(b,a \bmod b)$。这是递归的思想:如果 b 等于 0,a 就是最大公约数;否则 a 和 b 的最大公约数就是 b 与 a 除以 b 的余数的最大公约数,直到 b 为 0 为止。公式为

$$\gcd(a,b)=\begin{cases} \gcd(b,a \bmod b), & b! \neq 0 \\ a, & b=0 \end{cases}$$

求两个整数 a 和 b 的最大公约数的递归函数 gcd 的定义如下:

```
int gcd ( int a, int b )
{
    if( b ==0 )
        return a;
  else
    return gcd(b, a%b);
```

```
    }
```

gcd(18,12)函数递归调用的过程如图 4-10 所示。

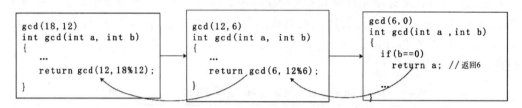

图 4-10　求最大公约数函数递归调用过程

* 4.7.3　递归调用中的栈

栈是一种数据结构，具有后进先出的特点。可以把计算机内存中的栈结构想象成一个纸箱，纸箱的底部是密封的。用户向纸箱中放书时，第一本书被放在纸箱的底部，然后将第二本书放到纸箱中，在第一本书的上面，以此类推，最后放的书在最上面；取书时，首先取走最上面的书，然后依次取书，这就是后进先出的过程。

调用函数时，将函数定义的信息写到一张纸上，用实参值代替形参，然后放到纸箱中开始执行函数体的语句，当执行到函数调用时，将暂时停下现在纸上的计算，记录挂起的信息；然后，再取一张新纸，将函数定义的信息写到纸上，重复刚才的过程……当函数调用结束后，取出最上面的一张纸，这就是刚才调用函数时被挂起的位置，从此位置继续执行，重复这个过程。函数调用时，向栈中写入信息；函数调用结束后，从栈顶获取信息，返回到函数调用点，继续向下执行语句，直到程序结束。

如果递归函数没有结束点，将一直无限调用自身，当栈内存被写满以后，再写就会出现栈溢出错误。因此递归函数中一般存在选择结构，在满足某个条件时不再执行函数的递归调用。

4.8　自定义函数的应用

4.8.1　自定义函数——计算 BMI 及输出体形判断结果

【例 4-13】　自定义函数计算 BMI 以及输出体形判断结果。

算法分析：根据身高和体重计算 BMI 是一个自定义函数，根据 BMI 输出体形判断结果是另一个自定义函数。主函数负责数据的输入、自定义函数的调用和结果的输出。

源代码如下：

```
#include <iostream>
using namespace std;
double fBMI ( double, double );
void Output ( double );
int main()
{
```

```
    double height, weight, BMI;
    cout << "身高(cm): ";
    cin >> height;
    cout << "体重(kg): ";
    cin >> weight;
    BMI = fBMI (height, weight);
    cout << "BMI 指数: " << BMI;
    Output(BMI);
    return 0;
}
double fBMI(double h, double w)
{
    double bmi = w / ((h/100) * (h/100));
    return bmi;
}
void Output(double bmi)
{
    if(bmi < 18.5)
        cout << "\n 您的体型偏瘦!";
    else if(bmi < 24)
        cout << "\n 您的体型正常!";
    else if(bmi < 28)
        cout << "\n 您的体型偏胖!";
    else
        cout << "\n 您的体型肥胖!";
}
```

运行示例如下:

```
身高(cm): 165
体重(kg): 55
BMI 指数: 20.202
您的体型正常!
```

4.8.2　自定义函数——判断一个字符是否为大写字母

【例 4-14】　自定义一个函数,判断一个字符为否为大写字母。

任务分析:自定义函数的形参是一个字符型变量,函数的返回值类型设为 bool(也可设为 int 型,用 1 表示 true,用 0 表示 false)。一个字符是大写字母的条件是字符的 ASCII 码值大于或等于'A'并且小于或等于'Z'的 ASCII 码值。

函数示例:

函数原型声明是 bool IsUpperCase(char);,函数名是 IsUpperCase。用户调用该函数时,需要传递一个 char 型值,调用完毕后得到一个 bool 型值。

函数定义如下:

```
bool IsUpperCase(char ch)
{
    if(ch>='A' && ch<='Z')
        return true;
    else
        return false;
}
```

if 中的表达式的值是 true 时返回 true,是 false 时返回 false,因此将 if 语句直接替换为 return 表达式的值：

```
return ch>='A' && ch<='Z';
```

函数调用示例：

```
bool flag =IsUpperCase('a');              //flag 的值为 false
char c1 ='E';
bool flag =IsUppercase(c1);               //flag 的值为 true
```

4.8.3　自定义函数——获得用户选择的购物菜单项序号

【例 4-15】　模拟一个购物菜单,接收用户的选择,执行子菜单的功能。

算法分析：在实际程序中经常需要向用户提供多个功能,由用户选择执行某一个功能。一般将菜单定义为一个函数,显示时为每个菜单项附带一个整数序号,用户输入序号后,返回用户的选择(int 型)。在主函数中根据用户选择的菜单项执行某个分支功能,一般每个分支功能也会定义为一个函数。

程序参考代码如下,根据用户的选择,执行不同的分支功能：

```
# include <iostream>
using namespace std;
int menu();                               //显示菜单并返回用户选择的菜单项项序号
void fun1();                              //菜单项 1 的子功能
int main()
{
    int choice =-1;                       //定义序号变量初值为-1
    choice =menu();
    cout <<"你选择了菜单项" <<choice <<endl;
    switch(choice)
    {
        case 1: fun1(); break;            //调用函数执行菜单项 1 的功能
        case 2: cout <<"执行购买蔬菜的功能……"; break;
        case 3: cout <<"执行结账的功能……"; break;
        case 0: cout <<"退出程序"; break;
        default: cout <<"菜单输入错误";
    }
```

```
        return 0;
}
int menu()
{
    cout << "***********\n";
    cout << "1 购买水果  * \n";
    cout << "2 购买蔬菜  * \n";
    cout << "3 结账      * \n";
    cout << "0 退出      * \n";
    cout << "***********\n";
    cout << "请输入 0～3 的整数：";
    int key =-1;
    cin >> key;
    return key;
}

void fun1()                              //定义一个菜单项的功能,其他菜单项也都要定义一个函数
{    cout << "执行购买水果的功能……";
}
```

运行示例如下：

```
***********
1 购买水果  *
2 购买蔬菜  *
3 结账      *
0 退出      *
***********
请输入 0～3 的整数：2
你选择了菜单项 2
执行购买蔬菜的功能……
```

4.9　练习与思考

4-1　如何调用一个标准库文件中的函数？

4-2　自定义函数时,函数原型声明中的参数名和函数定义中的参数名以及函数调用时的参数名必须一致吗？为什么？

4-3　局部变量和全局变量的区别是什么？

4-4　已知一个一元二次方程为 $ax^2+bx+c=0$,编写一个函数,求该一元二次方程的根。

4-5　小猴在一天摘了若干桃,当天吃掉一半多一个,第二天吃掉剩下的一半多一个,以后每天都吃掉剩下的桃子的一半多一个,第 7 天早上只剩 1 个桃子。编写递归函数,求小猴一共摘了多少个桃。

4-6   编写一个函数，将一个实数四舍五入为整数。函数声明为

```
int round( double x);
```

例如，调用 round(3.2) 的值为 3，调用 round(3.8) 的值为 4。

4-7   下列关于函数的叙述中，正确的是(   )。

      A. 每个函数至少要有一个参数　　　B. 函数可以没有返回值

      C. 函数在被调用之前必须先声明　　D. 函数不能自己调用自己

4-8   下列函数原型声明中，正确的是(   )。

      A. int fun(int x;int y)　　　　　　B. int fun(int x,int y)

      C. int fun(int x,y);　　　　　　　　D. int fun(int x,int y);

4-9   下列函数声明中，(   )是 void BC(int a，int b);的重载函数。

      A. int BC(int a，int b);　　　　　　B. void BC(int x，int y);

      C. double BC(int a，int b，int c=0);　D. void BC(double a，double b);

4-10   下列关于设置参数默认值的各种描述中，正确的是(   )。

      A. 不允许设置参数的默认值

      B. 设置参数默认值时，应该是先设置左边的再设置右边的

      C. 设置参数默认值时，应该是先设置右边的再设置左边的

      D. 设置参数默认值时，应该全部参数都设置

4-11   有如下程序，编译运行这个程序将出现的情况是(   )。

```
#include <iostream>
using namespace std;
void function(double val);
int main()
{
    double val;
    function ( val ) ;
    cout <<val ;
    return 0;
}
void function(double val)
{
    val =3;
}
```

      A. 编译出错，无法运行　　　　　　B. 输出 3

      C. 输出 3.0　　　　　　　　　　　　D. 输出一个不确定的数

4-12   若有下面的函数调用：fun(a+b,3,max(n-1,b))，则 fun 的实参个数是
(   )。

      A. 3　　　　　　B. 4　　　　　　C. 5　　　　　　D. 6

4-13   下列函数调用语句中，一定不正确的是(   )。

    A. max(3, a＋b)；   B. max(3,5)；

    C. max(a ,b) ；   D. max(int a,int b)；

4-14 下列关于函数定义中 return 语句的描述中,错误的是(   )。

    A. 函数通过 return 语句仅能返回一个值

    B. return 语句用于结束当前正在执行的函数,并将程序控制权返回给主调
       函数

    C. 一个函数可以有多条 return 语句

    D. 一个函数中必须有而且只能有一条 return 语句

4-15 函数返回值的类型是由(   )决定的。

    A. return 语句中的表达式类型

    B. 调用该函数的主调函数实参的数据类型

    C. 在定义该函数时指定的函数返回类型

    D. 调用该函数时系统临时分配的数据类型

第 5 章

迭代与循环结构

许多问题可以通过重复相同的操作来完成,通过指定次数或设定条件来控制执行过程。多次重复执行的结构称为循环,每一次循环称为迭代。

5.1 循环结构

假如要求系统输出 5 个随机数,可以重复写 5 条输出随机数的语句。如果要求输出 10 个随机数怎么办? 100 个呢? 此时可以利用循环语句,设计一个变量 n 记录要输出的随机数的个数,再定义一个计数器变量 counter,初始值为 1,每一次循环,输出一个随机数,然后计数器加 1,当计数器大于 n 时循环结束。这样就可以根据用户的要求,用一条输出语句重复执行若干次得到结果。用流程图表示的这个程序如图 5-1 所示。

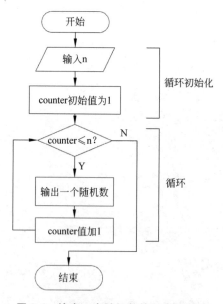

图 5-1　输出 5 个随机数的程序流程图

计算机的运算速度很快。只要找到解决问题的规律,学会循环语句,掌握控制循环条件的方法,其余的工作就可以交给计算机完成。

5.2　循环控制语句

在 C&C++ 中,常见的循环控制结构有 while 循环、do…while 循环和 for 循环。while 循环与 for 循环是当型循环,当满足条件时开始迭代,然后再判断条件;而 do…while 循环是直到型循环,首先开始迭代,然后判断条件,决定是否重复迭代。

5.2.1　while 语句

while 循环语句的特点是先判断条件,然后确定是否执行循环体。当条件为 true(0) 时,执行循环体,然后再判断条件,重复执行循环体,直到条件为 false(0)。

while 循环语句的一般形式为

```
while (表达式)
{
    循环体
}
```

其中:

(1) 表达式放在 while 后的小括号内,可以是任何表达式(true 或非 0 值表示真,false 或 0 值表示假),也可以省略表达式(永远为真)。若表达式的值为真,则循环执行循环体的语句,否则退出循环。

(2) while 后面的循环体在逻辑上只能是一条语句,因此循环体一般是一条复合语句,用一对大括号括起来。如果只有一条语句,大括号可省略。

循环能够执行若干次,则条件表达式或循环体中一定有关于循环终止的语句。否则循环一直无限重复,称为无限循环或死循环。

while 循环的执行流程为:①计算表达式的值,若值为真,执行大括号内的语句;②再次计算表达式的值,若值为真,则再次大括号内的语句;③重复,直到表达式值为假,终止循环,继续向下进行。while 循环语句流程图如图 5-2 所示。

【例 5-1】 使用 while 循环显示 0～99,各数字间有一个空格,每行显示 5 个数字。

```
1  #include <iostream>
2  using namespace std;
3  int main()
4  {
5      int x=0;
6      while(x<100)
7      {
8          cout<<x <<" ";
9          x++;
10         if(x%5==0)
11             cout<<endl;
```

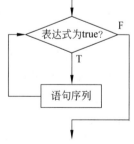

图 5-2　while 循环语句流程图

```
12   }
13   return 0;
14   }
```

程序运行时,第 6 行检查条件表达式 x<100。首次执行循环时,x 的值为 0,表达式的值为 true,开始执行循环体(第 7~12 行)。执行完毕后,再次计算表达式 x<100 的值,在循环体句中每次迭代后 x 的值自增 1,因此要迭代 100 次,当 x 的值为 100 时循环结束。

第 10、11 行的 if 语句是一种常见的算法,x 的值若是 5 的倍数就输出一个换行符,从而实现在一行显示 5 个数字的功能。

对本程序适当做些修改,就可以实现其他类似的功能:

(1) 将第 9 行的 x++变成 x+=2,则输出结果就是输出 0~99 的所有偶数。

(2) 将第 10 行的 x%5==0 改为 x%10==0,就是每行输出 10 个数字。

5.2.2 for 语句

for 语句是一个功能强大的循环控制语句,用法非常灵活,几乎可以用于任何需要循环的场合。for 与 while 一样,都是当型循环。

for 循环语句的一般形式为

for(表达式 1; 表达式 2 ; 表达式 3)

{

　　循环体

}

for 语句将 while 语句中关于循环的 3 个表达式都写在 for 后面的小括号中。表达式 1 主要用于循环条件中的变量初始化,只执行一次;表达式 2 是 while 后面小括号中的循环条件,当表达式 2 为真时执行 for 后面的一条语句,可以是用一对大括号括起来的复合语句或空语句等任何一条语句;执行完一次迭代工作后,计算表达式 3 的值,一般是循环条件中的变量值的修改,然后重复判断表达式 2,为真重复循环过程,为假结束循环。

注意:for 中的 3 个表达式之间用分号分隔,不能省略;而 3 个表达式都可以省略,如果在 for 语句的前面已经对循环变量做了初始化,则表达式 1 可以省略;如果循环条件永远为真,则表达式 2 可以省略;如果在循环体中写表达式 3 的内容,则表达式 3 可以省略。

for 循环语句流程图如图 5-3 所示。

for 语句完全可以转化为 while 语句:

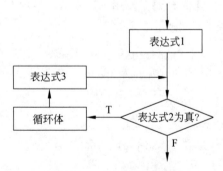

图 5-3 for 循环语句流程图

表达式 1;

while(表达式 2)

{

　　循环语句序列;

```
    表达式 3;
}
```

【例 5-2】　使用 for 循环计算 1～100 的和。

算法分析：在数学中的计算过程为

$$1+2=3 \quad 3+3=6 \quad 6+4=10 \quad 10+5=15 \quad 15+6=21 \quad \cdots$$

加法运算要重复多次，每次将当前的加数和之前的求和结果进行加法运算，得到当前的求和结果。因此，定义一个记录和的变量 sum，初值为 0，加数的变量 i 从 1 开始，每次与 sum 求和后将值赋给 sum，即 sum＝sum＋i，然后 i 增 1，变为 2，再次重复 sum＝sum＋i，直到 i＝100，求和完毕，共重复 100 次求和操作。

for 语句特别适合循环次数确定的情况，将 3 个表达式都写在 for 后面的小括号中，就可以计算出循环次数，代码比较简洁。

参考代码如下：

```
1   #include <iostream>
2   using namespace std;
3   int main()
4   {
5       int i, sum=0;
6       for ( i=1; i<=100; i++)
7       {       //本例的 for 语句只有一条赋值语句,可以不写大括号
8           sum = sum + i;           //等价于 sum += i;
9       }
10      cout<<"Sum: " << sum <<"\n";
11      return 0;
12  }
```

对本程序适当做些修改，就可以实现其他类似的功能：

（1）求 1 ＋ 3 ＋… ＋ 99。

从第 2 个数起，每个数比前一个数大 2，将第 6 行 i＋＋改为 i＋＝2。

（2）求 1 － 2 ＋ 3 － 4 ＋… －100。

从第 2 个数起，每个数比前一个数的绝对值大 1，符号位相反，则增加一个保存符号的变量 flag，然后在每次求和后修改 flag 的值为－flag，第 5～9 行代码段改为

```
int i, sum=0 ,flag =1;
for ( i=1; i<=100; i++)
{
    sum = sum + flag * i;
    flag = - flag;
}
```

（3）求 $n!$。与求和代码类似，将积的初始值设为 1，将累加运算改为累乘运算。第 5～9 行代码段改为

```
int i, sum=1;
for(i=1; i<=10; i++)
{
    sum = sum * i;                    //等价于 sum *=i;
}
```

for 循环功能强大而灵活,因此它的变化形式也很多。下面仍以求 1～100 的和为例,介绍 for 的几种变化形式。

5.2.2.1 for 的变化形式 1:表达式 1 由多个表达式组成

如果在表达式 1 中给多个变量赋值,必须用逗号分隔它们(称为逗号表达式,表达式的值就是最后一个表达式的值)。例如:

```
int i,sum;
for(i=1, sum=0; i<=100; i++)
    sum = sum +i;
```

上述程序段中,声明了两个int 型变量 i 和 sum,在 for 循环语句的表达式 1 中为两个变量初值,两个赋值语句以逗号分隔,且以分号结尾。

5.2.2.2 for 的变化形式 2:表达式 1 为空

可将表达式 1 的语句移到 for 循环语句之前,但 for 语句中的分号不可省略。例如:

```
int i=1,sum=0;
for(; i<=100; i++)
    sum = sum +i;
```

5.2.2.3 for 的变化形式 3:表达式 3 为空

可将表达式 3 移到循环体内,但 for 语句中分的分号不可省略。例如:

```
int i, sum=0;
for(i=1; i<=100;)
{
    sum = sum +i;
    i++;
}
```

5.2.2.4 for 的变化形式 4:表达式 2 为空

若表达式 2 为空,则循环条件一直为真,可以将表达式 2 的值写到循环体内,用 break 语句退出循环。同样,for 语句中的分号不可省略。例如:

```
int i, sum=0;
for(i=1; ; i++)
```

```
{
    sum = sum + i;
    if(i>100)
        break;                          //结束循环
}
```

5.2.2.5　for 的变化形式 4：3 个表达式全为空

for 循环语句内的 3 个表达式都可以省略，但分号不可以省略。此时 for 循环语句退化为 while(true)，表示循环条件永远为真。

```
int i=1,sum=0;
for(;;)
{
    sum=sum+i;
    i++;
    if(i>100)
        break;
}
```

5.2.2.6　for 的变化形式 5：表达式 3 由逗号表达式组成

可将 for 循环体内的语句转移到表达式 3 中，此时表达式 3 由多个表达式组成，它们用逗号分隔，按顺序执行。为了保证程序的可读性，不提倡这种用法。例如：

```
int i=1, sum=0;
for(i=1; i<=100; sum=sum+i, i++)
    ;
```

或

```
for(i=1; i<=100; sum=sum+i, i++);      //末尾有分号,表示条件为真时执行空语句
```

或：

```
for(i=1; i<=100; sum=sum+i, i++)
{
}
```

这 3 个 for 语句的功能相同。

5.2.3　do…while 语句

do…while 循环语句是先执行循环体，再判断是否继续下一轮迭代的循环语句。do…while 是直到型循环，也就是说，首先执行一次迭代，然后再判断条件，若满足了就重复。直到型循环与当型循环的区别是：当循环条件初始值为假时，直到型循环要执行一次迭代，而当型循环什么也不做。

do…while 语句的一般形式为

```
do
{
    循环体
} while(表达式);
```

do…while 语句执行流程为：先执行大括号里的循环体,再计算表达式的值。若表达式为真,继续执行循环体,重复判断表达式的值,直到表达式为假时终止循环。do…while循环语句流程图如图 5-4 所示。

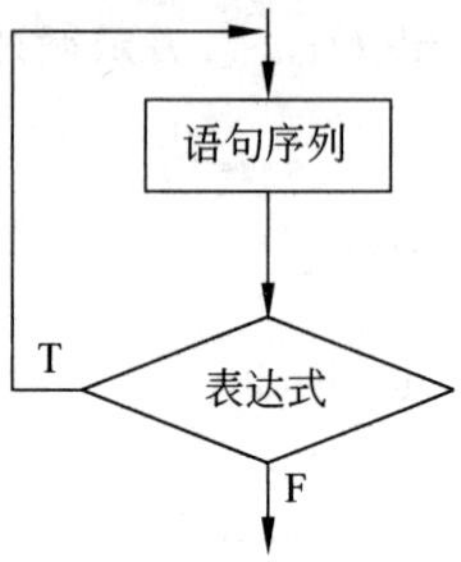

【例 5-3】 输入若干个字符,以'@'字符结束。统计并输出小写英文字母的个数。

```
1    #include <iostream>
2    using namespace std;
3    int main()
4    {
5        int count =0;
6        char ch;
7        cout << "Input characters:\n";
8        do
9        {
10           cin >> ch;
11           if(ch >= 'a' && ch <= 'z')
12               count++;
13       } while(ch!='@');
14       cout << "There are " << count << " lowercase(s).\n";
15       return 0;
16   }
```

图 5-4　do…while 循环语句流程图

运行示例如下：

```
Input characters:
ab123
dfIOz
fd@
There are 7 lowercase(s).
```

初始化变量 count 值为 0,作为计数器。在 do…while 循环中,检查条件前进入循环体,因此循环体至少执行一次。第 11 行判断条件,若输入的字符是小写字母,则执行第 12 行的语句:计数器 count 加 1。执行到第 13 行,循环条件若为真,就跳转到循环的开始处(第 8 行)继续执行,否则结束循环,从第 14 行继续向下执行执行。在本例中,用户输入3 行字符,只有 7 个是小写字母:abdfzfd。

5.2.4 陷阱：循环的常见问题

5.2.4.1 死循环

死循环是程序设计中经常会遇到的一个现象,指程序的循环条件一直为真,程序一直陷入在循环语句中,也称为无限循环。一旦程序进入死循环,光标会一直闪烁,按任何键均无反应,此时只能按 Ctrl+C 组合键强行终止程序的运行。

造成死循环的主要原因是循环中缺少能让循环条件变假的操作。

【例 5-4】 死循环示例。

下面几个程序都会陷入死循环,请观察它们与例 5-1 的区别,找到错误并修改。

```
                (a)                              (b)                             (c)
1   # include <iostream>          # include <iostream>          # include <iostream>
2   using namespace std;          using namespace std;          using namespace std;
3   int main()                    int main()                    int main()
4   {                             {                             {
5       int x=0;                      int x=0;                      int x=0;
6       while(x<100)                  while(x<100)                  while(0=<x<100)
7           cout<<x <<" ";            {                             {
8       x++;                              cout<<x <<" ";                cout<<x <<" ";
9       if(x%5==0)                        if(x%5==0)                    x++;
10          cout<<endl;                       cout<<endl;               if(x%5==0)
11      return 0;                     }                                     cout<<endl;
12  }                                 return 0;                     }
13                                }                                 return 0;
14                                                                }
```

说明:

(1) 程序(a)中 while 后面没有大括号,所以循环体语句只有一条:cout<<x<<" ";,执行完毕后就继续检查 while 小括号中的条件 x<100,永远为真,因此程序陷入死循环。要将第 7~11 行的代码用一对大括号括起来,形成一条复合语句。

(2) 程序(b)的循环体中没有修改循环变量 x 的语句,x<100 永远为真,因此程序陷入死循环。要在第 8 行后面增加一条 x++;语句。

(3) 程序(c)的第 6 行 0<=x<100 永远为真,因此程序陷入死循环。可以改为 0<=x && x<100。

5.2.4.2 多余的分号

看下面的代码段:

```
int i, sum=0;
for(i=1; i<=100; i++);
    sum = sum +i;
```

看起来,这段代码的作用是求 1~100 的和,但是运行程序时却发现,循环结束后,sum 的值是 1,只执行了一次 sum ＝ sum ＋ i;语句。原因是 for 语句括号后面多了一个分号,而分号是语句的结束标记,也表示空语句。该代码段实际是

```
int i, sum=0;
for(i=1; i<=100; i++)
    ;
sum = sum +i;
```

循环体是一条空语句,循环结束后执行 sum ＝ sum ＋ i;语句。

再看下面的程序段:

```
int x=0;
while( x<100 );
{
    cout<<x <<" ";
    if(x%5==0)
        cout<<endl;
}
```

由于 while 后面的右括号处多了一个分号,导致循环语句变为

```
while(x<100)
    ;
```

循环条件一直为真,执行空语句,陷入死循环。

5.3　循环和迭代的提前结束

在循环体中允许提前结束循环,相应的语句包括 break(退出整个循环)、continue(退出本次迭代)、goto(转到指定语句行)。本节介绍 break 和 continue。

5.3.1　break 语句

break 语句可以在循环体中使用,用来终止整个循环的执行,而不需要等待表达式值为假(这意味着通过 break 结束循环后,循环条件表达式仍然为真)。

通常 break 语句总是与 if 语句连用,即满足条件时便跳出所属的循环语句。

【例 5-5】 自定义函数,利用迭代公式求 x 的立方根。

求 $\sqrt[3]{x}$ 的迭代公式为

$$x_{n+1} = \frac{1}{3}\left(2\,x_n + \frac{x}{x_n^2}\right)$$

精度要求为

$$\left|\frac{x_{n+1}-x_n}{x_n}\right| < 10^{-6}$$

算法分析:该循环没有明确的次数条件,当满足 $|(x_{n+1}-x_n)/x_n|<10^{-6}$ 时结束循

环,因此至少要定义两个变量 x1 和 x2 以保存前后相邻的两个值。

代码如下:

```cpp
#include <iostream>
#include <cmath>
#include <iomanip>
using namespace std;
double Cbrt(double x);          //自定义函数求 x 的立方根,为了与库函数区分,首字母大写
int main()
{
    double x;
    cin >> x;
    cout << fixed << setprecision(15);
    cout << Cbrt(x) << endl;        //调用自定义函数求 x 的立方根
    cout << pow(x,1.0/3) << endl;   //调用 cmath 中的 pow 函数求 x 的 1/3 次幂
    cout << cbrt(x);                //调用 cmath 中的 cbrt 函数求 x 的立方根
    return 0;
}
    double Cbrt(double x)
{
    double x1=1, x2 ;
    while(1)                        //也可以写为 while(true)或 while()
    {
        x2 = ( 2 * x1 + x / (x1 * x1 ) ) / 3;
        if ( fabs ( ( x2 - x1 ) / x1 ) < 1e-6 )
            break;
        x1 = x2;
    }
    return x2;
}
```

运行示例如下:

```
29
3.072316825686780
3.072316825685847
3.072316825685848
```

说明:本例可以不用 break 语句,Cbrt 函数定义可修改为

```cpp
double Cbrt(double x)
{
    double x1,x2=1;
    do
    {
```

```
        x1 = x2;
        x2 = ( 2 * x1 +x / (x1 * x1 ) ) / 3 ;
    }while ( fabs ( ( x2 -x1 ) / x1 ) >1e-6 ) ;
    return x2;
}
```

【例 5-6】 自定义函数，判断一个整数是否是素数。

素数又称为质数，指除了 1 和它本身以外不再有其他因数的自然数。显然，设计一个循环变量，值为 $2 \sim n-1$，判断变量能否整除 n。若能整除，说明 n 不是素数，结束判断；如果所有的数都不能整除 n，说明 n 是素数。

从效率出发，应尽可能减少循环重复的次数，判断一个数是否是素数，只要能找到一个因子就可以证明该数不是素数。而任何一个非素数（合数）一定是两个数相乘，至少有一个数会小于该数的平方根，因此循环变量可以缩减为 $2 \sim \sqrt{n}$（注意，一定要包含边界）。

参考代码如下：

```
#include <iostream>
#include <cmath>
using namespace std;
bool isPrime(int n);                //自定义函数判断 n 是否是素数
int main()
{
    int num;
    cin >>num;
    bool flag =isPrime(num);
    if(flag)
        cout <<num <<"是素数";
    else
        cout <<num <<"不是素数";
    return 0;
}
    bool isPrime(int n)
{
    int i, k =sqrt(n);
    for( i =2; i <=k; i++)
        if(n %i ==0)                //找到 n 的因子,就中止循环,否则继续循环
            break;
    if(i <=k)                       //循环条件为真,一定是执行了 break 提前中止循环
        return false;              //n 不是素数
    else                           //循环条件为假,没有找到 n 的因子
        return true;               //n 是素数
}
```

运行示例如下：

```
15
15 不是素数
```

说明：

（1）在 for 语句中,有一条简单的 if 语句。如果找到 n 的因子,就说明 n 不是素数,结束循环；如果 i 不是 n 的因子,什么也不做,继续下一次循环,i＋＋,然后再判断 i＜＝k 的循环条件,重复循环体语句。注意,for 循环中的 if 不要加 else。

（2）循环结束后,检查循环的两个出口。一个是通过 break 提前结束了循环,循环条件 i＜＝k 为真,说明不是素数；另一个是循环体中的 if 条件一直是假,完成了全部的循环后退出,此时循环条件 i＜＝k 为假,说明是素数。

（3）求素数的算法设计思想和代码框架是 break 语句的经典用法,循环体中用 if 判断某种情况下中止循环,循环语句后面利用 if 语句判断循环的出口,进而决定执行哪个分支。

（4）在本例中,for 语句中的 if 条件为真时,已经明确了 n 不是素数,也可以直接用 return 返回 false 值到函数调用点。循环语句结束则说明 n 是素数,再用 return 返回 true 值。一个函数内部可以有多个 return 语句,遇到一个 return 语句就结束函数。

例如,isPrime 函数定义可改写为

```
bool isPrime(int n)
{
    int i, k = sqrt(n);
    for(i = 2; i <= k; i++)
        if(n % i == 0)
            return false;          //n 不是素数
      //循环结束,没有找到 n 的因子
        return true;               //n 是素数
    }
```

注意：return true;语句是循环结束后的语句,不要在前面加 else。

*5.3.2　continue 语句

continue 语句只能在循环体中使用,用来结束循环的本次迭代。在循环中遇到 continue 语句时,将跳过循环体内余下的语句,开始下一次迭代。

【例 5-7】　显示前 20 个能被 5 整除的正整数。

```
1  #include <iostream>
2  using namespace std;
3  int main()
4  {
5      int x = 0, count = 0;
6      while(count<20)
```

```
7      {
8          x++;
9          if ( x%5 !=0)
10             continue;
11          cout <<x <<" ";
12          count++;
13      }
14      return 0;
15  }
```

运行结果如下：

5 10 15 20 25 30 35 40 45 50 55 60 65 70 75 80 85 90 95 100

在第 8 行，变量 x 递增。第 9 行使用 if 语句检查变量 x 能否被 5 整除。如果不能，就执行第 10 行的 continue 语句，跳转回第 6 行判断是否执行下一次迭代。这样就跳过了当前迭代的其余部分（第 11～13 行）。

如果 x 能被 5 整除，不执行 continue 语句，向下执行循环中的其余语句（第 11～13 行），即显示 x 的值，并记录当前能被 5 整除的正整数的个数（即 count 递增）。

同一个任务，C++ 能通过多种方式完成。本例也可以不用 coninue 完成，例如 while 语句改为

```
while(count<20)
{
    x++;
    if(x%5 ==0)
    {
        cout <<x <<" ";
        count++;
    }
}
```

5.4 循环与递归

很多通过递归实现的程序可以转化为循环结构完成，例如求两个整数的最大公约数、求 $n!$ 等。

【例 5-8】 用循环结构求两个正整数的最大公约数。

求两个正整数的最大公约数的方法有多种。前面介绍的辗转相除法可以用递归算法来完成，也可以用循环结构实现。

以实际数据为例寻找重复的规律。假设 $a=18, b=12$。

第一次迭代：$b \neq 0$，则 $a=12$，$b=18 \bmod 12=6$。

第二次迭代：$b \neq 0$，则 $a=6, b=12 \bmod 6=0$。

由于 $b=0$，迭代结束。

如果是 $a=12,b=18$ 呢?

第一次迭代:$b\neq0$,则 $a=18,b=12$ mod $18=12$。

第二次迭代:$b\neq0$,则 $a=12$, $b=18$ mod $12=6$。

第三次迭代:$b\neq0$,则 $a=6,b=12$ mod $6=0$。

由于 $b=0$,迭代结束。

我们看到,如果 $a<b$,只比 $a>b$ 的情况多一次迭代,算法是完全一样的。

自定义 gcd 函数求两个整数的最大公约数,代码如下:

```
int gcd(int m, int n)
{
    while(n!=0)
    {
        int r =m%n;          //需要临时变量保存 m%n 的值
        m =n;                //m 获取 n 的值
        n =r;                //n 获取 r 的值,即原始的 m%n 的值
    }
    return m;
}
```

主函数请读者自行补齐。

【例 5-9】　用循环结构和递归法求斐波那契数列。

斐波那契数列又称黄金分割数列。它是数学家列昂纳多•斐波那契以兔子繁殖为例子而引入的,故又称为兔子数列。斐波那契数列在现代物理、准晶体结构、化学等领域都有直接的应用。

斐波那契数列是这样一个数列:$1,1,2,3,5,8,13,21,34,\cdots$,在数学上,它的各项有如下的推导公式:

$$F(n)=\begin{cases}1, & n=1,2 \\ F(n-1)+F(n-2), & n\geqslant3\end{cases}$$

方法一:循环结构。

自定义函数 f,返回第 n 项的值。当 n>=3 时,循环计算结果。

首先定义两个加数 f1 和 f2 并初始化为第一个和第二个数,用变量 val 记录相邻相项和,初始值为 0。当循环变量 i 从 3 开始直到 n 时,每次执行 val = f1+f2,然后用变量 f1 和 f2 分别记录下一项的值,即 f1 记录 f2 的值,f2 记录 val 的值。

函数 f 的定义如下:

```
int f(int n)                        //返回斐波那契第 n 项值的函数
{
    if(n<=0)
        return 0;
    else if (n==1 || n==2)
        return 1;
    else
```

```
    {
        int f1 =1, f2 =1;
        int val =0;
        for(int i =3; i <=n; i++)
        {
            val =f1 +f2;
            f1 =f2;
            f2 =val;
        }
        return val;
    }
}
```

方法二：递归法。

使用递归法可以很方便地解决这个问题。

用递归法实现的自定义函数如下：

```
int f(int n)                    //返回斐波那契数列第 n 项值的函数
{
    if(n<0)
        return 0;
    else if(n==1 || n==2)
        return 1;
    else
        return f(n-1) +f(n-2);
}
```

　　两种方法的比较：递归法由于存在多次函数调用,即多次记录函数调用点、传递参数、返回调用点的过程,在调用次数过多时比循环结构的执行速度要慢。例如,定义一个主函数输出前 40 项的值,则循环结构调用 f 函数 40 次,执行时间为 0.166s,而递归法每次调用 f 函数时,还要进行两次以上函数调用,执行时间为 7.034s。因此,在实际应用中,能用循环结构直接解决的问题,就用循环结构来实现。对于一些复杂的工程问题,用递归法能够比较清楚地解决问题。

5.5　循环结构的嵌套

5.5.1　循环嵌套的语句

　　在循环体内可以包含另一个循环,从而构成循环的嵌套。外层循环每次迭代时,内层循环都将完整循环一次。嵌套的循环语句可以是 for、while、do…while 语句的任何一种。

　　【例 5-10】 显示一个由用户选择的字符组成的矩形。

　　算法分析：矩形的高度就是字符的行数,矩形宽度是每行显示的字符个数,每行最后输出一个回车符。

源程序如下：

```
1    #include <iostream>
2    using namespace std;
3    void BoxDisplay(char ch, int row, int col);
4    int main()
5    {
6        int rows, columns;
7        char character;
8        cout << "How many rows? ";              cin >> rows;
9        cout << "How many columns? ";           cin >> columns;
10       cout << "What character to display? "; cin >> character;
11
12       BoxDisplay(character, rows, columns);
13
14       return 0;
15   }
16
17   void BoxDisplay(char ch, int row, int col)
18   {
19       for(int i=1; i<=row; i++)
20       {
21           for(int j=1; j<=col; j++)
22           {
23               cout<<ch;
24           }
25           cout<<endl;
26       }
27   }
```

运行示例如下：

```
How many rows? 5
How many columns? 10
What character to display? *
**********
**********
**********
**********
**********
```

　　程序中显示的信息是让用户输入要显示的字符的行数和列数，然后调用自定义函数输出图形。在第 19 行，外层 for 循环将计数器变量 i 初始化为 1，当条件为真时执行循环体。循环体由两条语句组成，首先是内层 for 循环，循环变量 j 初始化为 1，然后当条件为真时，执行内层循环的循环体，输出指定的一个字符，然后 j 增 1，继续判断条件，重复输出若干个字符；内层循环结束后，输出 endl 换行，然后执行外层循环的下一次迭代，将 i 增

1,继续判断条件。

每次外层循环变量 i 变化一次,就执行内层循环输出一行字符。外层循环共执行 row 次,内层循环共执行 col 次,因此这个循环嵌套语句的执行总次数是 row×col 次。

对本程序适当做些修改,就可以实现其他类似的功能:

(1) 修改第 21 行为 for(int j = 1; j <= i; j++),则程序运行结果为

```
How many rows? 5
How many columns? 10
What character to display? *
*
**
***
****
*****
```

(2) 在第 20 行和第 21 行中间增加一条 for 语句:

```
for(int k =1; k <=row - i ; k++)
    cout <<" ";
```

则程序运行结果为

```
How many rows? 5
How many columns? 10
What character to display? *
    **********
   **********
  **********
 **********
**********
```

更多的图形设计,请读者自行思考。

5.5.2   多循环的优化

一个任务往往有多种解法,各种解法根据问题的规模和数据的特点会有不同的执行效率,主要体现在语句执行的次数上。下面的例子展示了一个任务的多种解法以及每种解法的优缺点。

【例 5-11】   马克思手稿问题。共有 30 个人,其中有男人、女人和小孩。他们在一家饭馆吃饭共花费了 50 先令,其中,每个男人花费 3 先令,每个女人花费 2 先令,每个小孩花费 1 先令。这 30 个人中男人、女人和小孩各几人?

设男人、女人和小孩的人数各为 x、y、z,则通过题意可以列出下面的方程:

$$\begin{cases} x + y + z = 30 \\ 3x + 2y + z = 50 \end{cases}$$

两个方程,3 个未知数,这是一个不定方程,有多组解法,用代数方法很难求解。

5.5.2.1　穷举法

穷举法指的是列举出所有可能的解,让计算机逐一验证,从而找出满足要求的解。

总人数为 30 人,所以 x、y 和 z 的取值范围一定均为 $0\sim30$ 并且为整数。穷举出 3 个数的所有可能值,然后验证,看哪个组合能满足方程式,共有 $31\times31\times31$ 个组合。

【例 5-12】　用穷举法求解马克思手稿问题。

通过三重循环来实现。例如最外层(第一层)是男人(x 为 $0\sim30$),每取一个值时,执行中间层(第二层)的循环语句;中间层是女人(y 为 $0\sim30$),每取一个值时,执行最内层(第三层)的循环语句,即小孩(z 为 $0\sim30$)。当 3 个值组成的表达式满足两个方程式时($x + y + z == 30$ && $3 * x + 2 * y + z == 50$),输出 x、y 和 z 的值。

源代码如下:

```cpp
#include <iostream>
using namespace std;
void Marx();
int main()
{
    Marx();
    return 0;
}
void Marx()
{
    int x,y,z;
    cout<<"Men \t Women \t Children\n";
    for(x =0; x <=30; x++)
        for(y =0; y <=30; y++)
            for(z =0; z <=30; z++)
            {
                if(x +y +z ==30 && 3 * x +2 * y +z ==50)
                    cout <<x <<'\t' <<y <<'\t' <<z <<endl;
            }
}
```

运行结果如下:

Men	Women	Children
0	20	10
1	18	11
2	16	12
3	14	13
4	12	14
5	10	15
6	8	16
7	6	17

```
8          4          18
9          2          19
10         0          20
```

5.5.2.2 缩小穷举范围

上述三重循环的循环体执行了 $31\times31\times31$ 次。但分析可知,3 类人的循环范围不一定都是 30。例如,男人花费 3 先令,50 个先令最多能够 16 个男人花费;同理,女人最多有 50/2=25 人。修改 for 循环中的循环变量 x 和 y 的取值范围,可以改成如下格式:

```
for(x =0; x <=16; x++)
    for(y =0; y <=25; y++)
        for(z =0; z <=30; z++)
        {
            if(x +y +z ==30 && 3 * x +2 * y +z ==50)
                cout <<x << '\t' <<y << '\t' <<z <<endl;
}
```

修改后的循环语句共执行 $17 \times 26 \times 31$ 次。

5.5.2.3 减少循环嵌套

根据以上方程的特点,在 x 和 y 确定后,由方程可以计算出 z 的值,因此去掉最内层对 z 的穷举,将三重循环改写为二重循环。将 for 循环语句改写为

```
for(x =0; x <=16; x++)
    for(y =0; y <=25; y++)
    {
        z =30 -x -y;
        if(x +y +z ==30 && 3 * x +2 * y +z ==50 && z >=0)
            cout <<x << '\t' <<y << '\t' <<z <<endl;
    }
```

修改后的循环语句共执行 17×26 次。在条件表达式中增加了 $z>=0$,防止因减法操作可能带来的负值。

5.5.3 一重循环的尝试

采用消元法,消去变量 z,得到新的方程式:

$$\begin{cases} 2x + y = 20 \\ x + y + z = 30 \end{cases}$$

利用一重循环来穷举 x 的所有可能,只要 x 确定下来,y 就可以由 $y = 20 - 2x$ 来确定,然后 z 可以由 $z = 30 - x - y$ 确定。修改 for 循环语句如下:

```
for(x =0; x <=16; x++)
{
```

```
        y = 20 - 2 * x;
        z = 30 - x - y;
        if(3 * x + 2 * y + z == 50 && y >= 0 && z >= 0)
            cout << x << '\t' << y << '\t' << z << endl;
}
```

在条件表达式中增加了 y >= 0 && z >= 0,防止因减法操作可能带来的负值。
如果去掉 y >= 0 && z >= 0 条件,运行结果为

```
Men     Women    Children
0        20       10
1        18       11
2        16       12
3        14       13
4        12       14
5        10       15
6        8        16
7        6        17
8        4        18
9        2        19
10       0        20
11       -2       21
12       -4       22
13       -6       23
14       -8       24
15       -10      25
16       -12      26
```

5.6　实用知识：循环中的变量及作用

循环中的变量主要有几类,它们的作用和用法有不同的特点。

5.6.1　循环控制变量

循环控制变量主要用于控制循环的执行,一般在开始时设一个初始值。例如,求 1～
10 的和,那么要定义一个循环控制变量 i,初始值为 1,每次循环时让 i 的值加 1,直到 i 的
值为 11,不满足 i<=10 条件为止。

循环控制变量主要用在循环内部,当循环结束后变量的作用已完成,可以释放内存,
因此经常将循环控制变量定义在循环语句中。例如:

```
int sum = 0;
for(int i = 1; i < 10; i++)
    sum += i;
```

sum 定义在 for 语句的前面,是函数中的局部变量,当循环结束后可以输出或返回

（132）

sum 的值。而 i 定义在 for 语句中，当执行 for 语句时为 i 分配 int 型内存空间，for 语句结束后回收 i 的内存空间。

有时候在 for 语句结束后还需要操作 i 的值。例如，下面的代码用于求整数 n 是否是素数：

```
for(int i =2; i<=sqrt(n); i++)
    if(n % i ==0)
        break;
if(i<=sqrt(n))
    cout <<"n 不是素数";
else
    cout <<"n 是素数";
```

编译时会给出如下的错误提示信息：

```
[Error] name lookup of 'i' changed for ISO 'for' scoping [-fpermissive]
```

如果在 for 语句前面加上语句 int i;，发现程序能够运行，但是结果却不对。

i 是定义在函数中的变量，在函数内部有效，而 for 语句中也定义了同名的 i，这样在 for 语句中会使用 for 语句内部定义的 i，当 for 语句结束后，语句内的 i 被释放，而函数内的 i 一直未被赋值，是随机值。

因此，在 for 语句前面加上 int i; 后，一定要修改 for 语句，去掉其中对 i 的定义：

```
int i;
for(i =2; i<=sqrt(n); i++)
    if(n % i ==0)
        break;
if ( i<=sqrt(n))
    cout <<"n 不是素数";
else
    cout <<"n 是素数";
```

5.6.2 递推变量

在循环中经常要记住每一次迭代的结果，作为下一次迭代的基础值。例如，计算斐波那契数列第 n 项值的自定义函数 f（函数定义见例 5-9）中定义了变量 f1、f2 和 val。计算到第 i 项时，val 是 f1（前两项）和 f2（前一项）的和；接下来计算第 i+1 项时，f2 是前两项的值，要赋值给 f1，而 val 的值要赋给 f2 作为下一次计算的前一项的值……通过这样的递推得到第 n 项的值。解决这类问题的关键是要根据规律找到第 i 项与前一项或前两项的关系，定义中间变量以保存迭代结果。

5.6.3 计数器变量

在循环中经常会遇到计数的问题，例如一组数中有多少个奇数、有多少个大写字母等。一般定义一个 int 型变量作为计数器，初始值为 0。在循环中，当遇到条件为真时，计数器的值加 1,循环结束后即得到了满足条件的数量。

【例 5-13】　从键盘输入一组整数,直到输入 0 结束,统计总个数及正偶数的个数。源代码如下,观察计数器的写法。

```cpp
#include <iostream>
using namespace std;
int main()
{
    int n;
    int countOdd = 0,countNum = 0;         //两个计数器
    cin >> n;
    while(n!=0)
    {
        countNum++;                         //输入一个整数,计数器 countNum 加 1
            if(n > 0 && n%2 ==0)            //如果是正偶数,计数器 countOdd 加 1
                countOdd ++;
            cin >> n;
    }
    cout << "一共输入了" << countNum
        << "个数,其中包括" << countOdd
        << "个正偶数";
    return 0;
}
```

运行示例如下:

```
3 5 2 -4 6 0
一共输入了 5 个数,其中包括 2 个正偶数
```

*5.6.4　控制多行输入直到 EOF 结束

有时候需要用户持续输入若干行数据,直到遇到 EOF 时结束。在 Windows 系统中,在行首按组合键 Ctrl+Z(会看到^Z)后按回车键(可能需要重复两次);在 Linux 中要按组合键 Ctrl+D。

scanf 函数的返回值可能是 3 种情况:

(1) 返回值是一个正整数,表明成功接收变量的个数。

(2) 返回值是 0,表明没有接收到任何匹配格式的值。

(3) 返回值是 EOF(−1),表明输入流已结束。

【例 5-14】　从键盘输入一组整数,直到遇到 EOF,统计总个数及正偶数的个数。

```cpp
#include <stdio.h>
int main()
{
    int n;
    int countOdd = 0,countNum = 0;         //两个计数器
```

```
        while(scanf("%d",&n) !=EOF)
        {
            countNum++;                    //输入一个整数,计数器 countNum 加 1
            if(n>0 && n%2 ==0)             //如果是正偶数,计数器 countOdd 加 1
                countOdd ++;
        }
        printf("一共输入了%d,个数其中包括%d 个正偶数",countNum,countOdd);
        return 0;
    }
```

运行示例如下:

```
3 5 2 -4
6 0
^Z
一共输入了 6 个数,其中包括 2 个正偶数
```

说明: cin 也可以完成类似的效果。cin 遇到 EOF 时会返回 0,因此可以使用 while (cin >> n) 来实现与 while(scanf("%d",&n)! = EOF)一样的效果。本例使用 cin 的代码为

```
#include <iostream>
using namespace std;
int main()
{
    int n;
    int countOdd =0,countNum =0;          //两个计数器
    while(cin >>n)
    {
        countNum++;                        //输入一个整数,计数器 countNum 加 1
        if(n>0 && n%2 ==0)                 //如果是正偶数,计数器 countOdd 加 1
            countOdd ++;
    }
    cout <<"一共输入了" <<countNum
        <<"个数,其中包括" <<countOdd
        <<"个正偶数";
    return 0;
}
```

5.7　循环结构的算法及应用

5.7.1　应用1：数学表达式的求解

【例 5-15】　求以下数学表达式的值,直到第 i 项表达式绝对值小于 0.000 001 时为止。

$$f = \frac{1}{1 \times 1} - \frac{1}{2 \times 2} + \frac{1}{3 \times 3} - \frac{1}{4 \times 4} + \frac{1}{5 \times 5} - \cdots$$

算法分析：

(1) 这是一个求和算法，因此要定义变量 sum 记录和，初始值为 0。

(2) 定义变量 item 记录第 i 项的值，初始值为 1。

(3) 如果 item 的绝对值不小于 0.000 001，执行下面的循环：

① 将值累加到 sum 中。

② 计算下一个 item 的值。

(4) 循环结束后，输出 sum 的值。

继续分解子任务(3)，下一个 item 表达式的值与前面的关系如下：

(1) 符号变反：正数变负数，负数变正数。定义变量 sign 记录上一个 item 的符号，初始值为 1(表示正数)。每次循环时，利用 sign ＝ － sign; 将符号变反。

(2) 分子不变，都是 1。

(3) 假如第 i 项的分母是 i * i，则第 i+1 项的分母是(i+1) * (i+1)。定义变量 i，初始值为 1。每次循环中，组成 sign * 1.0 / i /i 或 sign * 1.0 / (i * i)表达式，将其值赋给 item，然后 i 的值自增 1。

完整的代码如下：

```cpp
#include <iostream>
using namespace std;
double f(double eps);                //自定义函数求数学表达式的值
int main()
{
    cout << f(1e - 6);               //或写为 cout << f(0.000001);
    return 0;
}
double f(double eps)
{
    double sum = 0, item = 1;
    int i = 1, sign = 1;
    while(item > eps)                //注意,item要用绝对值与eps比较
    {
        item * = sign;               //item加上符号
        sum += item;                 //求和
        sign = - sign;               //改变下一个数的符号
        i++;                         //改变下一个数的分母中使用的变量
        item = 1.0 / (i * i);        //计算下一个数的绝对值
    }
    return sum;
}
```

运行结果如下：

0.822468

　　说明：在数学计算中,利用循环实现表达式的求解是经常要完成的任务。重点是找到循环的规律,控制循环条件。程序要经过多次测试,以检验结果的正确性。代码可以写成多种形式,只要找到正确的解决方案即可。

5.7.2　应用2：循环显示菜单及执行用户选择的菜单项的功能

　　【例5-16】　修改例4-15,重复显示购物菜单,每次用户输入菜单项的序号后,执行相应的功能,然后继续显示菜单,接收用户输入的序号,直到遇到 0 结束。

　　无须修改菜单,只需要修改主函数的功能,改为一个 while(true){…}语句。每次循环中执行原来的分支结构语句,然后利用 break 语句实现遇到 0 退出的功能,循环后面没有其他语句,程序结束。也可以用 return 0 代替 break 语句,直接结束主函数。

　　源代码如下：

```cpp
#include <iostream>
using namespace std;
int menu();                        //显示菜单并返回用户选择的菜单项序号
void fun1();                       //菜单项 1 的子功能
int main()
{
    int choice =-1;                //初始化序号为-1
    while(1)                       //也可写为 while(true)或 while()
    {
        choice =menu();            //调用 menu 函数得到用户输入的序号
        cout << "你选择了" <<choice <<endl;
        if(choice ==0 )            //如果序号是 0 就退出程序
        {
            cout <<"退出程序";
            break;                 //或 return 0;
        }
        switch(choice)
        {
            case 1:
                fun1(); break;     //调用函数执行菜单项 1 的功能
            case 2:
                cout <<"执行购买蔬菜的功能……\n"; break;
            case 3:
                cout <<"执行结账的功能……\n"; break;
            default:
                cout <<"菜单输入错误\n";
        }
    }
    return 0;
```

```
    }
        int menu()
    {
        cout << "************\n";
        cout << "1 购买水果 * \n";
        cout << "2 购买蔬菜 * \n";
        cout << "3 结账  * \n";
        cout << "0 退出  * \n";
        cout << "* * * * * * * * * * * * \n";
        cout << "请输入 0～3 的整数：";
        int key = -1;              //定义 key 的初始值为-1,如果 cin 未正确接收整数时会返回-1
        cin >> key;
        return key;
    }
        void fun1()              //定义一个菜单项的功能,其他菜单项也都要定义一个函数
    {
        cout << "执行购买水果的功能……\n";
    }
```

运行示例如下：

```
************
1 购买水果 *
2 购买蔬菜 *
3 结账    *
0 退出    *
************
请输入 0～3 的整数：1
你选择了 1
执行购买水果的功能……
************
1 购买水果 *
2 购买蔬菜 *
3 结账    *
0 退出    *
************
请输入 0～3 的整数：2
你选择了 2
执行购买蔬菜的功能……
************
1 购买水果 *
2 购买蔬菜 *
3 结账    *
0 退出    *
************
```

```
请输入 0～3 的整数:0
你选择了 0
退出程序
```

用户输入多次后,屏幕会被菜单和之前的输入占满。为了保持菜单清晰,每次执行完子菜单的功能后,一般会暂停,等待用户按任意键后清屏,再显示菜单,重复之前的工作。

用户输入的任意值可能包括任意个字符,可以用字符型变量接收。例如:

自定义 Wait 函数,定义如下:

```cpp
void Wait()
{
    cout <<"\n 按任意键返回…";
    char ch;
    cin.sync();          //清除缓存区内容
    ch =cin.get();       //接收任意一个有效字符,包括空格和回车符等不可见字符
}
```

修改主函数中的 switch 语句,让每个分支执行完功能后调用 Wait 函数,然后清除屏幕内容,再次显示菜单。清屏命令并不是标准 C 或 C++ 函数库的命令,不同系统中控制台程序的清屏命令不同,例如 Windows 操作系统中可以使用 system("CLS");。修改后的 while 语句为

```cpp
while(1)                  //也可写成 while(true)或 while()
{
    choice =menu();       //调用 menu 函数得到用户输入的序号
    cout <<"你选择了" <<choice <<endl;
    if(choice ==0 )       //如果序号是 0 就退出程序
    {
        cout <<"退出程序";
        break;            //或 return 0;
    }
    switch(choice)
    {
        case 1:
            fun1();
            Wait();
            break;        //调用函数执行菜单项 1 的功能
        case 2:
            cout <<"执行购买蔬菜的功能……\n";
            Wait();
            break;
        case 3:
            cout <<"执行结账的功能……\n";
            Wait();
            break;
```

```
        default:
            cout << "菜单输入错误\n";
            Wait();
    }
    system("CLS");       //不同编译器与操作系统支持的清屏命令不同
}
```

运行时，每次显示用户选择的菜单项并执行相应的功能后，显示"按任意键返回…"，当用户输入任意一个有效字符并按回车键后，清屏，在原位置重新显示菜单，等待用户再次输入序号，直到用户输入 0 结束程序。

*5.7.3　应用 3：忽略输入错误的输入控制

【例 5-17】　多次验证密码。

设定一个初始密码，是一个 $100 \sim 999$ 的整数。现在给用户 5 次机会，每次用户输入一个 3 位整数后验证密码是否正确。如果正确，则验证成功；反之则让用户继续输入，直到 5 次错误，验证失败，退出程序。

该程序的流程图如图 5-5 所示。

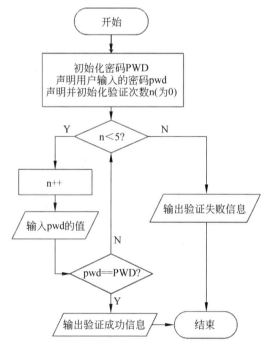

图 5-5　验证密码程序的流程图

源代码如下：

```
#include <iostream>
using namespace std;
int main()
```

```
{
    const int PWD =199;
    const int MAX =5;
    int n=0;
    int pwd;
    while ( n <MAX )
    {
        cin >>pwd;
        n++;
        if(pwd ==PWD)
            break;
    }
    if( n <MAX )
        cout << "密码第" <<n <<"次输入时验证成功!";
    else
        cout << "输入密码已超过" <<MAX <<"次,验证失败!";
    return 0;
}
```

两次运行的示例如下：

```
123
199
密码第 2 次输入时验证成功!
233
555
888
123
436
输入密码已超过 5 次,验证失败!
```

下面用两种方法改进代码。

代码改进一：密码要求是 100~999 的整数，对输入 pwd 的值要进行判断，若为 100~999，才会计数和比较，否则就忽略该值，继续下一次迭代。

修改 while 语句为

```
while(n <MAX)
{
    cin >>pwd;
    if(pwd >=100 && pwd <=999)
    {
        n++;
        if(pwd ==PWD)
            break;
    }
```

```
}
```

运行示例如下：

```
1
12
123
12345
199
```

密码第 2 次输入时验证成功！

说明：虽然多次输入值，但是只有 123、199 是在指定范围内的整数，才会计数和比较。

代码改进二：变量 pwd 是整型的，一旦用户输入的是其他数据类型的值，cin 无法正确接收值，而又无法清除缓存区，这样开始下一次循环时，仍然读取缓存区中错误的值，导致死循环。

以下是 cin 对象与出错处理有关的几个方法：

（1）cin. good。执行 cin 语句，如果读取数据成功，则 cin. good 返回值为 1(true)。

（2）cin. fail。执行 cin 语句，如果读取数据失败，则 cin. fail 返回值为 1(true)。

（3）cin. clear。执行 cin. clear 后，清除错误状态，程序才可以继续执行 cin 语句。

（4）cin. ignore。可以清除缓存区中的一个字符。也可以用参数指定删除字符的数量，例如，cin. ignore(1024, '\n')表示清除 1024 个字符或者遇到换行符为止。

（5）cin. sync。可以清除缓存区的数据流。

修改 while 语句为

```
while(n <MAX)
{
    cin >>pwd;
    if(cin.fail())        //如果读取 pwd 值失败
    {
        cin.clear();      //清除错误状态标记
        cin.sync();       //清除缓存区的数据流
    }                     //if 结束,继续循环
    else
    {
        if(pwd >=100 && pwd <=999)
        {
            n++;
            if(pwd ==PWD)
                break;
        }
    }
}
```

（142）

运行示例如下：

```
1.23
abc
199
密码第 1 次输入时验证成功！
```

说明：输入 1.23 和 abc 都不能正确赋值给变量 pwd，符合范围的整数只有一个。

如果用 scanf 函数接收数值，接收失败后，要使用 fflush(stdin);语句清除缓存。修改 while 语句为

```
while(n <MAX)
{
    if(scanf("%d",&pwd)==0)   //如果读取值到 pwd 发生失败，例如输入的是字符
    {
        fflush(stdin);        //清除错误状态标记
    }                         //if 结束，继续循环
    else
    {
        …
    }
    …
}
```

【例 5-18】 输入一组整数，输出平均值。

方法一：首先输入一组整数的个数，然后开始循环，每次接收用户的一个输入值作为加数，执行累加，循环结束后求平均值。

题目中有了明确的循环次数，使用 for 语句比较方便实现。代码段如下：

```
int n, val, sum =0;
cin >>n;                   //输入一组数的个数
for(int i=0 ;i<n; i++)     //循环条件变量 i 的值为 0～n-1
{
  cin >>val;               //每次接收一个整数
  sum +=val;               //累加
}
double avg =1.0 * sum / val;   //求平均值，注意要将/左边或右边的值变为 double 型
```

方法二：输入一组整数，以一个特定的值作为结束标记，如 999 代表输入结束。每次接收一个值 val，然后计数器 n 加 1，循环结束后得到了累加值 sum 和个数 n，再计算平均值 avg。

这种方法的循环次数不明确，循环条件是 val! =999，至少能接收一次输入，但是不一定执行累加操作，因此可以使用 do…while 语句实现。代码段如下：

```
int n=0 , val, sum =0;
do
```

```
    {
        cin >> val;
        if( val != 999)
        {
            sum += val;
            n++;
        }
    }while(val != 999);
    double avg = 1.0 * sum / n;
```

方法三：输入一组整数，如果输入遇到文件结束符，就会返回一个特殊符号常量 EOF（−1）。一般情况下，从键盘输入数据时，在 Windows 操作系统中用 Ctrl＋Z 组合键表示 EOF。

```
int n = 0, val, sum = 0;
cin >> val;
while(!cin.eof() && cin.good())    //不是文件结束符,读取整数成功
{
    sum += val;
    n++;
    cin >> val;
}
double avg = 1.0 * sum / n;
```

如果使用 scanf 函数接收整数，代码如下：

```
int n = 0, val, sum = 0;
while(scanf("%d",&val) == 1)
{
    sum += val;
    n++;
}
double avg = 1.0 * sum / n;
```

在 while 的条件表达式中，首先执行函数调用 scanf("%d,&val)，读取键盘的值赋给 val，如果读取成功（是一个整数）则返回 1（读了一个值），条件表达式为真，执行循环体；其他值（double 型、字符型或 EOF 等）为假，结束循环。

5.8 练习与思考

5-1 阅读下面的程序，判断循环的执行次数及 i 最终的值。

(1) for(int i＝1;; i＋＋);

(2) for(int i＝0; i＜10; i＋＝2){ i * ＝2; }

(3) for(int i＝0;; i＋＋){   if(i * i＞10) break;   }

5-2 猜数游戏。在程序中指定一个 1～100 的整数（或由系统随机生成），允许用户最多猜 5 次。如果猜对了，就结束程序，输出"猜对了"；如果猜错了，就告诉用户"猜大了"或"猜小了"；如果超过了 5 次，就结束程序，输出"游戏失败"。次数用符号常量控制，便于以后修改用户最多可以猜的次数。

5-3 一个球从 80m 高处自由落下，每次落地后反弹的高度是原高度的一半。编写程序计算第 6 次落地时共经过多少米？第 6 次反弹多高？

5-4 编写程序，打印以下图案。

```
      *
    * * *
  * * * * *
* * * * * * *
  * * * * *
    * * *
      *
```

提示：该图案可分成上下两个部分处理，上部 4 行，下部 3 行，用两个循环语句实现。每一行的输出又用两个循环实现，输出空格部分和星号部分。要找出空格的个数和星号的个数与行号的关系。

5-5 以下关于 do…while 的描述中，正确的是（   ）。

   A. 在 do…while 循环中，循环体只能是一条语句，所以循环体内不能使用复合语句

   B. do…while 循环由 do 开始，以 while 结束，在 while（表达式）后面不能写分号

   C. 在 do…while 循环体中，一定要有能使 while 的条件表达式的值变为 0 的操作

   D. 在 do…while 循环中，根据情况可省略 while

5-6 以下关于 for 的描述中，正确的是（   ）。

   A. for 循环只能用于循环次数已确定的情况

   B. for 循环先执行循环体，后判断表达式

   C. 在 for 循环中，不能用 break 语句跳出循环体

   D. for 循环的循环体中可包含多个语句

5-7 下面的循环语句中有语法错误的是（   ）。

   A. int i; for(i=1;i<10;i++) cout << '*';

   B. int i,j; for(i=1,j=1;i<10;i++,j++) cout << '*';

   C. int i=1; for(;i<10;i++) cout << " * ";

   D. int i=1; for(i<10) {   cout << " * "; i++;   }

5-8 （   ）是 break 在实际应用中最常用、最有效的写法。

   A. break 直接用在循环语句中，作用是跳出循环

   B. break 用在循环语句中的 if 语句中，作用是满足条件时跳出循环

C. break 用在循环语句中的 if 语句中,作用是满足条件时跳出本次迭代,进行下一次迭代

D. break 直接用在 if 语句中,作用是跳出 if 语句

5-9　while 和 do…while 语句的主要区别是(　　)。

A. while 的循环控制条件比 do…while 的循环控制条件严格

B. do…while 允许使用 break 语句跳出循环,而 while 只能用 continue 跳出循环

C. 当循环体包含多条语句时,do…while 的循环体必须使用复合语句,而 while 的循环体不需要使用复合语句

D. do…while 的循环体至少要无条件执行一次,而 while 可能一次都不执行

5-10　下面的 while 循环执行的(　　)次。

```
k=10;
while(k =1)
    k = k -10;
```

A. 无限　　　　　B. 1　　　　　　C. 0　　　　　　D. 2

数值型数组与数据处理

解决工程问题时,经常要处理一组数据,如 100 个温度值、30 个学生的成绩等。当处理一组类型相同的数据时,希望能用一个标识符来处理数据,数组这种数据结构能够解决这个问题。

6.1　一维数组

数组(array)是有限个相同类型的变量的无序集合,例如一组名单或者一组成绩等。这个集合的名字称为数组名。组成数组的各个变量称为数组元素。数组元素在内存中是连续分配的,一个元素与首元素的位置差值称为该元素的下标。元素的个数称为数组长度。

数组具有随机访问的特点,通过数组名和下标可以快速定位到该下标对应的位置,操作该数组元素。

6.1.1　一维数组的声明与存储

6.1.1.1　数组的定义格式与内存分配

定义数组时要声明数组名、数组类型、元素的个数。一维数组的声明格式如下:

数据类型　数组名[数组长度];

其中:

(1) 数据类型是数组中元素的数据类型。所有元素都是同一数据类型。

(2) 数组名代表这一组连续存放于内存的数据的首地址(起始地址)。

(3) 系统按照定义的数据类型和数组长度分配一段连续的内存空间,数组名对应首地址,通过数组名以及数组元素的下标操作具体的元素。

(4) 数组在定义时由系统为其分配连续的内存空间,在程序运行中不能改变数组所占内存的大小,因此在定义时要留出足够大的数组长度。

(5) 程序中经常要在多处用到数组长度,因此一般将数组长度用 const 声明为符号常量,以提高程序的可读性并便于代码维护。

例如:

```
const int N = 5;
int a[N];
```

表示声明一个数组类型的变量 a,包含 5 个 int 型元素,分别是 a[0]、a[1]、a[2]、a[3]、a[4]。每个元素都是 int 型,可以执行 int 型允许的操作。例如,a[2] = 88 表示向 a[2] 的内存中写入整数 5。

图 6-1 展示了数组 a 的数组名、数组元素、下标与内存空间的关系:

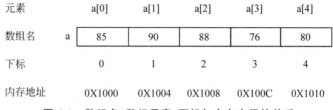

图 6-1　数组名、数组元素、下标与内存空间的关系

(1) 系统为数组 a 分配了 5 * sizeof(int) 个连续的内存单元,即 sizeof(a) 的值是 20。

(2) 数组元素的下标从 0 开始,数组的长度为 5,则数组元素的下标最大是 4。

(3) 数组名 a 是首地址,如果 cout << a;会得到 0X1000(图 6-1 中内存地址的起始单元)。

(4) 访问数组元素,如 a[2],实际上是从数组首地址开始,加上下标 2 找到元素的地址(a+2 * sizeof(int)),再通过地址实现对变量的访问。

(5) a[5] 在编译时不会出错,但是访问的是数组之外的内存空间,会造成越界访问,导致出现随机值或者运行意外中止。

(6) 数组长度是可以通过 sizeof 运算符计算出来的。例如,sizeof(a)/sizeof(int) 的值是 5,sizeof(a) 会得到数组 a 在内存中占的字节数,sizeof(int) 是 a 的一个元素占的字节数,两者相除后得到数组元素的个数。

6.1.1.2　数组定义的长度与实际元素的个数

C&C++ 规定数组长度必须是整型常量,因此,在实际应用中,必须先定义一个较大的数组,然后用一个变量定义数组的实际长度,通过修改变量的值来控制数组元素的实际个数。例如:

```
int N=100;
int a[N];          //分配了 100 个 int 型的内存单元,能操作 a[0] 到 a[99]
int n=10;          //实际操作 a[0] 到 a[9] 元素,后面的 90 个元素空闲,是随机值或 0
n=20;              //实际操作 a[0] 到 a[19] 元素,后面的 80 个元素空闲,是随机值或 0
...
```

随着程序的进展,允许修改 n 的值来决定数组元素的增加或减少,当 n == N 时,数组已满,不能再增加元素。

C99 开始支持数组长度用变量，C++仍然规定数组长度必须是常量，有些编译器（如 Dev-C++）做了扩展，允许使用变量。因此，编写程序时，必须注意编译器是否支持可变长度。为了保证兼容性和可移植性，定义数组时尽量使用整型常量定义数组长度。

在 C++和早期标准 C 语言中规定以下定义是错误的，而 C99 和 Dev-C++等编译器认为以下定义是正确的：

```
int N=5;
int arr[N];
int n;
cin >>n;
int a[n];
```

数组内存空间是在定义时一次性分配的，系统会根据 n 的实际值分配内存，执行中修改变量 n 的值，不会再影响数组的长度。如果 n 是随机值，会造成数组分配内存失败或过小，应谨慎使用。

6.1.2 一维数组的初始化

一维数组在声明时可以同时初始化。其基本格式如下：

数据类型 数组名[数组长度]={初始化列表};

初始化列表中的值用逗号分隔，按顺序写入数组的元素中。初始化有多种做法：

（1）数组元素全部初始化。例如，int a[5] = {1,3,5,2,4};表示声明数组 a 由 5 个 int 型元素组成，5 个元素按顺序获得列表中的值，即 a[0]=1,a[1]=3,a[2]=5,a[3]=2,a[4]=4。

（2）数组元素部分初始化。例如，int a[5]={1,3,5};表示声明数组 a 由 5 个 int 型元素组成，初始值按顺序赋给数组元素，即 a[0]=1,a[1]=3,a[2]=5,剩余的两个元素值为 0。

（3）定义数组时不指定元素个数，根据初始值列表中元素的个数来确定数组长度。例如，int a[]={1,3,5,2,4};语句与 int a[5]={1,3,5,2,4}等价，数组长度是 5。

6.1.3 数组元素的使用

数组中的每个变量称为数组元素，每个数组元素与数组名（首地址）的距离称为下标。数组元素的表示形式是"数组名[下标]"，称为下标法。

例如上面声明的 int a[5];;a 有 5 个数组元素，都是 int 型的变量：a[0]、a[1]、a[2]、a[3]、a[4]，可以按照 int 型变量的规则进行访问。以下操作都是正确的：

```
a[0]=10;              //将 10 赋给下标为 0 的数组元素
cout <<a[2];          //输出下标为 2 的数组元素
cin >>a[1];           //用户输入一个整数,赋给下标为 1 的数组元素
a[1] =a[0] * 2 +3;
for(int i=2; i<5; i++)
    a[i] =a[i-1] +a[i-2];      //相当于 a[2]=a[1]+a[0];
```

注意：

（1）数组的长度为 5，则数组元素的下标为 0,1,2,3,4，也就是说，假定数组长度是 N，那么数组元素的下标最小值是 0，最大是 N−1。一旦超出这个范围，就称为越界，编译器检查不出该错误，但是运行程序会出现异常。

（2）不要混淆[]的两种用法。一种是在定义时，此时[]的作用是定义数组的大小，用于指明数组包含多少个数组元素，系统要分配多大的存储空间（数组大小 ∗ sizeof（数据类型））。例如，int a[5]中的 5 指的是定义一个数组 a，它由 5 个 int 型的数组元素构成。另一种是在使用数组时，[]的作用代表具体的数组元素。例如，a[0]、a[1]、a[2]、a[3]、a[4]分别表示能够使用的 5 个数组元素（变量），而 a[5]则越界（没有第 6 个元素）。

数组元素的下标是从 0 到数组长度减 1 的整数，因此一般使用循环结构来访问数组中的所有元素。

【例 6-1】　假定一个班级最多有 30 位同学，输入一个班级的实际人数以及所有同学的年龄，输出平均年龄。

算法分析：

（1）定义一个包含 N 个 double 型元素的数组（数组长度用符号常量 N 表示 30，以便于查看和修改）。

（2）用户输入一个整数（n＜N），然后依次将输入的 n 个数保存到数组中。

（3）遍历数组元素，求和。

（4）定义一个 double 型变量保存平均值，输出平均值。

程序如下：

```cpp
#include <iostream>
using namespace std;
const int N=30;
int main()
{
    int age[N];                //定义一个能存储 N 个整数的数组保存年龄
    int n;                     //班级实际人数
    cout <<"输入班级人数(<" <<N <<"): ";
    cin >>n;
    cout <<"输入"<<n<<"位同学的年龄: ";
    for(int i=0; i<n; i++)
        cin>>age[i];
    //求和
    int sum=0;
    for(int i=0; i<n; i++)
        sum +=age[i];
    double avg =1.0 *  sum / n;   //求平均年龄
    cout <<n <<"位同学的平均年龄是: " <<avg <<endl;

    return 0;
```

```
}
```

运行结果为

```
输入班级人数 (<30): 5
输入 5 位同学的年龄: 19 18 19 20 20
5 位同学的平均年龄是: 19.2
```

本例中,首先输入若干个数据存入数组,然后再循环访问数组元素并累加。也可以在输入数据的同时进行求和,则两个循环合并为一个循环:

```
//输入 N 个年龄,同时求和
int sum=0;
cout << "输入"<<n<< "位同学的年龄: ";
for(int i=0; i<n; i++)
{
    cin >>age[i];
    sum +=age[i];
}
```

6.1.4 数组的输入与输出

数组名代表一组连续存储的变量的首地址,数组的输入与输出都是对一组相同类型的数据(数组元素)的操作,都要用循环语句实现。例如有以下定义:

```
const int N =10;
int a[N];
```

数组的输入语句是

```
for(int i=0; i<N; i++)
    cin >>a[i];                //或 scanf("%d", &a[i]);
```

数组的输出语句是

```
for(int i=0; i<N; i++)
    cout <<a[i];               //或 printff("%d", a[i]);
```

数组输入常见的语法错误见表 6-1,输出错误与之类似。

表 6-1　数组输入常见的语法错误

数组的输入语句	说　明
cin >>a;	a 是由一组相同数组类型的元素组成的,不是一个基本数据类型,cin 找不到匹配的格式实现一组数的输入
cin >>a[N];	a[N]是数组最后一个元素的下一个内存单元。向数组之外的内存写数据,会带来不安全的后果
for(int i=0;i<N; i++) 　　cin >>a[N];	循环 N 次向数组外面的内存写数据,会带来不安全的后果

可以将输入与输出等功能定义成函数,以方便使用。

6.2 一维数组与函数

数组在内存中是一块连续的内存,因此作为函数的形参时与普通变量不同。

6.2.1 一维数组作为函数的形参

一维数组作为函数的形参时,至少要有两个参数:一是数组的形参定义,与声明数组类似,但是不用写长度,例如 int a[] 表示形参是一个包含若干个 int 型元素的数组;二是数组的长度定义,是一个 int 型变量。

例如,将一维数组的输出封装成 Output 函数,函数声明如下:

```
void Output(int a[], int n);
```

其功能是输出 int 型数组下标为 0~n-1 的元素的值。

Output()函数的定义如下:

```
void Output(int a[], int n)
{
    for( int i=0; i<n; i++)        //用形参 n,不要用实参 N(数组长度)
        cout <<a[i] <<" ";         //或 printf("%d ", a[i]);
    cout <<endl;                   //数组元素用空格分开,输出一行后加回车符
}
```

函数调用语句如下:

```
int a[5]={1,2,3,4,5};
Output(a,5);
```

【例 6-2】 修改例 6-1,定义 3 个函数,分别实现输入、输出一组学生的年龄以及计算平均年龄。主函数定义数组,调用函数实现功能。

算法分析:在主函数中定义实际的数组,然后调用自定义函数实现数组的元素输入、处理(求平均年龄)的功能。

代码如下:

```
#include <iostream>
using namespace std;
const int N=30;
void Input(int a[], int n);
void Output(int a[], int n);
double Avg(int a[], int n);
int main()
{
    int age[N];                    //定义一个能存储 N 个整数的数组保存年龄
    int n;                         //班级实际人数
```

```
        cout << "输入班级人数 (< " << N << ") : ";
        cin >> n;
        cout << "输入 " << n << "位同学的年龄: ";
        Input(age, n);
        cout << n << "位同学的年龄为:\n";
        Output(age, n);
        double avg = Avg(age, n);      //求平均年龄
        cout << n << "位同学的平均年龄是: " << avg << endl;
        return 0;
}
void Input(int a[], int n)
{
        for(int i = 0; i < n; i++)        //用形参 n, 不要用实参 N
            cin >> a[i];                  //或 scanf("%d", &a[i]);
}
void Output(int a[], int n)
{
        for(int i = 0; i < n; i++)        //用形参 n, 不要用实参 N
            cout << a[i] << " ";          //或 printf("%d", a[i]);
        cout << endl;
}
double Avg(int a[], int n)
{
        int sum = 0;
        for(int i = 0; i < n; i++)
            sum += a[i];
        double avg = 1.0 * sum / n;    //求平均年龄
        return avg;
}
```

运行结果为

```
输入班级人数 (< 30) : 5
输入 5 位同学的年龄: 19 18 19 20 20
5 位同学的年龄为: 19 18 19 20 20
5 位同学的平均年龄是: 19.2
```

【例 6-3】 形参数组与实参数组的内存大小。

阅读下面的代码:

```
# include <iostream>
using namespace std;
const int N = 5;
void Output(int a[], int n);
int main()
{
        int a[N] = {1, 2, 3, 4, 5};
        Output(a, N);
```

```
        cout <<"实参 a 的内存大小是" <<sizeof(a) <<"字节\n";
        return 0;
}
void Output(int a[], int n)
{
        for(int i=0; i<n; i++)          //用形参 n,不要用实参 N
            cout <<a[i] <<" ";          //或 printf("%d ", a[i]);
        cout <<endl;                    //数组元素用空格分开,输出一行后加回车符
        cout <<"形参 a 的内存大小是" <<sizeof(a) <<"字节\n";
}
```

运行结果为

```
1 2 3 4 5
形参 a 的内存大小是 4 字节
实参 a 的内存大小是 20 字节
```

实参数组 a 是由 5 个 int 型元素组成的,会被分配 5 * sizeof(int)字节,即 20B。而形参 a 接收的是实参 a 的地址,是指针变量,指针变量在 32 位计算机中会被分配 4B,在 64 位计算机中分配 8B。因此形参数组分配的只是一个地址,并不是一个实际的数组,形参数组通过地址间接访问实参数组的内存空间。

*6.2.2　函数的址传递

使用数组作为参数和使用简单变量作为参数有很大的区别。使用简单变量作为参数是值的传递;而数组作为参数时,是将数组首元素的内存地址传递给函数的形参,因此函数内部的形参通过实参的首元素地址和下标找到实参的元素,这就是地址引用。地址在计算机中又称为指针,形参是保存地址的变量,也称为指针变量。

函数定义内部修改形参数组的元素值,实际上修改的是实参数组的值。例如,在例 6-2 的 Input 函数中,cin >> a[i]是将用户输入值依次输入形参数组的第 i 个元素(0≤i <n),而形参数组 a 是一个指针变量,记录的是实参数组 age 的首地址,因此值被写入 main 函数中定义的数组 age 中。

【例 6-4】　函数传参的址传递示例。修改例 6-2 的 main 函数,在 Input 函数调用之前和 Input 函数调用之后分别输出数组的值,观察实参数组的变化。

修改例 6-2 的 main 函数,其他不变。源代码如下:

```
#include <iostream>
using namespace std;
const int N=30;
void Input ( int a[], int n);
void Output(int a[], int n);
double Avg ( int a[], int n);
int main()
{
        int age[N];                     //定义一个能存储 N 个整数的数组保存年龄
```

```
        int n;                        //班级实际人数
        cout << "输入班级人数(<" << N << "): ";
        cin >> n;
        cout << n << "位同学的年龄为:\n";
        Output(age,n);
        cout << "输入" << n << "位同学的年龄: ";
        Input(age,n);
        cout << n << "位同学的年龄为:\n";
        Output(age,n);
        double avg = Avg(age, n);     //求平均年龄
        cout << n << "位同学的平均年龄是: " << avg << endl;
        return 0;
    }
    void Input(int a[], int n)
    {
        for( int i = 0; i < n; i++)    //用形参 n,不要用实参 N
            cin >> a[i];               //或 scanf("%d", &a[i]);
    }
    void Output(int a[], int n)
    {
        for(int i=0; i<n; i++)         //用形参 n,不要用实参 N
            cout << a[i] << " ";       //或 printf("%d", a[i]);
        cout << endl;
    }
    double Avg(int a[], int n)
    {
        int sum = 0;
        for(int i = 0; i < n; i++)
            sum += a[i];
        double avg = 1.0 * sum / n;    //求平均年龄
        return avg;
    }
```

运行结果为

输入班级人数(<30): 5
学生年龄为:
1509216 0 14090238 0 1512304
输入 5 位同学的年龄: 19 18 19 20 20
学生年龄为:
19 18 19 20 20
5 位同学的平均年龄是: 19.2

调用 Input 函数的过程中形参数组与实参数组的内存分配如图 6-2 所示。

【例 6-5】 修改例 6-2 的主函数,实现数组部分元素的传参实例。

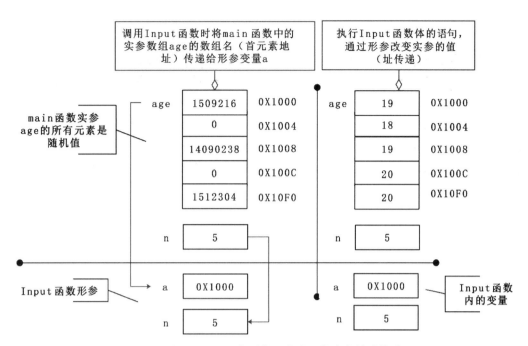

图 6-2　调用 Input 函数时数组作为函数参数的址传递

形参是数组时,一般第一个实参是数组名,第二个实参是数组的实际长度 n,表示从数组首元素开始操作所有的值。实参也可以是数组中的任何一个地址,形参数组从实参地址开始,访问实参的 n 个元素。

修改例 6-2 的主函数如下:

```
int main()
{
    int age[N];                      //定义一个能存储 N 个整数的数组保存年龄
    int n;                           //班级实际人数
    cout <<"输入班级人数(<" <<N <<"): ";
    cin >>n;
    cout <<"输入"<<n<<"位同学的年龄:";
    Input(age,n);
    cout <<n-2 <<"位同学的年龄为:\n";
    Output(age+1,n-2);               //输出数组的值,不包括首尾元素
    double avg =Avg(age+1, n-2);     //去掉第一个和最后一个同学的年龄,求平均年龄
    cout <<n-2 <<"位同学的平均年龄是: " <<avg <<endl;
    return 0;
}
```

运行结果为

输入班级人数(<30): 5
输入 5 位同学的年龄: 19 18 19 20 20
3 位同学的年龄为:

18 19 20
3 位同学的平均年龄是：19

说明：去掉首尾元素，数组长度 n 要减 2，从第二个元素开始输出，即 &age[0]+1（age[0]元素的地址），数组名 age 就是 &age[0]，因此实参写成 age+1，也可以写成 &age[1]或 &age[0]+1。

如果不希望在函数内部修改数组，则在自定义函数的声明和函数定义头部为形参数组加上 const 修饰符。例如，Output 函数的功能是输出数组所有元素的值，为了防止函数内部对数组元素的修改，在 Output 函数的声明和定义头部分别为数组增加 const 修饰符，函数调用表达式不变：

```
void Output(const int a[], int n);
```

函数定义的代码如下：

```
void Output(const int a[], int n)
{
    for(int i=0; i<n; i++)           //用形参 n,不要用实参 N
        cout <<a[i] <<" ";          //或 printf("%d", a[i]);
    cout <<endl;
}
```

如果在增加 const 修饰形参变量的 Output 函数定义中增加一条语句：a[0]=0;，试图修改形参数组 a 的元素的值，编译时会出现错误，提示信息为

```
[Error] assignment of read-only location '* a'
```

形参的定义 int a[]还可以有另一种形式：int * a，两者等价。详见第 10 章中关于指针的介绍。

形参的数组元素的数据类型必须与实参数组的数据类型相同。因为形参是通过地址的值访问实参的数组元素，地址+1 指的是地址+1 * sizeof(数组元素的数据类型)，计算机中不同数据类型的内存大小及存储方式不同，因此必须保证两者采用相同的数据类型。例如，本例中自定义的 Input、Output、Avg 函数都是对 int 型一维数组的处理，如果将 main 函数的实参数组 age 修改为 double 型元素，即 double age[N];，则函数调用时会出现编译错误。

一维数组作为函数形参时常见的错误提示信息及原因如表 6-2 所示。

表 6-2 一维数组作为函数形参时常见的错误提示及原因

错误提示	错误原因
[Error] cannot convert 'double * ' to 'int * ' for argument '1' to 'void Output(int *, int)'	int * 表示指向 int 型元素的指针变量，说明实参数组与形参数组的数据类型不同。应修改任何一方的数据类型，使两者一致
[Error] invalid conversion from 'int * ' to 'int' [-fpermissive]	形参定义时未写[]，不是数组。函数声明与定义时形参的长度不写，但是[]不能省略

错 误 提 示	错 误 原 因
[Error] invalid conversion from 'int' to 'int * ' [-fpermissive]	实参是整数而不是数组。函数调用时,实参是地址,一般是数组名,不要写[下标]
[Error] expected primary - expression before 'int'	实参调用错误。实参写数组名,不要写数组定义

6.2.3　陷阱:数组越界问题

数组操作时,实际上是通过地址(指针)访问数组元素的内存空间。数组名是首元素地址,地址值加 1 就是加 sizeof(数据类型)个字节。如果数组长度为 n,数组名＋(n－1) * sizeof(数据类型)就已经到了数组的末尾;如果再继续加 1,就会访问数组之外的内存空间,如果外界的内存被其他变量所占用,就会意外地改写其他变量的值,如果要改写的是系统专用的内存空间,则会造成程序意外中止。例如:

```
int a[5];
a[5]=10;        //错误,数组越界,运行时会将 10 写到数组最后一个元素的下一个内存单元中
```

因此,在进行数组操作时,一定要切记数组的实际长度,可以增加限定条件来判断数组是否已满、是否访问越界等,不要访问数组之外的内存空间。

C++ 提供了数组类或 Vector 容器来实现数组的功能,允许动态分配内存,使数组操作更安全。

6.3　实用知识:一维数组的实用算法

在数学应用中经常会计算一组数据的平均值、最大值、最小值、中值、方差、标准差等,一组数据的经典算法还包括查找、排序等。可以将常用的功能写成函数封装保存,方便应用时反复使用。

6.3.1　中值与方差(标准差)计算

6.3.1.1　中值函数

中值是一组有序数值排在中间位置的值。如这些数是奇数个,则中值是中间的数;如果这些数是偶数个,则中值是中间两个数的平均值。例如:

```
double a[5]={1,2,3,4,5};        //中值是 a[2],即 3
double b[6]={1,2,3,4,5,6};      //中值是 (b[2]+b[3])/2,即 (3+4)/2=3.5
```

【例 6-6】　自定义函数,求一组已排序数值的中值。

```
double Median(double a[], int n)
{
    int mid = ( n - 1 ) / 2;        //一组数中间元素的下标
```

```
    if ( n % 2 != 0 )                      //如果有奇数个
        return a[mid];
    else      //否则有偶数个
        return ( a[mid] + a[mid+1] ) / 2.0;
}
```

6.3.1.2 方差函数

方差是各个数据分别与其算术平均数之差的平方的和的平均数。在概率论和统计学中,一个随机变量的方差描述的是它的离散程度。若一组数的取值比较集中,则方差较小;反之,如果取值比较分散,则方差较大。

【例 6-7】 自定义函数,求一组数据的方差。主函数测试数据。

```
# include <iostream>
using namespace std;
const int N = 6 ;
double Median(const double a[], int n);
double AvgNum(const double a[], int n);
double Variance(const double a[], int n);
int main()
{
    double a[N] = { 10, 12, 15, 35, 25, 28 };
    cout << "平均值: " << AvgNum(a, N) << endl;
    cout << "方差: " << Variance(a, N) << endl;
    cout << "前 3 个数的方差: " << Variance(a, 3) << endl;
    return 0;
}
double Median(const double a[], int n)
{
    int mid = n/2;
    if(n % 2 != 0)                        //n 是奇数
        return a[mid];
    else
        return(a[mid-1] + a[mid]) / 2.0;
}
double Variance(const double a[],int n)
{
    double sum = 0 ;
    double avg = AvgNum(a, n);
    for(int i = 0; i < n; i++)
    {
        sum += ( a[i] - avg ) *  ( a[i] - avg ) ;
    }
```

```
        return sum/n;
}
double AvgNum(const double a[],int n)
{
        double sum = 0 ;
        for(int i=0; i<n; i++)
                sum += a[i];
        double avg = sum / n;
        return avg;
}
```

6.3.2　返回数组的最大值/最小值及下标

最大值与最小值的算法相同,只是判断大小的符号不一样。

以最大值为例。假设数组 a 有 n 个元素,声明一个变量 iMax,初始值是数组的第一个元素的下标 0。定义循环变量 i,用于循环访问数组的其余元素(1≤i<n),如果 a[i] 值比 a[iMax] 的值更大,修改 iMax 值为 i。循环结束后,iMax 就是数组最大值所在的下标,a[iMax] 就是数组的最大值。

【例 6-8】　自定义函数,求一组数的最大值和最小值及其下标。

算法分析:一个函数只能有一个返回值,因此要设计两个函数——Max 和 Min。由于通过下标就能找到元素的值,因此 Max 和 Min 函数定义为返回最大或最小值的下标。

源代码如下:

```
#include <iostream>
using namespace std;
const int N = 5 ;
int MaxIndex(double a[], int n);
int MinIndex(double a[], int n);
int main()
{
        double a[N]={3,1,2,5,4};
        int iMax = MaxIndex (a, N );
        int iMin = MinIndex (a, N);
        cout << "最大值是: " << a[iMax] << ",下标是: " << iMax << endl;
        cout << "最小值是: " << a[iMin] << ",下标是: " << iMin << endl;
        return 0;
}
int MaxIndex(double a[], int n)
{
        int iMax = 0;
        for(int i=1; i<n; i++)
                if(a[i] > a[iMax])
                        iMax = i;
```

```
        return iMax;
    }
    int MinIndex(double a[], int n)
    {
        int iMin = 0;
        for(int i=1; i<n; i++)
            if(a[i] < a[iMin])
                iMin = i;
        return iMin;
    }
```

运行结果如下：

最大值是：5,下标是：3
最小值是：1,下标是：1

再看另一种写法。如果要在一个函数中同时得到最大值与最小值的下标，可以考虑使用引用型形参。代码如下：

```
# include <iostream>
using namespace std;
const int N = 5;
void MaxMinIndex(double a[], int n,int &iMax, int &iMin);
int MinIndex(double a[], int n) ;
int main()
{
    double a[N]= {3,1,2,5,4};
    int iMax, iMin;
    MaxMinIndex(a,N,iMax,iMin);
    cout << "最大值是：" << a[iMax] << ",下标是：" << iMax << endl;
    cout << "最小值是：" << a[iMin] << ",下标是：" << iMin << endl;
    return 0;
}
void MaxMinIndex(double a[], int n,int &iMax, int &iMin)
{
    iMax = iMin = 0;
    for(int i=1; i<n; i++)
    {
        if(a[i] > a[iMax])
            iMax = i;
        if(a[i] < a[iMin])
            iMin = i;
    }
}
```

6.3.3 顺序查找与折半查找

6.3.3.1 顺序查找法

顺序查找是一种常见的查找算法,对数组没有任何要求。从数组的起始元素到末尾元素逐个数据判断,如果与查找的数据相同,查找结束;如果全部数据都没有发现与查找值相同的元素,则没有找到。算法比较简单,可参照例 5-6 求素数的算法实现。

【例 6-9】 自定义查找函数——顺序查找法。

```cpp
#include <iostream>
using namespace std;
const int N = 5 ;
int Search(int a[], int n, int key);         //key 是要查找的值
int main()
{
    int a[N]={3,1,2,5,4};
    int key =2;
    int index =Search(a,N,key);
    if(index>=0)
        cout <<"找到了,下标是: " <<index;
    else
        cout <<"没有找到";
    return 0;
}
int Search(int a[], int n, int key)          //key 是要查找的值
{
    int i;
    for(i =0; i<n; i++)
        if(a[i] ==key)
            break;
        if(i <n)
            return i;
        else
            return -1;
}
```

运行结果为

找到了,下标是: 2

6.3.3.2 折半查找法

折半查找是对有序列表常见的查找算法。假设一组数据由小到大排序,折半查找的思路是:判断有序列表的中间位置的数值与要查找的数值的关系。如果二者相等,说明

找到了,查找结束;如果前者大于后者,则说明要找的数据在有序列表的前半段,否则说明该数在有序列表的后半段。

假如有一组数据：int a[6]＝{1,2,3,4,5,6};。设开始查找时的起点为 first＝0,终点为 last＝5(数组元素的最大下标是数组长度－1),则中间位置的下标为 mid＝(first＋last)/2＝2。

若要查找的数为 5,则第一次 mid＝2,对应的元素是 a[2]＝3<5,说明要查找的数在数组的后半段。修改起点为 first＝mid＋1＝3,last 不变,则 mid＝(3＋5)/2＝4。a[4]＝5,找到。

若要查找的数为 7,则 a[4]＝5<7,重复上述过程。first＝mid＋1＝5, mid＝(5＋5)/2＝5, a[5]＝6<7,first＝mid＋1＝6,由于 first>last,不可能,说明数组中不存在数 7。

【例 6-10】　自定义折半查找函数,返回数组中第一次找到的指定数值的下标。如果没有找到,返回－1。

```c
int BiSearch(const double a[],int n,double x)
{
    int first=0,last=n-1;
    int mid=-1;
    while(first<=last)
    {
        mid=first+(last-first)/2;
        if(a[mid]>x)                       //在前半段
            last=mid-1;
        else if(a[mid]<x)                  //在后半段
            first=mid+1;
        else                               //找到了,结束查找
            break;
    }
    if(first<=last)                        //说明是通过 break 退出的循环,找到了
        return mid;
    else                                   //start>end,没找到
        return -1;
}
```

6.3.4　冒泡排序与选择排序

排序的算法比较多,经典的基本排序法有冒泡法、选择法、插入法等。以生成非降序序列为例,冒泡法是每趟排序时两两交换,将最大的交换到未排序序列中的最后一个;选择法是每趟排序时找到未排序序列的最小值放到第一个位置;插入法是每趟排序时将未排序序列的第一个值插入已排序序列中。

下面通过实例介绍冒泡排序和选择排序。

6.3.4.1　冒泡排序

以生成非降序序列为例,冒泡法是每趟排序时两两交换,将最大的交换到未排序序列中的最后一个。

例如,有数组 int a[4]={2,8,5,4};,则要经过 3 趟排序。

第 1 趟排序:a[0]<a[1],两者不交换;a[1]>a[2],两者交换;a[2]>a[3],两者交换。经过 3 次两两比较后,数值 8 被交换到未排序序列的最后一个。数组 a 序列变为{2,5,4,8}。序列分为两部分,{2,5,4}是未排序序列,{8}是已排序序列。

第 2 趟排序:a[0]<a[1],两者不交换;a[1]>a[2],两者交换。经过两次两两比较后,5 被交换到未排序序列的最后一个,即倒数第二个位置。数组 a 序列变为{2,4,5,8}。未排序序列为{2,4}。

第 3 趟排序:a[0]<a[1],两者不交换。经过一次两两比较后,数值 4 排在倒数第 3 个位置。未排序序列只剩一个数 2,排序结束。数组 a 排序后为{2,4,5,8}。未排序序列为{2},排序结束。

有 N 个元素的数组,经过 N−1 趟排序后数组有序。在每趟排序中,数组元素两两比较后,将较大数移到后面。每趟排序后,待排序的数据元素个数减 1。

【例 6-11】　已知一组数值：10,12,15,35,25,28,利用冒泡法排序后输出。

```cpp
#include <iostream>
using namespace std;
const int N=6;
void BubbleSort(double a[],int n);
void PrintArray(const double a[],const int n);
int main()
{
    double a[N]={10,12,15,35,25,28};
    BubbleSort(a,N);
    PrintArray(a,N);
    return 0;
}
void BubbleSort(double a[],int n)
{
    for(int j=1; j<n; j++)                  //进行 n-1 趟排序
    {
        for(int i=0; i<n-j; i++)            //每趟排序的数据元素个数
        {
            if(a[i]>a[i+1])                 // 判断是否交换
                swap(a[i],a[i+1]);          //调用系统 swap 函数交换 a[i]与 a[i+1]
        }
    }
}
void PrintArray(const double a[],const int n)
```

```
{
    for(int i=0;i<n;i++)
        cout<<a[i]<<" ";
    cout<<endl;
}
```

6.3.4.2　选择排序

以生成非降序序列为例,选择法是找到未排序序列的最小值的下标,将最小值与未排序序列中的第一个交换,然后对其余未排序序列继续找最小值下标和交换到序列头部,直到未排序序列剩余 1 个为止。

例如,有数组 int a[4]={2,8,5,4};,则要经过 3 趟排序。

第 1 趟排序:最小值 2(下标为 0)无须交换。已排序序列为{1},未排序序列为{8,5,4}。

第 2 趟排序:未排序序列中的最小值 4(下标为 2)不是未排序序列的第一个,8 与 4 交换(a[1]与 a[3]交换)。已排序序列为{2,4},未排序序列为{5,8}。

第 3 趟排序:未排序序列中的最小值 5 是未排序序列的第一个,5 与 8 不交换。已排序序列为{2,4,5},未排序序列为{8},排序结束。

有 N 个元素的数组,经过 N-1 趟排序后数组有序。在每趟排序中,找到未排序部分的数组元素最小值,若其下标不是未排序序列的第一个,就与未排序序列的第一个元素交换。每趟排序后,未排序的数据元素个数减 1。

【例 6-12】　自定义函数——一维数组的选择排序。

```
void SelectSort(double a[],int n)
{
    for(int i =0; i <n-1; i++)              //进行 n-1 趟排序
    {
        int k =i;                          //最小值下标 k
        for(int j =i+1 ; j <n ; j++)
            if(a[j] <a[k])
                k =j;
        if(k !=i)                          //k 不是未排序序列的第一个,交换
            swap(a[i],a[k]);
    }
}
```

6.4　二维数组与多维数组

一行数据使用一维数组来表示,二维表格数据使用二维数组来表示,三维空间数据使用三维数组来表示,以此类推。可以定义多维数组。

6.4.1　二维数组的定义与存储

6.4.1.1　二维数组的定义

二维数组的定义方式与一维数组类似,要给出数据类型、数组名和数组长度。数组长度有两个维度:行长度和列长度。例如,int a[2][3];表明数组 a 由 2 行 3 列共 6 个数组元素组成,每个元素由两个下标确定,一个是行下标,另一个是列下标。行下标和列下标都从 0 开始计数。即 a[0][0]、a[0][1]、a[0][2]、a[1][0]、a[1][1]、a[1][2]。

int a[2][3];也可以理解为数组 a 包括两个元素:a[0]和 a[1],而 a[0]是由 3 个 int 型元素组成的一维数组,a[0]的 3 个元素分别是 a[0][0]、a[0][1]、a[0][2];a[1]与 a[0]类似,也包括 3 个元素,分别是 a[1][0]、a[1][1]、a[1][2]。

6.4.1.2　二维数组的存储

二维数组中的元素是逐行进行存储的。例如,int a[2][3];的内存地址分配如下:

a[0][0]	a[0][1]	a[0][2]	a[1][0]	a[1][1]	a[1][2]
a+0			a+1		

数组名 a 表示二维数组的首地址,a+0 表示一维数组 a[0]的首地址,即第一行元素的首地址;而 a+1 表示一维数组 a[1]的首地址,即第二行元素的首地址。a[0]+0 表示 a[0][0]的地址,a[0]+1 表示 a[0][1]的地址,a[0]+2 表示 a[0][2]的地址。

6.4.2　二维数组的初始化

初始化二维数组时,从 0 行 0 列开始逐行赋值。例如:

int a[2][3]={1,2,3,4,5,6};

如果初始化列表的数据不足,则未赋值的元素被初始化为 0。例如:

int a[2][3]={1,2,3};

则 a[0][0]=1,a[0][1]=2,a[0][2]=3,其余 3 个元素都是 0。

初始化时可以对每行元素加上大括号,更为清楚。例如:

int a[2][3]={{1,2,3},{4,5,6}};

如果表示行的大括号内的数据个数比列数小,则该行的其余元素赋值为 0。例如:

int a[2][3]={{1,2},{3}};

则 a[0][0]=1,a[0][1]=2,a[1][0]=3,其余 3 个元素都是 0。

二维数组初始化时可以省略行的长度,但是不能省略列的长度。例如:

int a[][3]={{1,2,3},{4,5,6}};

6.4.3 二维数组元素的使用

二维数组的元素是逐行存储的,每行有相同的列数,每行每列存储着相同数据类型的元素,例如 int a[3][4]表示存储了 3×4 个 int 型元素。访问每个 int 型元素时,一般用双层循环,例如外层循环控制行,内层循环控制每行的各列元素,实现逐行访问。也可以反过来,外层循环控制列,内层循环控制每列的各行元素,实现逐列访问。

【例 6-13】 输入一个班级(最多 35 人)所有学生的平时成绩和期末成绩,计算总分,最后输出所有学生的平时成绩、期末成绩和总分。

每个学生的总分计算公式为：总分＝平时成绩×50％＋期末成绩×50％。

算法分析：假设一个班级最多有 35 人,定义一个二维数组,每行是一位学生的成绩,则行数不超过 35,每行包括 3 列：总分、平时成绩、期末成绩。

首先由用户输入班级人数,然后根据人数输入每位学生的平时成绩和期末成绩,同时计算出总分,保存到该行的第 0 列。最后按行输出所有学生的全部成绩。

源代码如下：

```cpp
#include <iostream>
#include <iomanip>
using namespace std;
const int N=35;                          //班级人数
const int M=3;                           //定义列数
int main()
{
    double score[N][M];                  //3 列：总分、平时成绩、期末成绩
    int nClassNum;                       //班级实际人数
    cout<<"班级的人数是(0~35): ";
    cin>>nClassNum;
    cout<<"学生平时成绩和期末成绩(以空格分隔):\n";
    for(int i=0;i<nClassNum; i++)
    {
        cout<<i+1<<": ";
        cin >> score[i][1] >>score[i][2];        //输入平时成绩、期末成绩
        score[i][0]=score[i][1] * 0.5 +score[i][2] * 0.5;   //计算总分
    }
    cout<<"所有学生的最终成绩是:\n";
    cout<<"总分      平时      期末 \n";
    //输出二维数组
    for(int i=0;i<n;i++)
    {
        for(int j=0;j<m;j++)
            cout <<setw(10) <<a[i][j] <<" ";
        cout <<"\n";
```

```
        }
        return 0;
}
```

运行示例如下：

班级的人数是(0～35)：3

学生平时成绩和期末成绩(以空格分隔)：

1：85 90

2：75 85

3：95 98

所有学生的最终成绩是：

总分	平时	期末
87.5	85	90
80	75	85
96.5	95	98

为了保持效果整齐和易读，使用 iomanip 库文件中的 setw 函数控制每个数值输出宽度为 10 位，不足 10 位时左边补空格，右对齐。

注意：函数声明和函数定义时，若二维数组作为函数参数，第二维的列长度不可以省略。函数调用时，实参仍旧是数组名。

*6.4.4 二维数组与函数

二维数组作为函数的形参时，要注意二维数组的首地址＋1 是加一行元素的内存空间大小，因此至少要有 3 个参数：第一个形参是数组的形参定义，与声明二维数组类似，不用写行的长度，但列长度必须与实参相同；第二个形参是二维数组实际数据的行数；第三个形参是二维数组实际数据的列数。例如，fun 函数的声明如下：

```
const int N=10;
const int M=5;
void fun(int a[][M], int n, int m);
```

则调用 fun 函数时，实参可以是一个 n 行(n≤N)m 列(m≤M)的二维数组。

【**例 6-14**】 自定义一个由若干行、4 列组成的二维数组的输入与输出函数。

二维数组作为函数的形参时，列长度必须是确定的并且与实参值完全相同，行数不指定，数组＋1 加的是一行元素的内存空间大小。

程序如下：

```
#include <iostream>
using namespace std;
const int N =5;
const int M =10;
void Input(int a[][M], int n, int m);
void Output(int a[][M], int n, int m);
int main()
```

```
    {
        int a[N][M];
        int row,col;
        cout <<"请输入二维数组的行数 (" <<N <<")与列数 (" <<M <<") :\n";
        cin >> row >> col;
        cout <<"请输入" << row <<"行" << col <<"列个数:\n";
        Input(a,row,col);
                                //二维数组的实参是数组名,传递的是首元素 (第一行)地址
        cout <<"数组为:\n";
        Output(a,row,col);
        return 0;
    }
    void Input(int a[][M], int n, int m)    //二维数组形参的列长度必须指定且与实参相同
    {
        for(int i=0; i<n; i++)
            for(int j=0; j<m; j++)
                cin >>a[i][j];        //址传递,修改的是实参的值
    }
        void Output(int a[][M], int n, int m)
                                //二维数组形参的列长度必须指定且与实参相同
        {
            for(int i=0; i<n; i++)
            {
                for(int j=0; j<m; j++)
                    cout <<a[i][j] <<"\t";        //址传递,读取的是实参的值
                cout <<endl;
            }
        }
```

运行示例如下:

请输入二维数组的行数 (5)与列数 (10):
3 4
请输入 3 行 4 列个数:
1 3 5 8
2 4 9 6
3 6 8 2
数组为:
1   3   5   8
2   4   9   6
3   6   8   2

二维数组作为函数的参数时常见的错误提示及原因如表 6-3 所示。

表 6-3　二维数组作为函数的参数时常见的错误提示及原因

错 误 提 示	错 误 原 因
[Error] declaration of 'a' as multidimensional array must have bounds for all dimensions except the first	编译错误,声明二维数组时,形参未写行长度
[Error] cannot convert 'int（∗）[10]' to 'int（∗）[3]' for argument '1' to 'void Input(int（∗）[3], int, int)'	编译错误,声明二维数组时,形参的行长度与实参数组的行长度不同
undefined reference to `Input(int（∗）[10], int, int)'	连接错误,声明与定义二维数组的形参的行长度不同

*6.4.5　多维数组

类似于二维数组,可以定义三维、四维数组,定义形式类似。例如:

```
int a[3][4][3];
```

声明一个三维数组 a,包括 3 个元素 a[0]、a[1]、a[2];每个元素是一个二维数组,如 a[0] 包括 4 个元素 a[0][0]、a[0][1]、a[0][2]、a[0][3];而每个元素是一个由 3 个 int 型元素组成的一维数组,如 a[0][0] 有 3 个元素 a[0][0][0]、a[0][0][1]、a[0][0][2]。类似于二维数组,多维数组的元素的存储顺序是:首先是 a[0] 的 4×3 个元素,即 a[0][0][0]、a[0][0][1]、a[0][0][2]、a[0][1][0]、a[0][1][1]、a[0][1][2]、a[0][2][0]、a[0][2][1]、a[0][2][2]、a[0][3][0]、a[0][3][1]、a[0][3][2];然后是 a[1] 的 12 个元素;最后是 a[1] 的 12 个元素。如果是更多维的数组,用类似的方法定义和存储。

多维数组作为函数参数时,只有第一个长度允许省略,从第二维开始的各维长度不能省略。

6.5　数组综合应用实例

6.5.1　实现购物菜单的结账子功能

【例 6-15】　实现例 5-16 的购物子功能,用户选择输入水果及蔬菜的重量,按照系统内部定义的单价计算应付金额,多次选择时累加应付金额。

算法分析:要实现购物结账功能,应记录用户购买商品的重量以及卖场规定的单价,结账时应付金额累加。

定义一个数组存放商品的单价,假定有 5 种水果和 3 种蔬菜,按顺序存放单价并保存到一维数组中。定义一个数组存放用户购买的商品的数量。两个数组的下标一一对应,初始值全部为 0,表示用户购物车为空。调用函数分别实现购买水果和蔬菜的功能,将用户输入的重量依次累加,写入对应下标的元素中(如果用户多次选择菜单购买同类商品,应将重量累加)。

代码如下:

```
#include <iostream>
```

```cpp
using namespace std;
const int N=5;                              //水果的数量
const int M=3;                              //蔬菜的数量
void fun1(double w[],int n);                //菜单项 1 的功能
void fun2(double w[], int n);               //菜单项 2 的功能
void fun3(double w[], double u[], int n);   //结账
void InputAdd(double a[], int n);
int menu();                                 //显示菜单并返回用户选择的菜单项序号
int main()
{
    double weight[N+M]={0};                 //用户购买的 5 种水果的重量
    double unit[N+M]={5,8,3.5,4.99,10,      //5 种水果(苹果、梨、香蕉、石榴、葡萄)单价
                     1.5,2.8,0.9};          //3 种蔬菜(黄瓜、西红柿、土豆)单价
    int choice =-1;                         //初始化序号为-1
    while(1)                                //也可写成 while(true)或 while()
    {
        choice =menu();                     //调用 menu 函数得到用户输入的菜单项序号
        cout << "你选择了" << choice << endl;
        if(choice ==0)                      //如果序号是 0 就退出程序
        {
            cout << "退出程序";
            break;                          //或 return 0;
        }

        switch(choice)
        {
        case 1:
            fun1(weight,N); break;          //输入用户买 N 种水果的重量
        case 2:
            fun2(weight+N,M); break;        //输入用户买 M 种蔬菜的重量
        case 3:
            fun3(weight,unit,N+M); break;       //结账
        default:
            cout << "菜单输入错误\n";
        }
    }
    return 0;
}
int menu()
{
    cout << "************\n";
    cout << "1 购买水果  * \n";
    cout << "2 购买蔬菜  * \n";
    cout << "3 结账      * \n";
```

```cpp
        cout <<"0 退出       * \n";
        cout <<"************\n";
        cout <<"请输入 0～3 的整数: ";
        int key =-1;                //定义 key 的初始值为-1,如果 cin 未正确接收整数时会返回-1
        cin >>key;
        return key;
}
void fun1(double w[], int n)                //输入用户购买水果的重量
{
        cout <<"执行购买水果的功能……\n";
        cout <<"请依次输入购买的水果(苹果、梨、香蕉、石榴、葡萄)的重量(kg),";
        cout <<"没买输入 0:\n";
        InputAdd(w,n);
}
void fun2(double w[], int n)                //输入用户购买蔬菜的重量
{
        cout <<"执行购买蔬菜的功能……\n";
        cout <<"请依次输入购买的蔬菜(黄瓜、西红柿、土豆)的重量(kg),没买输入 0:\n";
        InputAdd(w,n);
}
void fun3(double w[], double u[], int n)     //结账
{
        cout <<"执行结账的功能……\n";
        cout <<"购买水果(苹果、梨、香蕉、石榴、葡萄)、"
             <<"蔬菜(黄瓜、西红柿、土豆)的单价及重量:\n";
        double cost =0;
        for(int i=0; i<n; i++)
            if(w[i]!=0)
            {
                cout <<i+1 <<"的单价: " <<u[i] <<"元,重量: " <<w[i] <<"kg\n";
                cost +=w[i] * u[i];
            }
        cout <<"您一共花费: " <<cost <<"元\n";
}
void InputAdd( double a[], int n )
{
        double val;
        for(int i =0; i <n; i++)                //用形参 n,不要用实参 N
        {
            cin >>val;                          //或 scanf("%d", &val]);
            a[i] +=val;                         //将输入的数据累加到数组中
        }
}
```

用户输入两次水果的重量和一次蔬菜的重量,结账时计算价格并输出,选择 0 退出

程序。

```
************
1 购买水果  *
2 购买蔬菜  *
3 结账     *
0 退出     *
************
请输入 0～3 的整数：1
你选择了 1
执行购买水果的功能……
请依次输入购买的水果 (苹果、梨、香蕉、石榴、葡萄) 的重量 (kg)，没买输入 0：
2 0 0 0 1
************
1 购买水果  *
2 购买蔬菜  *
3 结账     *
0 退出     *
************
请输入 0～3 的整数：2
你选择了 2
执行购买蔬菜的功能……
请依次输入购买的蔬菜 (黄瓜、西红柿、土豆) 的重量 (kg)，没买输入 0：
0 1.5 0
************
1 购买水果  *
2 购买蔬菜  *
3 结账     *
0 退出     *
************
请输入 0～3 的整数：3
你选择了 3
执行结账的功能……
购买水果 (苹果、梨、香蕉、石榴、葡萄)、蔬菜 (黄瓜、西红柿、土豆) 的单价及重量：
1 的单价：5 元，重量：2kg
5 的单价：10 元，重量：1kg
7 的单价：2.8 元，重量：1.5kg
您一共花费：24.2 元
************
1 购买水果  *
2 购买蔬菜  *
3 结账     *
0 退出     *
************
```

请输入 0～3 的整数：0
你选择了 0
退出程序

6.5.2 接收不定个数的整数

在前面的例子中，用户输入一组数据时，都是先输入个数，然后再输入指定个数的数据并保存。在实际应用中，经常让用户连续输入一组数据，直到结束为止。可以用两种方法解决这个问题。

方法一：预设一个结束值，用户连续输入一组数据，遇到指定的结束值结束。

【例 6-16】 连续输入一组学生的年龄（不超过 35），输入－1 表示结束。

算法分析：定义一个有 N（N＝30）个 double 型元素的一维数组，定义一个变量 n 记录数组的实际元素数量，初始值为 1。开始循环后，如果输入值是－1 或者已达到最大长度 N，循环结束，否则写入数据中；如果数组已写满，也停止写入。后面的程序中，可以使用变量 n 控制数组的输入、处理与输出等操作。

修改例 6-2 中的 Input 函数声明、定义和调用的部分代码如下：

```cpp
#include <iostream>
using namespace std;
const int N=30;
const int ENDAGE =-1;                  //输入年龄的结束值,年龄不可能小于 0
void Input(int a[], int &n ,int key);  //输入若干数据,遇 key 结束,修改 n 为实际长度
void Output(int a[], int n);
double Avg(int a[], int n);
int main()
{
    int age[N];                        //定义一个能存储 N 个整数的数组保存年龄
    int n =0 ;                         //班级实际人数,初始为 0
    cout <<"输入一组年龄(" <<ENDAGE <<"表示结束):\n";
    Input(age,n,ENDAGE);
    cout <<n <<"位同学的年龄为:\n";
    Output(age,n);
    double avg =Avg(age, n) ;          //求平均分
    cout <<n <<"位同学的平均年龄是: " <<avg <<endl;
    return 0;
}
void Input(int a[], int &n ,int key)
{
    while(1)
    {
        cin >>a[n];                    //向数组中写一个数
        if(a[n] !=key)                 //若不是结束值,数组长度+1
            n++;
```

```
            else                                //若是结束值,结束循环
                break;
        }
    }

    void Output(int a[], int n)
    {
        for(int i=0; i<n; i++)                  //用形参 n,不要用实参 N
            cout <<a[i] <<" ";                  //或 printf("%d", a[i]);
        cout <<endl;
    }

    double Avg(int a[], int n)
    {
        int sum =0;
        for(int i =0; i <n; i++)
            sum +=a[i];
        double avg =1.0 * sum / n;              //求平均年龄
        return avg;
    }
```

运行示例如下：

```
输入一组年龄(-1表示结束)：19 18 19 20 20 -1
5位同学的年龄为：
19 18 19 20 20
5位同学的平均年龄是：19.2
```

方法二：程序的安全性看,还需要增加数据输入错误的控制,如果输入的不是整数,则忽略输入内容,等待用户重新输入数据。

【**例 6-17**】 连续输入一组学生(不超过 35 人)的年龄(若输入非数值字符,会被忽略),直到遇到 EOF 结束。

说明：EOF 是文件结束符,在 Windows 中是 Ctrl＋Z 组合键,在 Linux 中是 Ctrl＋D 组合键。

改进 Input 函数,判断用户输入的值是否 EOF,如果遇到 EOF(cin.eof 返回值为真)则结束循环;如果接收值失败(输入的不是数值),则清除错误后重新等待输入;如果接收的是数值,则将其写入数组中并计数。循环结束后,返回数组及实际长度。

修改例 6-16 的 Input 函数,其他不变。

```
void Input ( int a[], int &n)
{
    while(1)
    {
        cin >>a[n];                             //向数组中写一个数
```

```
        if(cin.eof())                    //是否遇到输入结束,在 Windows 以 Ctrl+Z 组合键结束
            break;
        else if(cin.fail())                      //是否输入接收失败,如输入字符
        {
            cin.clear();
            cin.sync();
            continue;
        }
        else
            n++;
    }
}
```

运行示例如下:

输入一组年龄:
19
18 19 20 20
r
18
^Z
6 位同学的年龄为:
19 18 19 20 20 18
6 位同学的平均年龄是: 19

6.5.3　计算日平均温度与最大温差

在气象学中,通常用一天中 2 时、8 时、14 时和 20 时这 4 个时刻的气温的平均值作为一天的平均气温,结果保留一位小数,这样得出的结果就是日平均温度。

【例 6-18】　一个二维数组存储了每天 4 个时刻的温度。计算一周中每天的日平均温度与日温差(最高温度与最低温度之差),然后输出每天的日平均温度和日温差,并找出日温差最大的是本周的哪一天。

任务可以分解为求一维数组的平均值、最大值、最小值算法,难点是二维数组的行和一维数组的元素的对应。主要分解为一下几个任务:

(1) 定义一个一维数组存储二维数组每行的平均值(日平均温度),函数声明如下:

```
void Avg(int t[][M], int n, int m,double a[]);
```

(2) 定义一个一维数组存储二维数组每行的最大值与最小值的差(日温差),同时计算并返回一维数组的最大值(最大日温差),函数声明如下:

```
int Diff(int t[][M], int n, int m,int a[]);
```

(3) 输出一个 double 型一维数组(日平均温度)以及一个 int 型一维数组(日温差),

函数声明如下：

```
void Output(double a[],int n);
void Output(int a[],int n);
```

(4) 计算一维数组的最大值与最小值的下标，函数声明如下：

```
void MaxMinIndex(int a[], int n,int &iMax, int &iMin);
```

(5) 在主函数中定义一个二维数组，调用 Avg 函数得到日平均温度并输出；调用 Diff
函数得到日温差与最大温差并输出。

源程序如下：

```
# include <iostream>
# include <iomanip>
using namespace std;
const int N = 7;                        //一周 7 天,每天的 4 个温度占一行
const int M = 4;                        //每天 4 个时刻的温度
void Output(double a[],int n);
void Output(int a[],int n);
void Avg(int t[][M], int n, int m,double a[]);
void MaxMinIndex(int a[], int n,int &iMax, int &iMin);
int Diff(int t[][M], int n, int m,int a[]);

int main()
{
    int t[N][M] = { {20,19,22,21},{18,21,27,22},{19,23,25,22},
                    {17,21,26,23},{18,20,26,23},{15,18,25,21},
                    {24,29,35,31} };        //初始化一周 7 天的温度
    double avg[N];
    Avg(t,N,M,avg);

    cout <<"一周的日平均温度为:\n";
    cout <<"  日    一    二    三    四    五    六\n";
    Output(avg,N);
    int DayDiff[N];
    int index = Diff(t,N,M,DayDiff);
    cout <<"一周的日温差最大的是周" <<index
         <<",温差值是: " <<DayDiff[index] <<"\n";
    cout <<"每天的温差为: ";
    Output(DayDiff,N);
    return 0;
}
void Avg(int t[][M], int n, int m,double a[])
{
    for(int i=0; i<n; i++)
```

```
    {
        //每行的各列值求平均值,保存到一维数组中
        a[i] = 0;
        for(int j=0; j<m; j++)
            a[i] += t[i][j];
        a[i] /= m;
    }
}

//求日温差中的最大值
int Diff(int t[][M], int n, int m,int a[])    //数组 a[i]保存对应 t[i]行的温差
{   //首先找到每行的最大值和最小值,得到每天的温差
    //然后调用 MaxMinIndex 函数求出一组温差的最大值
    int iMaxDiff = 0;                         //最大温差的下标,初始值为 0
    for(int i=0; i<n; i++)
    {
        //求每天的温差,写到 a[i]中
        int iMax = 0,iMin=0;
        MaxMinIndex(t[i],m,iMax,iMin);        //第 i 行的一维数组中最大值与最小值的下标
        a[i] = t[i][iMax] - t[i][iMin];       //最大值减最小值,将得到的差写入 a[i]
        if(a[i] > a[iMaxDiff])
            iMaxDiff = i;
    }
    return iMaxDiff;
}
    // 求一维数组中的最大值与最小值的下标
void MaxMinIndex(int a[], int n,int &iMax, int &iMin)
{
    iMax = iMin = 0;
    for(int i=1; i<n; i++)
    {
        if(a[i] > a[iMax])
            iMax = i;
        if(a[i] < a[iMin])
            iMin = i;
    }
}
void Output(double a[],int n)                 //输出浮点型一维数组,小数点保留一位
{
    for(int i=0; i<n; i++)
        cout << fixed << setprecision(1) << setw(6) << a[i];
    cout << endl;
}
void Output(int a[],int n)                    //输出整型一维数组
```

```
{
    for(int i=0; i<n; i++)
        cout << setw(6) << a[i];
    cout << endl;
}
```

运行结果如下：

一周的日平均温度为：

日	一	二	三	四	五	六
20.5	22.0	22.2	21.8	21.8	19.8	29.8

一周的日温差最大的是周 6,温差值是：11

每天的温差为：

日	一	二	三	四	五	六
3	9	6	9	8	10	11

6.6　练习与思考

6-1　输出低于平均分的学生序号及成绩。

6-2　向一个有序数组（由小到大）中插入一个数据,使其仍然保持有序性。例如数组 a={1,3,5,7,9},插入 4 后的 a 是{1,3,4,5,7,9},数组长度加 1。如果数组空间已满,则无法插入。

【提示】数组可以初始化一些有序值。用户输入一个数值后,从数组最后一个值开始判断,如果输入值小于数组元素值,则将数组元素值复制到后一个位置（为存储输入值空出位置）,直到不满足条件为止（数组已到头部,或者输入值大于或等于数组元素值）,将输入值保存到该位置。

6-3　从一个有序数组（由小到大）中删除一个数据。例如数组 a={1,3,5,7,9},删除 3 后的 a 是{1,5,7,9},数组长度减 1。如果要删除的数据不在数组中,则数组不变。

【提示】利用查找算法找到要删除数据的位置,如果找到了,从该位置的下一个位置开始直到数组末尾,执行 a[i−1] = a[i] 运算,将元素前移一个位置。

6-4　以下面的形式输出 n 行（n≤10）杨辉三角。

```
1
1 1
1 2 1
1 3 3 1
1 4 6 4 1
```

【提示】定义一个 10×10 的二维数组 a,用变量 n 控制实际的行数和列数。首先初始化所有行的第 0 列和对角线的值为 1,如第 i 行的 a[i][0] = a[i][i] = 1。然后从下标 2（第 3 行）开始,为每列的第 1 到 i−1 列的元素赋值,如第 i 行第 j 列 a[i][j] = a[i−1][j−1] + a[i−1][j]。输出时只输出下三角矩阵。

6-5　若有语句 int a[8];,则下列对 a 的描述中正确的是（　　　　）。

A. 说明 a[8]是整型变量

B. 定义了一个数组 a,共有 9 个元素

C. 定义了一个名称为 a 的一维整型数组,共有 8 个元素

D. 以上 3 个答案均不正确

6-6　要定义一个具有 5 个整型元素的一维数组 arr,并初始化各元素的值依次为 30,20,−5,0,0,则下列定义语句中错误的是(　　)。

A. int arr[5]={30,20,−5};　　　　B. int arr[5]={30,20,−5,0,0};

C. int arr[]={30,20,−5};　　　　D. int arr[]={30,20,−5,0,0};

6-7　假设定义了数组 int a[10];,则数组 a 能访问的元素的下标范围是 0～9。一旦超过这个范围,如访问 a[10],可能会出现的情况不包括(　　)。

A. 编译不通过　　　　　　　　B. 运行正常

C. 运行显示意外值　　　　　　D. 运行时异常退出

6-8　已知自定义函数的原型声明如下:

```
int max(int a[],int n);
```

如果主函数中定义了数组 int arr[10];赋予初始值,则主函数中调用 max 函数语法正确的是(　　)。

A. int maxValue = max(a,10);　　　B. int maxValue = max(int a[],10);

C. int maxValue = max(arr,10);　　D. int maxValue = max(int arr[],10);

6-9　假设定义了数组 int a[10];,则程序中使用 a[10]=1;表示(　　)。

A. 将数组 a 的最后一个元素之后的空间赋值为 1,可能导致严重后果

B. 将数组 a 的第一个元素赋值为 1

C. 将数组的所有 10 个元素都赋值为 1

D. 将数组 a 的最后一个元素赋值为 1

6-10　下面对二维数组 x 的定义错误的是(　　)。

A. int x[][3] = {{0},{1},{1,2,3}};

B. int x[][3] = {0,1,2,3};

C. int x[3][3] = {{1,2,3},{1,2,3},{1,2,3}};

D. int x[3][] = {{1,2,3},{1,2,3},{1,2,3}};

6-11　若有说明:int a[][3]={1,2,3,4,5,6,7};,则 a 数组第一维的大小是____。

6-12　若二维数组 a 有 m 列,则在 a[i][j]前的元素个数为(　　)。

A. j * m+i　　　B. i * m+j+1　　　C. i * m+j−1　　　D. i * m+j

字符型数组与字符串处理

字符数组是指用来存放一组字符的数组。字符数组中的一个元素存放一个字符,每个数组元素在内存中占用 1 个字节。C 语言用字符数组来存储和处理字符串。C++ 语言可以用字符数组来存储和处理字符串,也可以使用 string 类型来操作字符串。本章介绍使用字符数组进行字符串处理的方法。

7.1 字符串常量

字符串常量是用一对双引号括起来的字符序列,如"hello"。在内存中会分配一组连续的内存单元,按顺序存放每个字符常量,末尾加上一个特定的结尾字符'\0'(ASCII 码值为 0)。例如,"hello"在内存中的字符存放顺序是'h','e','l','l','o','\0',共计 6 个字符,如下所示:

h	e	l	l	o	\0

7.2 字符数组的定义与初始化

7.2.1 字符数组的定义

定义字符数组的方法与定义数值型数组的方法相同,只是字符数组的类型名为 char。

其定义的一般形式是

```
char 数组名[数组长度];          // 一维字符数组定义
char 数组名[行长度][列长度];     //二维字符数组定义
```

例如:

```
char ch[10];                  //定义 ch 为一维字符数组,包含 10 个字符元素
char arr[5][10];              //定义 arr 为二维字符数组,包含了 50 个字符元素
```

字符串以'\0'为结尾,因此字符数组长度为实际字符个数加 1。例如字符数组 ch 是由 10 个字符组成的,因此最多能够存储 9 个字符和一个'\0'。

7.2.2　字符数组的初始化

字符数组的初始化与数值型数组的初始化没有本质区别,但字符数组除了可以逐个给数组元素赋予字符外,也可以直接用字符串对其初始化。

例如下面的初始化语句:

```
char str1[15]={'H','o','w',' ','a','r','e',' ','y','o','u'};
                                        //' '表示一个空格字符
char str2[]={'H','o','w',' ','a','r','e',' ','y','o','u','\0'};
char str3[]={"How are you"};              //或 char str3[]="How are you";
```

它们在内存中的存储情况如图 7-1 所示。

	0	1	2	3	4	5	6	7	8	9	10	11	12	13	14
str1	H	o	w		a	r	e		y	o	u	\0	\0	\0	\0

	0	1	2		4	5	6	7	8	9	10	11
str2	H	o	w		a	r	e		y	o	u	\0

	0	1	2		4	5	6	7	8	9	10	11
str3	H	o	w		a	r	e		y	o	u	\0

图 7-1　3 个字符数组在内存中的存储情况

str1 的长度为 15,初始化的值会依次赋值给字符数组的每一个元素,其余的值自动赋值为空(即'\0')。注意,定义数组时,数组长度必须大于或等于初始值长度,否则赋值将超出数组的边界,会发生不可预料的错误。

str2 和 str3 的数组长度根据初始化的值决定。如果使用字符常量初始化,最后一个元素一定是'\0',因为字符数组的输出是从字符数组首地址开始逐个字符数出,直到遇到'\0'为止。

类似地,可以使用字符常量或字符串定义和初始化一个二维字符数组。例如:

```
char diamond[5][6]={{' ',' ','*'},{' ','*',' ','*'},
{'*',' ',' ',' ','*'},{' ','*',' ','*'},{' ',' ','*'}};
```

或者

```
char diamond[5][6]={"  *"," * *","*   *"," * * "," *"};
```

用它代表一个由星号组成的菱形:

```
    *
  *   *
 *     *
  *   *
    *
```

7.2.3　陷阱:字符串使用＝和＝＝的问题

字符数组保存一组字符,即一个字符串。它不是基本数据类型,不能像字符变量一样直接使用＝赋值,也不能直接使用＝＝实现字符串的比较。

以下语句中的＝是初始化，是正确的：

```
char str3[ ] ="How are you";
```

但是下面的语句是错误的：

```
char str3[ ];
str3 ="How are you";              //错误,str3 是一个数组名,不能用一个字符串赋值
str3[12] ="How are you";          //错误,str3[12]是一个字符,不能用一个字符串赋值
```

类似地，要比较两个字符串是否相同，直接用＝＝也是错误的。例如：

```
str3=="How are you"              //语法错误
```

C 语言提供了字符串处理的标准库函数来实现字符数组的赋值与比较大小等功能，详见 7.5 节。

7.3　字符数组的输入和输出

字符数组的输入和输出可以与数值型数组一样，用循环语句将字符逐个输入到字符数组或将字符数组的各个元素逐个输出，在此不再赘述。本节主要讨论以字符串形式给字符数组赋值或输出的方式。

字符串由 0 个或多个字符组成，以'\0'为结束标记，因此只要知道字符串的首地址，就可以逐个找到所有字符，直到遇到'\0'。基于字符串的这个特点，可以一次性输入或输出一个字符数组。C 与 C++ 都提供了标准化的字符数组输入和输出函数。

7.3.1　用 C++ 的 cin 函数接收一个字符串

从键盘输入一个字符串，可以一次性传递给字符数组保存。其一般形式是

cin >> 字符数组名;

例如：

```
char ch[10];
cin >>ch;
```

使用 cin,可以让字符数组 ch 接收一个单词（因为 cin 用空格、回车或制表符表示数据之间的分隔）。由于定义字符数组的长度为 10，因此 ch 最多存放 9 个有效字符。

注意：只有字符数组才允许一次性接收其全部元素（字符），而数值型数组必须通过循环的方式依次接收每一个元素（数值）。

7.3.2　用 C++ 的 cin.getline 方法和 getline 函数接收一行字符

7.3.2.1　cin.getline 方法

如果要接收一个句子，即空格也是字符串中的有效字符，可以使用 cin 提供的 cin.getline 方法。其一般形式是

```
cin.getline(参数 1,参数 2,[参数 3]);
```

说明：

（1）参数 1 是字符数组名,用户输入的字符串将保存在以该字符数组名为首地址的数组中。

（2）参数 2 是字符数组的最大长度。注意,输入一旦越界,就会造成程序中止。

（3）参数 3 是字符串的结束符,默认值是'\n',cin.getline 遇到终止输入的结束符后结束读取,并不保存此结束符。

例如,以下的写法是正确的：

```
const int N=10;
char s[N];
cin.getline(s,N);                 //输入一行字符(包括空格,最多 N-1 个)到字符数组 s
cin.getline(s,N, '\n');           //等同于 cin.getline(s,N);
cin.getline(s,N, ' ');            //最多接收 N-1 个字符,遇空格 (' ')结束,等同于 cin
>>s;
```

* 7.3.2.2　getline 函数

getline 是包含在 std 命名空间的 string 类库文件中的函数,它将输入的一行写到 string 类型的字符串中,使用时需要包含 string 文件。

getline 函数有 3 个参数：第一个参数一般是 cin,表示从键盘接收值；第二个参数是一个 string 类型的变量(对象)；第三个参数默认是'\n',也可以指定结束符。

string 是 C++ 提供的一个处理字符串的类。在后面章节中有简要介绍。

7.3.3　用 C++ 的 cout 函数输出字符串

字符数组可以一次性输出,即无须通过循环逐字符输出。其一般形式为

cout <<字符数组名;

cout 输出时,从字符数组名对应的首地址开始,逐个字符输出,遇到第一个空字符'\0' 时认为字符串结束,停止输出。例如：

```
char s[80];
cin >>s;
cout <<s;                          // 输出数组 s 的所有字符直到'\0'为止。注意,不要写
cout <<s[80];
cout <<s+10;                       //从 s[10]元素的地址开始输出字符,直到遇到'\0'为止
```

* 7.3.4　用 C&C++ 的 gets 和 scanf 函数接收字符串

7.3.4.1　gets 函数

gets 函数是包含在 stdio.h(std 命名空间的 cstdio)中的函数,用于从键盘上接收字符,直到遇到'\n'或者 EOF 时结束,将所有字符写入实参组中。注意,字符个数若超过了字符

数组的长度会造成溢出（写到数组之外的内存中），可能会破坏其他变量的值，不安全。

参考代码如下：

```
#include <stdio.h>
                //C 包含的头文件,在 C++中可写成#include <cstdio>using namespace std;
int main()
{
    const int N =50;
    char s1[N];
    gets(s1);                //s1 接收一行字符,如果超出 N 个字符,会写到数组之外的内存中
    return 0;
}
```

7.3.4.2　scanf 函数

scanf 函数的格式字符串%s 接收一个字符串，当遇到空格与回车时结束。例如：

```
char s[80];
scanf("%s",s);           //%s 是字符串格式,参数列表中写字符数组名 s,即数组首元素地址
```

*7.3.5　用 C&C++ 的 puts 和 printf 函数输出字符串

7.3.5.1　puts 函数

puts 是包含在 stdio.h（std 命名空间的 cstdio）中的函数，作用是输出字符串。它从字符串的首元素开始输出，遇到'\0'时结束，最后输出换行符。例如：

```
char s[80];
puts(s);                     //输出数组 s 的所有字符,直到'\0'为止,注意不要写成
cout <<s[80];
puts(s+10);                  //从 s[10]元素的地址开始输出字符,直到遇到'\0'为止
```

7.3.5.2　printf 函数

printf 函数的格式字符串%s 输出一个字符串，从首地址开始逐个字符输出，遇到'\0'时结束，不输出换行符。例如执行下面的代码段：

```
char s[]="hello\0hi";
printf("%s",s);              //printf 函数输出了字符串 hello
```

7.4　字符数组与函数

7.4.1　字符数组作为函数的形参

与数值型数组一样，字符数组的元素下标从 0 开始。遍历字符数组时一般不需要利用数组长度，而是判断元素的值是不是'\0'。字符数组作为函数的参数时，一般只需要字

符数组形参变量即可,调用时,实参使用字符数组首地址或者字符串。

【例 7-1】　自定义函数,求字符串的长度(有效字符的个数)。

```
int length(char s[])
{
    int i;
    for(i =0 ; s[i] !='\0' ; i++)
        ;
    return i;
}
```

函数调用时,实参可以是字符数组名,也可以是字符串 s。例如:

```
char str[]="hello";
cout << length(str);
```

输出值是 5。

调用 length 函数时,将实参数组 str 的首地址传递给形参数组 s,即形参数组 s 的值也是实参数组 str 的首地址,因此 length 函数内部操作的是实参数组的内存空间。

如果执行 cout << length("abc");语句,编译时会出现警告错误:[Warning] deprecated conversion from string constant to ′char∗′ [-Wwrite-strings]″,因为在 C++中,"abc"是字符串常量,不能自动转换为字符数组。

一种解决办法是将实参"abc"强制转换为字符数组:

```
cout << length( (char ∗ )"abc" );
```

另一种解决办法是修改 length 函数的形参变量为 const 字符数组:

```
    int length(const char s[])
    {
        int i;
        for(i =0 ; s[i] !='\0' ; i++)
            ;
        return i;
    }
```

在实际应用中,如果函数中不修改字符数组内容,形参定义时最好加上 const 修饰符,以方便用户调用,并且避免不必要的内部修改。

【例 7-2】　比较两个字符串的大小。

比较两个字符串的大小,就是首先比较两个字符串的第一个字符的大小,如果相同继续比较下一个字符,直到相同位置的字符不同或者至少其中一个字符串已到最后一个字符为止,不同字符的 ASCII 码大小就是两个字符串的大小。例如,"hello"<"hi","hello">"Hello"。

代码如下:

```
#include <iostream>
using namespace std;
```

```
int Compare(char s1[], char s2[]);
int main()
{
    const int N =100;
    char s1[N], s2[N];
    cin >> s1 >> s2;                    //输入两个字符串,用空格换行符或制表符分隔
    int n =Compare(s1,s2);
    if ( n > 0 )
        cout << "s1>s2";
    else if(n==0)
        cout << "s1==s2";
    else
        cout << "s1<s2";
    return 0;
}
//比较两个字符串相同位置上的字符,若不相等就停止比较,返回对应字符的差值
int Compare(char s[],char t[])
{
    int i=0,j=0;
    for(; s[i] !='\0' && t[j] !='\0'; i++, j++)
    {
        if(s[i] !=t[j])
            break;
    }
    return s[i]-t[j];
}
```

图 7-2 至图 7-5 展示了几种 s 和 t 执行 return s[i]−t[j]的情况。

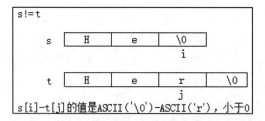

图 7-2　字符串比较示例 1——s 长度小于 t

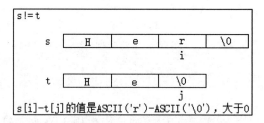

图 7-3　字符串比较示例 2——s 长度大于 t

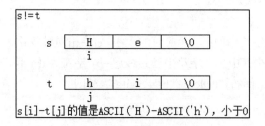

图 7-4　字符串比较示例 3——
s 与 t 相同位置的字符不同

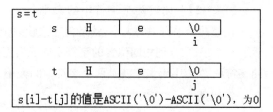

图 7-5　字符串比较示例 4——s 与 t 的长度相同
并且相同位置的字符全部相同

【例 7-3】　删除一个字符串中的所有空格。

算法分析：

(1) 定义下标变量 i 和 j,初始值均为 0。

(2) 如果下标为 i 的字符不是空格,则将下标 i 的字符复制到下标 j,j 的值加 1。

(3) 下标 i 的值加 1,重复(2),直到遇到字符'\0'结束循环。

(4) 下标 j 的字符为'\0'。

例如,字符串为"How are you",遍历前后数组的变化如下(遍历后 i=11,j=9)。

下标	0	1	2	3	4	5	6	7	8	9	10	11
遍历前	H	o	w		a	r	e		y	o	u	\0
遍历后	H	o	w	a	r	e	y	o	u	\0		

代码如下：

```cpp
#include <iostream>
using namespace std;
void DelBlank(char s[]);
int main()
{
    char s[] ="How are you";
    DelBlank(s);
    cout <<s;
    return 0;
}


void DelBlank(char s[])
{
    int i =0, j =0 ;
    for(; s[i] !='\0'; i++)
    {
        if(s[i] !=' ')
        {
            s[j] =s[i];
            j++;
        }
    }
    s[j] ='\0';
}
```

运行结果如下：

```
Howareyou
```

注意：如果不写 s[j]='\0';,则程序运行时会在"How are you"的后面出现一些不可
预料的特殊字符。因为字符数组的输出是从首地址开始逐个输出字符,直到遇到'\0'

为止。

*7.4.2 数组作为函数的返回值

函数的返回值可以是基本的数据类型，也可以是一个地址。形参数组的值实际上是实参数组的首元素地址。如果要返回数组，使得函数返回值是数组的首地址，就可以实现将函数调用表达式作为另一个函数调用的实参的功能。

数组作为函数的返回值时，函数定义及函数声明的返回值类型是

数据类型 *

调用函数时，函数表达式可以写到其他表达式中，或作为函数的实参。一个常见的应用是直接输出修改后的字符数组的值。

【例 7-4】 修改例 7-3，函数返回值是数组首地址，允许主调函数直接输出删除空格后的字符串。

函数返回值是一个地址的变量称为指针变量，用 * 表示，详见 10.1 节。

修改函数声明和函数定义头部的 void DelBlank(char s[]) 为 char * DelBland(char s[])，然后在函数定义的末尾加上 return s;语句，返回数组的首地址。主函数中合并第 7、8 行，对函数返回值的数组直接执行输出操作。

代码如下：

```cpp
#include <iostream>
using namespace std;
char * DelBlank(char s[]);
int main()
{
    char s[] ="How are you";
    cout <<DelBlank(s);
    return 0;
}
char * DelBlank(char s[])
{
    int i=0, j=0 ;
    for(; s[i] !='\0'; i++)
    {
        if(s[i] !=' ')
        {
            s[j] =s[i];
            j++;
        }
    }
    s[j] ='\0';
    return s;
}
```

7.5 实用知识：标准库中的字符串处理函数

标准 C&C++ 库中包含大量处理字符串的函数,使用时必须使用 ♯include 包含必要的文件:

```
#include <string.h>
```

或

```
#include <cstring>
using namespace std;
```

C++ 中提供了专门处理字符串的 string 类,注意它与字符串处理函数的区别。

C&C++ 库中常用的字符串处理函数见表 7-1。

表 7-1 C&C++ 库中常用的字符串处理函数

函数原型声明	参 数 说 明	作 用
int strlen(char s[]);	s 可以是字符数组或字符串常量	返回字符串 s 的长度
char * strcpy(char s[],char t[]);	s 是字符数组,t 可以是字符数组或字符串常量。 返回值是字符数组 s 的首地址	将字符串 t 复制到字符数组 s
int strcmp(char s[],char t[]);	s 和 t 可以是字符数组或字符串常量。 返回一个正整数,表示 s>t;返回 0,表示 s=t;返回一个负整数,表示 s<t	比较字符串 s 和 t 的大小
char * strcat(char s[],char t[]);	与 strcpy 的参数相同	将字符串 t 连接到字符数组 s 的末尾
char * strncpy(char s[], char t[], int n);	与 strcpy 的参数类似	将字符串 t 的前 n 个字符复制到字符数组 s

【例 7-5】 字符串处理函数举例。

```
1   #include <iostream>
2   #include <cstring>
3   using namespace std;
4   int main()
5   {
6       char s1[]="hello";
7       char s2[]="hi";
8       char s3[20];
9       cout<<"len(s1)="<<strlen(s1)<<endl;      //字符串 s1 的长度
10      if(strcmp(s1,s2)==0)                       //判断两个字符串完全相同
11          cout <<"s1=s2\n";
12      strcpy(s3,s2);                             //复制字符串 s2 到 s3
13      strcat(s3,s1);                             //将字符串 s1 连接到 s3
```

```
14        cout << "s1=" << s1 << endl;
15        cout << "s2=" << s2 << endl;
16        cout << "s3=" << s3 << endl;
17        return 0;
18    }
```

运行结果如下：

```
len(s1)=5
s1=hello
s2=hi
s3=hihello
```

*7.6 字符串与数值型的转换函数

在 C&C++ 语言的算法设计中，经常会需要用到字符串，而由于在 C&C++ 语言中字符串并不是一个默认类型，其标准库 stdlib. h、stdio. h 或 std 命名空间中的 cstdlib、cstdio 设计了很多函数，以方便用户处理字符串与数值类型之间的转换。

7.6.1 数值转换为字符串的函数

通过 std 命名空间中 cstdlib 文件的库函数可以将整数和浮点数转换为字符串存放。

7.6.1.1 整数转换为字符串的函数

整数转换为字符串的函数有 itoa（整型数转换为字符串）、ltoa（长整型数转换为字符串）和 ultoa（无符号长整型数转换为字符串）。这 3 个函数的原型相同。第一个参数是要转换的数值；第二个参数是用于保存转换后的字符串的字符数组首指针；第三个参数是转换的基数，例如十进制的基数就是 10。

【例 7-6】 将十进制整数转换为字符串。

```
# include <iostream>
# include <cstdlib>
using namespace std;
int main()
{
    int n =12345;
    char a[10];
    itoa(n, a, 10);                     //整型数转为字符串
    cout << a;                          //输出 12345
    return 0;
}
```

7.6.1.2 浮点数转换为字符串的函数

使用 gcvt 函数将浮点数转换为字符串。函数的第一个参数是要转换的数值；第二个

参数是有效数字的位数，如果位数过小，则以科学记数法显示；第三个参数是用于保存转换后的字符串的字符数组首地址。注意，字符数组要足够大。

例如，下面的代码段将一个 double 型浮点数保存到字符数组中：

```
double f =123.45;
char a[10];
gcvt(f, 5, a);
cout <<a <<endl;                        //输出 123.45
gcvt(f, 4, a);
cout <<a <<endl;                        //输出 123.5
gcvt(f, 1, a);
cout <<a <<endl;                        //输出 1e+ 002
```

7.6.2　字符串转换为数值的函数

cstdlib 中有字符串转换为数值的函数，如 atoi(字符串转换为整数)、atof(字符串转换为浮点数)等，这些函数仅包含一个参数，是字符数组的首地址。

【例 7-7】　字符串转换为数值举例。

```
# include <iostream>
# include <cstdlib>
using namespace std;
int main()
{
    char a[10] ="3456.46";
    int na,ns;
    na =atoi(a);                        //atoi 函数的参数是字符数组首地址
    cout <<na <<endl;
    double f;
    f =atof(a);                         //atof 函数的参数是字符数组首地址
    cout <<f <<endl;
    return 0;
}
```

运行结果如下：

```
3456
3456.46
```

7.6.3　利用 C 语言的通用函数实现数值与字符串的转换

stdio.h 和 std 命名空间中的 cstdio 文件中包含了 C 语言提供的通用函数。

7.6.3.1　利用 sprintf 函数将数值转换为字符串

C 语言提供了通用的 sprintf 函数，它可以把数值转换为字符串，此外还可以加入各种格式控制。其使用方法与 printf 基本相同,只是将输出到屏幕的内容存入指定的字符数组。

例如下面的代码段:

```
#include <cstdio>
using namespace std;
...
char sn[10];
sprintf(sn, "%d-%d-%d", 2016, 1, 5);      //将输出内容 2016-1-5 保存到 sn 数组中
cout << sn << endl;                        //输出结果: 2016-1-5
double f = -123.45;
char sf[10];
sprintf(sf, "%lf", f);                     //将输出结果-123.450000 保存到 sf 数组中
cout << sf << endl;                        //输出结果: -123.450000
```

7.6.3.2　利用 sscanf 函数将字符串转换为数值

与 sprintf 对应的是 sscanf 函数,它可以将字符串转换为数值。sscanf 的用法与 scanf 基本相同,只是从键盘接收字符串改为从字符数组接收字符串。

例如下面的代码段:

```
char a[] = "12.345";
int n;
float f;
sscanf(a, "%d", &n);              //将数组 a 的字符串转换成整数,保存到变量 n 中
sscanf(a, "%f", &f);              //将数组 a 的字符值转换成单精度浮点数,保存到变量 f 中
printf("Integer=%d\n", n);       //输出结果: Integer=12
printf("Real=%f\n", f);          //输出结果: Real=12.345000
```

7.7　字符数组综合应用举例

7.7.1　删除字符串中的指定字符

【例 7-8】　删除字符串中的指定字符,如字符串"hello"删除字符'l'后是"heo"。

算法分析:循环访问字符串中的所有字符,如果是要删除的字符,则删除该字符。

假定字符串变量为 s,要删除的字符变量为 ch,则综合之前学过的 3 个算法来处理。

(1) 循环访问字符数组中的每个字符。设下标 i 从 0 开始,判断 s[i] 的值是否等于'\0',如果不是,执行 i++,重复下一次判断条件,直到条件为假时结束循环。

(2) 查找要删除字符的下标 i。设下标 i 从 0 开始,判断 s[i] 的值是否等于'\0'。如果不是,判断 s[i] 的值是否等于变量 ch 的值,如果等于,则 i 就是要删除的字符的下标。

(3) 删除下标为 i 的字符。设下标 j 从 i+1 开始,判断 s[j] 的值是不是'\0',如果不是,将 s[j+1] 的值赋值给 s[j]。执行 j++,重复判断条件,直到 s[j] 的值是'\0',循环结

束。最后一个字符要赋值为'\0',即 s[j−1]= '\0'。

综合以上 3 个算法,完成自定义函数:

```
void Del(char s[], char ch)
{
    for(int i=0;s[i]!='\0';)
    {
        if(s[i]==ch)                      //s[i]的值等于要删除的字符 ch 的值,则删除 s[i]
        {
            //删除 s[i]的值
            int j;
            for(j=i+1;s[j]!='\0';j++)
                s[j-1]=s[j];
            s[j-1]='\0';
            //s[i]的值是刚才 s[i+1]的值,因此下一次循环要继续从 s[i]开始判断
        }
        else
            i++;
    }
}
```

如果要返回删除后的字符串,以作为函数调用的实参,可以修改函数的返回值类型为 char * ,然后在函数定义的末尾加上 return s;语句。参见例 7-4。

7.7.2　合并两个有序字符串为一个新的有序字符串

【例 7-9】 合并有序的两个字符串为一个字符串。

例如,已知字符数组 s1[]="adg",s2[]="cef",则合并后的字符数组为 t[10]= "acdefg"。注意,数组 t 要预留足够的空间以保存两个字符串。

这是典型的排队合并问题。算法如下:

(1) 定义 3 个变量 i、j 和 k 分别控制数组 s1、s2 和 t 的下标,初始值都是 0。

(2) 当 s1 和 s2 的下标分别为 i 和 j 的元素都不是结束字符'\0'时,比较 s1[i]与 s2[j],将较小的值写入 t 中,同时修改 k 的下标并将较小值的下标(i 或 j)加 1。

(3) 循环结束后(s1 或 s2 已添加完毕),分别检查 s1 和 s2,将未写完的数组的全部剩余字符按顺序添加到 t 的末尾。

(4) 在 t 的末尾补上'\0'。

源代码如下:

```
#include <iostream>
using namespace std;
void Merge(char t[], char s1[], char s2[]);
int main()
{
    char s1[]="adg", s2[]="cef";
```

```
        char t[10];
        Merge(t, s1, s2);
        cout <<t;
        return 0;
    }
    void Merge(char t[], char s1[], char s2[])
    {
        int i=0, j=0, k=0;
        while(s1[i] !='\0' && s2[j] !='\0')
        {
            if(s1[i] <s2[j])
            {
                t[k] =s1[i];
                i++;
            }
            else
            {
                t[k] =s2[j];
                j++;
            }
            k++;
        }
        if(s1[i] !='\0')
        {
            while(s1[i] !='\0')
                t[k] =s1[i++];        //等价于两条语句: t[k] =s1[i]; i++;
        }
        else if(s2[j] !='\0')
        {
            while(s2[j] !='\0')
                t[k] =s2[j++];        //等价于两条语句: t[k] =s2[j]; j++;
        }
        else
            ;                         //什么也不做,可以不写 else
        t[k] ='\0';
    }
```

运行结果如下：

```
acdefg
```

7.7.3　判断身份证号是否合法

【**例 7-10**】　判断一个身份证号是否合法。

身份证号判断规则：前 17 位对应的权值分别为 7,9,10,5,8,4,2,1,6,3,7,9,10,5,

8,4,2,各位值乘以对应权值后相加再除以 11 所得的余数对应的校验码是

```
0  1  2  3  4  5  6  7  8  9  10
1  0  X  9  8  7  6  5  4  3  2
```

如果校验码等于第 18 位字符,则身份证号就是合法的。

代码如下:

```cpp
#include <iostream>
#include <cstring>
using namespace std;
bool IsValidateID(char s[19]);
char getValidateCode(char id17[19]);
int main()
{
    char id[19];
    cin >>id;
    cout <<getValidateCode(id);
    if(IsValidateID(id))
        cout <<"是合法的身份证号";
    else
        cout <<"不是合法的身份证号";
    return 0;
}
bool IsValidateID(char s[19])
{
    int len =strlen(s);
    if(len !=18)
        return false;
    int sum =0;
    int w[17] ={7,9,10,5,8,4,2,1,6,3,7,9,10,5,8,4,2};
    for(int i =0; i <len; i++)
        sum +=(s[i] -'0') * w[i];
    char m[12] ="10X98765432";
    cout <<sum <<"," <<m[sum%11] <<endl;
    char y =toupper(s[17]);
    return m[sum%11] ==y;
}
char getValidateCode(char id17[])
{
    int weight[] ={7,9,10,5,8,4,2,1,6,3,7,9,10,5,8,4,2};      //前 17 位数字码的权重
    char validate[] ={ '1','0','X','9','8','7','6','5','4','3','2'};
                                                  //mod 11 对应的校验码字符
```

```
    int sum = 0;
    int mode = 0;
    for(int i = 0; i < strlen(id17); i++)
        sum = sum + (id17[i] - '0') * weight[i];
    mode = sum % 11;
    return validate[mode];
}
```

7.8　练习与思考

7-1　输入一行字符,统计并输出大写字母、小写字母、数字、空格、其他字符的个数。

7-2　自定义函数实现字符串的连接,主函数接收从键盘输入的两个字符串,调用自定义函数实现字符串的连接。自定义函数的原型声明如下:

```
void str_cat(char a[],char b[]);
```

或

```
char * str_cat(char a[],char b[]);
```

如果用前一种声明形式,函数调用完毕后,字符串 b 连接到字符数组 a 的尾部;如果用后一种声明形式,函数调用完毕后,字符串 b 连接到字符数组 a 的尾部,返回值是字符数组 a 的首地址,可以作为字符串继续参与函数调用。

注意,字符串要以'\0'结尾。

7-3　从身份证号中提取出生日期。将出生日期对应的位(从第 7 位开始的 8 位数字)保存到一个新的字符串中。

7-4　统计一个字符串中的大写字母的个数。

7-5　删除一个字符串中除了大小写字母之外的其他字符。

7-6　下面的语句定义了两个字符数组 sa 和 sb:

```
char sa[] = "hello";
char sb[] = {'h', 'e', 'l', 'l', 'o'};
```

以下选项中说法正确的是(　　　)。

  A. 数组 sa 和数组 sb 使用同一个内存空间,只是名字不同

  B. 数组 sa 的长度等于数组 sb 的长度

  C. 数组 sa 的长度大于数组 sb 的长度

  D. 数组 sb 的长度小于数组 sb 的长度

7-7　已知有定义:char s1[20],s2[20];,判断字符串 s1 是否大于字符串 s2 时,应当使用(　　　)。

  A. if(s1>s2)   B. if(strcmp(s1,s2))

  C. if(strcmp(s1,s2)<0)   D. if(strcmp(s1,s2)>0)

7-8　下面的程序段的运行结果是(　　　)。

```
char a[] ="hello";
char b[] ="Hi";
strcpy(a,b);
printf("%c",a[4]);
```

  A. i   B. l   C. o   D. '\0'

7-9　定义一个字符数组 s,执行下面的语句段后,语句 cout $<<$ s;的执行结果不是" How are you!"的是(　　)。

  A. char s[20]; cin $>>$ s;,运行时输入"How are you!"

  B. char s[20]; cin. getline(s,20);,运行时输入"How are you!"

  C. char s[20]; strcpy(s,"How are you!");

  D. char s[20] $=$ "How are you!";

7-10　下面对 C++ 语言字符数组的描述中错误的是(　　)。

  A. 不可以用关系运算符对字符数组中的字符串进行比较

  B. 字符数组中的字符串可以整体输入或输出

  C. 可以通过赋值运算符＝对字符数组整体赋值

  D. 字符数组可以存放字符串

文件与数据处理

通常输入输出是以系统指定的标准设备(输入设备为键盘,输出设备为显示器)为对象的。在实际应用中,也常以磁盘文件作为对象,即从磁盘文件读取数据,将数据输出到磁盘文件。磁盘是计算机的外部存储器,它能够长期保留信息,能读能写,可以刷新重写,方便携带,因而得到广泛使用。

常用的文件有两大类:一类是程序文件,如 C++ 的源程序文件(.cpp)、目标文件(.obj)、可执行文件(.exe)等;另一类是数据文件。在程序运行时,常常需要将一些数据(运行的最终结果或中间数据)输出到磁盘上存放起来,以后需要时再从磁盘中读取到计算机内存,这种磁盘文件就是数据文件。程序中的输入和输出的对象可以是数据文件。

8.1 文件概述

8.1.1 文本文件与二进制文件

文件是由若干个字符(字节)按顺序组成的,包括文本文件和二进制文件。

8.1.1.1 文本文件

文本文件的每个字节存放一个字符。这种文件便于对字符进行逐个处理和输出,使用方便,用记事本等文本工具可以直接打开阅读。但文本文件一般占存储空间较多,而且要花费转换时间(用于二进制形式与 ASCII 码间的转换)。例如整数 12345,用文本文件保存是 5B,分别保存 5 个字符对应的 ASCII 码 00110001 00110010 00110011 00110100 00110101。

8.1.1.2 二进制文件

二进制文件是把内存中的数据按内存中的存储形式输出,也就是字节流。二进制文件占用较小的存储空间,但不便于阅读,用记事本等文本工具打开后看到的是乱码,但可以用专门的软件浏览。例如整数 12345,用二进制保存占 4B(按内存存储形式),保存 12345 的二进制值为 00000000 00000000 00110000 00111001。如果在程序运行过程中有些中间结果数据需要暂时保存在磁盘文件中,以后又需要输入到内存的,或者是限定用户只能通过程序操作文件时,用二进制文件是最合适的。

8.1.2 C++ 的 I/O 流

C++ 语言的输入输出是以**流**(stream)的方式来处理的,分为输入流和输出流。输入流是指从键盘、文件等流向程序内部的数据流,输出流是指从程序内部流向显示器、打印机、文件等的数据流。

C++ 语言为基本输入输出流提供了 istream 类(输入流类)、ostream 类(输出流类)和 iostream 类(输入输出流类),包含在头文件 iostream 中。例如,cin 和 cout 对象就是 istream 和 ostream 类的对象。此外,格式化 I/O 可以通过一些控制符控制输出的格式,包含在头文件 iomanip 中。

类似地,C++ 的文件流主要包括 ifstream 类(输入文件流类)和 ofstream 类(输出文件流类)、fstream 类(输入输出文件流类),包含在头文件 fstream 中。要访问文件,必须包含 std 命名空间的 fstream 文件,再创建 ifstream、ofstream 或 fstream 类的对象(像定义变量一样),然后使用对象的方法。

8.1.3 FILE 类型

在 C 语言中操作文件要用到 FILE 结构体类型,它定义在 stdio.h 中。每当打开一个文件时,系统都会自动创建一个 FILE 结构体类型的变量,用来存储该文件的相关属性信息,如文件读写位置、文件大小等。要访问文件,首先要通过指向 FILE 结构体类型的指针变量指向要操作的文件,然后调用与文件有关的函数。

8.2 C++ 的文件打开与关闭

对文件进行操作要经过以下几个步骤:
(1) 在文件头部包含 fstream 库文件。
(2) 打开文件。新建文件流对象,与要操作的文件建立联系(文件名、操作方式等)。
(3) 操作文件。操作文件流对象,实现数据的输入输出功能。
(4) 关闭文件。关闭文件流对象,断开与文件的联系。

8.2.1 文件的打开

文件流对象可以在初始化时打开文件(即创建文件流对象时自动调用构造函数打开文件),也可以使用 open 方法打开文件。

文件的打开方式有 3 种:只读、只写和可读写。

8.2.1.1 以只读方式打开文件

创建 ifstream 流对象,指定要操作的文件名,操作方式默认是只读。

打开文件有两种方法:

（1）用定义对象时初始化的方法打开文件，例如：

```
ifstream ifs("data1.txt");
```

该语句创建 ifstream 类型对象 ifs，打开当前目录下的 data1.txt 文件。如果文件不存在，则创建一个新的文件。

（2）定义对象后，用 open 方法打开文件，例如：

```
ifstream ifs;
ifs.open("data1.txt");
```

上面的语句创建输入流对象 ifs，执行 open 方法打开文件。

双引号中的文件名如果不包含路径，是指当前目录。也可以指定路径，格式为

盘符:\\文件夹\\文件名

例如：

```
ifstream ifs("d:\\data1.txt");
```

该语句创建 ifstream 类型的对象 ifs，打开 D 盘下的 data1.txt 文件。

读取文件时，必须保证文件存在，如果不存在，文件流为空（NULL）。因此，打开 ifstream 流对象后要判断对象是否为空，如果为空，则给出提示信息后结束程序。

代码段如下：

```
ofstream ofs ( "data1.txt" );
if(ifs ==NULL)            //或 if(!ifs)
{
    cout <<"File not Exist!";
    return 1;             //根据函数定义的返回值类型返回一个表示打开失败的值,如 1
}
```

8.2.1.2　以只写方式打开文件

类似地，写文件使用 fstream 对象指定要操作的文件名，默认的操作方式是只写。例如：

```
ofstream ofs1("data1.txt");
ofstream ofs2("d:\\data1.txt");
ofstream ofs3;
ofs3.open("data1.dat");
```

当文件不存在时，会创建新文件；如果文件存在，会删除原文件后新建文件。

如果创建新文件失败（如指定目录不存在或不允许写入等），文件流为空。因此，打开文件后一般也要判断对象是否为空，代码段如下：

```
if(ofs ==NULL)            //或if(!ofs)
{
    cout <<"File write failure!";
```

```
    return 1;          //根据函数定义的返回值类型返回一个表示写失败的值,如 1
}
```

如果希望将写入的内容直接追加到文件末尾,要增加参数 ios::app,例如:

```
ofstream ofs;
ofs.open("data1.txt", ios::app);
```

执行时,如果当前目录中不存在 data1.txt 文件,则创建一个空文件;如果存在该文件,则以追加方式打开文件,向文件中写入的信息会追加到文件的末尾,原来的数据并不会消失。

也可以在定义对象的同时初始化:

```
ofstream ofs("data1.txt", ios::app);
```

8.2.1.3　以读写方式打开文件

文件允许同时读写,使用 fstream 流对象,并指定读写方式。例如:

```
fstream fs("data1.txt", ios::in|ios::out);
```

该语句打开当前目录下的 data1.txt 文件,操作方式为读写。第二个参数是 ios::in 表示只读,是 ios::out 表示只写,是 ios::in|ios::out 表示读写。

除了 in 和 out 之外,C++ 还有多种操作方式:app 指文件存在时将数据添加到文件末尾,binary 指以二进制形式操作文件(若不指定,C++ 默认打开的文件是文本文件)。例如:

```
fstream fs("data1.txt", ios::out | ios::binary);
```

该语句打开当前目录下的 data1.txt 文件,操作方式为二进制文件。注意,如果写入文件时使用二进制形式操作,那么也要使用二进制形式读取文件。

8.2.2　文件的关闭

文件在操作完成后必须关闭,断开文件流与文件的联系,保证将缓冲区中的数据写入到文件中,避免由于错误操作引起文件中的数据被修改。如果要再修改,重新执行打开操作。

关闭使用 close 方法,无参数。例如,要关闭上面的 ifs 对象,执行以下语句:

```
ifs.close();
```

8.3　C++ 的文件读写

8.3.1　fstream 类的常用检查方法

文件操作的每个动作都可能失败,如打开文件失败、读取数据失败等。fstream 类提供了一个重要的成员函数 eof,用来检测是否到达文件尾,如果到达文件尾返回 true,否则返回 false。判断文件操作不成功，如打开文件流对象失败或者遇到无效的输入格式，可以调用 fstream 类的 fail 函数返回 true。

8.3.2 文本文件的读写

文件打开时默认的操作方式是文本文件。文本文件支持对文件的顺序访问，即打开文件后从文件的第一个字符开始逐个读取字符，直到文件末尾。

8.3.2.1 写文本文件

ofstream 类是从 ostream 类派生的，所以可以使用 ostream 类中定义的流插入运算符<<、put 成员函数等，实现从内存变量到文件的输出过程。

（1）流插入运算符<<输出一个字符。

（2）put 成员函数输出一个字符，如"chart ch;ofs.put(ch);"。

【例 8-1】 将一个字符串写入文件中。

代码如下：

```cpp
# include <iostream>
# include <fstream>
using namespace std;
int main()
{
    ofstream ofs("data1.dat");
    if(!ofs)                //打开文件失败则提示出错后返回
    {
        cout <<" File write failure!";
        return 1;
    }
    char s[80]="hello\nhow are you\nok" ;
    ofs <<s;
    ofs.close();
    return 0;
}
```

执行程序后，控制台窗口中没有显示实际的内容，但是在当前目录下会看到多了一个 data1.dat 文件，文件内容为字符数组 s 的值，如图 8-1 所示。

【例 8-2】 将一个一维数组写入数据文件中。

算法分析：

（1）打开文件。

（2）遍历一维数组，将元素输出到文件。

（3）关闭文件。

代码如下：

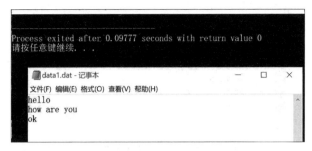

图 8-1 写数据到文件 data1.dat 的运行结果

```
# include <iostream>
# include <fstream>
using namespace std;
const int N=5;
int main()
{
    double data[N]={90,85,82,88,75};
    ofstream ofs;
    char filename[100];          //要写入的数据文件名
    cout <<"Input filename: ";
    cin >>filename;
    ofs.open(filename);          //打开用户指定的文件,如果不存在则新建文件
    if(!ofs)                      //打开文件失败则提示出错后返回
    {
        cout <<" File write failure!";
        return 1;
    }
    for(int i=0; i<N; i++)       //遍历一维数组,输出到文件
    {
        ofs <<data[i] <<" ";
    }
    cout <<"File write OK.";
    ofs.close();
    return 0;
}
```

运行时,出现提示信息"Input filename:",用户输入文件名,如 e:\test.txt,则将数组数据写入 e:\test.txt,然后显示"File write OK."。查看 E 盘根目录,打开 test.txt 文件后可见一维数组的值,如图 8-2 所示。

如果没有 E 盘,文件创建失败,则输出结果为

```
File write failure!
```

8.3.2.2 读文本文件

ifstream 类是从 istream 类派生的,所以可以使用 istream 类中定义的流提取运算符

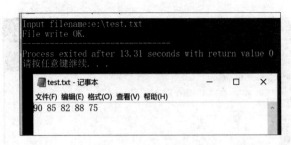

图 8-2　将一维数组写入数据文件的运行结果

＞＞和 get、getline 等成员函数，实现从文件到内存变量的输入过程。

（1）用流提取运算符＞＞读取一个字符，回车符不显示。

（2）用 get 成员函数读取一个字符，回车符显示，如"char ch;ifs.get(ch);"。

（3）用 getline 成员函数读取一行字符，回车符显示，如"char s[80]; ifs.getline(s, 80);"。

【例 8-3】　读取 data1.dat 文件中的字符，逐个显示到显示器上。

算法分析：

（1）打开文件。

（2）从文件读取一个字符到字符变量，在显示器上输出该字符。

（3）判断文件是否到末尾（用 eof 方法），若还有字符，重复（2），直到 eof 方法为真时结束。

（4）关闭文件。

代码如下：

```cpp
#include <iostream>
#include <fstream>
using namespace std;
int main()
{
    ifstream ifs("data1.dat");      //data1.dat 文件与当前程序在同一目录
    if(!ifs)
    {
        cout << "File not Exist!";
        return 1;
    }
    char ch;
    while(true)                     //无限循环
    {
        ifs.get(ch);                //读一个字符,也可以使用 ifs >>ch;
        if(ifs.eof())               //如果到文件末尾,结束循环
            break;
        cout << ch;                 //输出读取的字符
    }
```

```
    ifs.close();
    return 0;
}
```

【例 8-4】　读文件中的一组数据,如"90.5 85 82 88"。

算法分析:

(1) 定义一个一维数组以保存数据(数组长度要足够大)。

(2) 打开文件。

(3) 从文件读取一个数值,写到一维数组的一个数组元素中。

(4) 如果读取到文件末尾则结束,否则数组下标加 1(下一个元素),重复(3)。

(5) 关闭文件。

(6) 输出一维数组。

代码如下:

```cpp
#include <iostream>
#include <fstream>
using namespace std;
const int N=100;                    //文件中最多有 100 个数
int main()
{
    double data[N];
    ifstream ifs;
    char filename[100];             //文件名,最长 99 个字符
    cout <<"Input filename: ";
    cin >>filename;
    ifs.open(filename);             //打开文件,如果文件不存在,则结束程序
    if(!ifs)
    {
        cout <<"File not exist!";
        return -1;
    }
    //读取文件中的值,依次保存到一维数组的各元素中
    int num =0;                     //数组长度,初始值为 0
    while(1)
    {
        ifs >>data[num];
        num++;
        if(ifs.eof())
            break;
    }
    //输出一维数组的值
    cout <<"Read " <<num <<" data.\n";
    for(int i =0; i <num; i++)
        cout <<data[i] <<" ";
```

```
        cout << "\nFile read OK.\n";
        ifs.close();                    //关闭文件
        return 0;
}
```

假设数据保存在 d:\test.txt 中。运行程序的结果如下:

```
Input filename: d:\test.txt
Read 4 data.
90.5 85 82 88
File read OK.
```

如果输入的文件名 test.txt 在当前路径下不存在,则文件读取失败,输出提示信息。
运行程序的结果如下:

```
Input filename: test.txt
File not exist!
```

【例 8-5】 读指定格式的数据文件。

data2.dat 文件的形式如下:

```
90.5 85 82 88
85 88 78 68
88 92 90 75
```

算法分析:

(1) 定义一个二维数组以保存数据。

(2) 定义一个指针变量,指向二维数组的第一个元素(指针的定义见第 10 章)。

(3) 打开文件。

(4) 读取一个数值,写到指针变量指向的二维数组的元素中。

(5) 如果读取到文件末尾则结束,否则指针变量指向下一个元素,重复(4)。

(6) 关闭文件。

(7) 输出二维数组。

代码如下:

```
#include <iostream>
#include <fstream>
using namespace std;
const int M=4;
const int N=5;
int main()
{
    double data[N][M];
    double * p=&data[0][0];          //定义指针变量,指向第一个 double 元素
    ifstream ifs;
    char filename[100];
```

```
cout << "Input filename: ";
cin >> filename;
ifs.open(filename);
if(!ifs)
{
    cout << "File not exist!";
    return 1;
}
while(1)
{
    ifs >> * p;
    if(ifs.eof())                    //到文件末尾,结束循环
      break;
    p++;
}
int num = p - * data;                //计算输入的数值个数
cout << "Read " << num << " datas.\n";
//输出二维数组的值,行数为数值个数除以二维数组的列数
for(int i = 0; i < num / M; i++)
{
    for(int j = 0; j < M; j++)
        cout << data[i][j] << " ";
    cout << endl;
}
cout << "File read OK.";
ifs.close();
return 0;
}
```

执行程序时,如果用户输入的文件名在磁盘中存在并能够正确读取,则会读取文件中的数据到二维数组中,并且输出二维数组的值。如果读取失败,会提示文件不存在。

8.3.3　二进制文件的读写

读写二进制文件与读写文本文件类似,同样经历文件的打开、读写、关闭 3 个过程。注意,要在文件的打开方式中增加参数 ios::binary。

8.3.3.1　写二进制文件

写二进制文件主要用 write 成员函数来实现。函数的原型声明为

ostream& write(const char * buffer,int len);

指针变量 buffer 指向内存中存储字符串的存储空间。len 是待写入的字节数。
例如,下面代码段的功能是将一个数值写入文件中:

```
ofstream ofs("data3.dat");
double val=1;
ofs.write((char *)val,sizeof(val));
```

其中，val 是 double 型数据，要强制转换为 char ＊；使用 sizeof 计算出 double 型变量在内存中分配的实际字节。

【例 8-6】 将一组学生的总分写入文件中。

已知有一个 double 型数组记录了一组学生的总分，将数组中的所有元素值写入文件中。

代码如下：

```
1   #include <iostream>
2   #include <ctime>
3   #include <cstring>
4   #include <fstream>
5   using namespace std;
6
7   //主函数将 StuArr 数组的信息写入 students.dat 文件中
8   int main()
9   {
10      const int N=3;
11      double stuArr[N]={95,88,79};
12
13      ofstream ofs("d:\\students.dat",ios::binary);
14      if(!ofs)
15      {
16          cout <<"open error!" <<endl;
17          return -1;
18      }
19      for(int i=0; i<N; i++)
20          ofs.write((char*)&stuArr[i],sizeof(stuArr[i]));
21      cout <<"File Write OK.\n";
22      ofs.close();
23      return 0;
24  }
```

程序运行后，将 stuArr 数组的值写入 D 盘的 students.dat 中。用记事本打开 D 盘中的该文件，看到的是乱码。

这是因为它是二进制文件，二进制的值转换为字符形式就是乱码。记事本等软件只能显示文本文件。读取二进制文件时需要知道文件的写入格式，并按要求用二进制方式读取。

第 19、20 行通过循环访问数组的每个元素 stuArr[i]，并且逐个将每个元素写入文件中。write 函数的第一个参数（char ＊）＆stuArr[i] 是第 i 个元素的地址，第二个参数

sizeof(stuArr[i])是第 i 个元素的字节数，可以直接写元素的数据类型：sizeof(double)。

此外，可以一次性将数组写入文件中。write 函数的第一个参数是数组的地址，即数组名；第二个参数是数组的字节数。将第 19、20 行改为下面一行：

```
ofs.write((char * )stuArr,sizeof(double) * N);
```

8.3.3.2　读二进制文件

读取二进制文件主要用 read 成员函数来实现。函数的原型声明为

istream& read(char * buffer,int len);

指针变量 buffer 指向内存中一段存储空间，len 是读取的字节数（或遇 eof 结束）。例如，下面代码段的功能是读取 data3.dat 文件中的 30 字节（或遇 eof 结束）到字符数组 s 所指的内存中：

```
ifstream ifs("data3.dat");
char s[30];
ifs.read(s, 30);
```

【例 8-7】　读取文件中的一组学生的总分。

代码如下：

```
1  # include <iostream>
2  # include <ctime>
3  # include <cstring>
4  # include <fstream>
5  using namespace std;
6
7  //主函数将学生信息从 students.dat 文件读取到 StuArr 数组中
8  int main()
9  {
10     const int N =3;
11     double stuArr[N];
12     ifstream ifs("d:\\students.dat",ios::binary);
13     if(!ifs)
14     {
15        cout <<"open error!" <<endl;
16        return -1;
17     }
18     int num =0;                    //num 为数组 stuArr 的实际元素个数,初始值为 0
19     while(ifs.read((char * )&stuArr[num],sizeof(stuArr[num])))
20        num++;
21     cout <<"File Read OK.\n";
22     for(int i =0; i<num; i++)
23        cout<<stuArr[i] <<" ";
24     ifs.close();
```

```
25        return 0;
26  }
```

程序运行时读取 d:\students.dat 文件。如果该文件不存在，提示"open error!"后结束程序；如果存在，通过第 18～20 行循环读取每个数，每次读取的字节数是 sizeof（StuArr[num]），或者写成 sizeof(double)。第 22、23 行在屏幕上显示读取的值。

8.4　C 语言的文件打开与读写

与 C++ 类似，C 语言通过一系列函数实现文件的打开、关闭、读写等操作，打开文件时，通过一个指向 FILE 结构体的指针变量与文件建立关联，然后通过这个指针变量实现文件的读写等操作，关闭文件时回收指针变量指向的内存空间。指针变量的定义及操作见第 10 章，本章的文件读写仅通过简单的代码示例来说明。

8.4.1　C 语言的文件打开与关闭

C 语言的标准输入库 stdio.h 文件中提供了 fopen 函数用于打开文件，函数的原型声明是

```
FILE * fopen(const char * filename, const char * mode);
```

其中，filename 是要打开的文件名，mode 是打开方式。常用的文件打开方式如表 8-1 所示。

表 8-1　C 语言的 fopen 函数中的常用文件打开方式

打开方式	说　　明
"r"	以只读方式打开文本文件。如文件不存在则失败
"w"	以只写方式打开文本文件。如文件不存在则新建，如文件存在则丢弃后新建
"a"	以追加方式打开文本文件。如文件不存在则新建，如文件存在则从末尾开始写
"r+"	以读更新方式打开文本文件。如文件不存在则失败
"w+"	以写更新方式打开文本文件。如文件不存在则新建，如存在则丢弃后新建
"a+"	以追加并可读方式打开文本文件。如文件不存在则新建，如文件存在则从末尾开始写
"rb"	以只读方式打开二进制文件。如文件不存在则失败
"wb"	以只写方式打开二进制文件。如文件不存在则新建，如文件存在则丢弃后新建
"ab"	以追加方式打开二进制文件。如文件不存在则新建，如文件存在则从末尾开始写
"rb+"	以读更新方式打开二进制文件。如文件不存在则失败
"wb+"	以写更新方式打开二进制文件。如文件不存在则新建，如存在则丢弃后新建
"ab+"	以追加并可读方式打开二进制文件。如文件不存在则新建，如文件存在则从末尾开始写

关闭文件时使用 fclose 函数，函数的原型声明是

```
int fclose(FILE * filename);
```

关闭正常完成时返回 0，出错时返回 EOF。

C 语言的文件打开及关闭的语句段示例如下：

```
FILE * fp;
fp = fopen("data1.dat", "r");        //打开文件
if(fp ==NULL)
{
    ...                              //文件打开失败处理
}
...                                  //文件操作
fclose(fp);                          //关闭文件
```

8.4.2　C 语言的文件读写

C 语言提供了一系列函数实现文件的读写操作,与标准输入输出函数类似,只是增加了一个参数——指向要读写数据的文件的指针。

(1) fscanf 函数。与 scanf 函数类似。例如,fscanf(fp, "%d", &n);的功能是从 fp 指向的文件中读取一个整数到整型变量 n 中。

(2) fprintf 函数。与 printf 函数类似。例如,fprintf(fp, "%d", n);的功能是将整数 n 的值写入 fp 指向的文件中。

(3) fgetc 函数。与 getchar 函数类似。例如,fgetc(fp);的功能是从 fp 指向的文件中读取一个字符。

(4) fputc 函数。与 putchar 函数类似。例如,fputc('a', fp);的功能是向 fp 指向的文件中写入一个字符常量'a'。

(5) fgets 函数。与 gets 函数类似。例如,gets(s,10,fp);的功能是从 fp 指向的文件中读取最多 9 个字符(遇到换行符时即使不足 9 个字符也结束)写入字符数组 s 中(s 的第 10 个字符是'\0');

(6) fputs 函数。与 puts 函数类似。例如,puts(s,fp);的功能是将字符数组 s 的值写入 fp 指向的文件中。

(7) fread 函数。从文件中读取指定大小的字节数写入指定的内存中,一般用于二进制文件的读操作,返回实际读取的字节数,如果返回值小于或等于 0 则说明读失败。例如,fread(s, sizeof(char),10, fp);的功能是从 fp 指向的文件中读取 10 个字符写入字符数组 s 中。

(8) fwrite()函数。将从指定的内存地址开始的若干字节的内容写入文件中,一般用于二进制文件的写操作,返回实际写入的字节数,如果返回值小于或等于 0 则说明写失败。例如,fwrite(s, sizeof(char),10, fp);的功能是将字符数组 s 中的 10 个字符写入 fp 指向的文件中。

8.4.3　C 语言读写文件的示例

C 语言使用 stdio.h 文件中的 FILE 结构体类型来保存与文件有关的信息,通过一系列函数实现文件的打开、读写和关闭的功能。其实现的过程与 C++ 相同,下面改写 C++ 中的一个文件读写示例来理解 C 语言的文件读写方法。

【例 8-8】 用 C 语言改写例 8-4,读文件中的一组数据,如 90.5 85 82 88。

用 C 语言改写后的代码如下:

```
#include <stdio.h>
```

```
const int N=100;                  //文件中最多有 100 个数
int main()
{
    double data[N];
    FILE * fp;                    //定义打开文件的指针变量 fp
    char filename[100];           //文件名,最长 99 个字符
    printf("Input filename: ");
    scanf("%s", &filename);       //用户输入文件名,如 d：\data.txt
    fp =fopen(filename,"r");      //打开文件,如果文件不存在,则结束程序
    if(fp ==NULL)
    {
        printf("File not exist!");
        return -1;
    }
    //读取文件中的值,依次保存到一维数组的各元素中
    int num =0;                   //数组长度,初始为 0
    while(fscanf(fp, "%lf", &data[num]) !=EOF)
        num++;
    //输出一维数组的值
    printf("Read %d data.\n",num);
    int i;
    for(i =0; i <num; i++)
        printf("%lf ", data[i]);
    printf("\nFile read OK.\n");
    fclose(fp);                   //关闭文件
    return 0;
}
```

运行示例如图 8-3 所示,读取了文件中的值并输出了相应的信息。

图 8-3　C 语言读文件示例的运行结果

8.5　文件应用示例

8.5.1　密码文件的读写

【例 8-9】　读写简单的加密字符串。

字符串中的字符是 ASCII 码值为 0～127 的字符。加密规则如下:加密时将字符串中的每个字符向右循环移 3 位,解密时将加密字符串中的每个向左循环移 3 位。例如,

hello 加密后是 khoor。

算法分析：读密码文件。如果文件不存在，输出提示"初始化，无密码"；如果文件存在，读取密码信息后输出，然后允许用户输入新的密码，加密后写入密码文件中。

参考代码如下：

```cpp
#include <iostream>
#include <fstream>
#include <cstring>
using namespace std;
const char sfile[] ="pwd.txt";      //定义全局符号常量 sfile,值为要打开的文件名
const int n =3;                     //加密时的循环右移量
void changePwd(char s[],int n);     //字符串加密：向右循环移 n 位
void recoverPwd(char s[],int n);    //字符串解密：向左循环移 n 位
int main()
{
    const int N =20;
    char spwd[N];
    ifstream ifs(sfile);
    if(ifs ==NULL)                  //无密码文件,初始化,无密码
    {
        cout <<"初始化,无密码\n";
    }
    else                            //有文件,从文件中读取密码
    {
        ifs.read((char * ) spwd, N);
        cout <<"读取密码: " <<spwd <<"\n";
        recoverPwd(spwd,n);         //解密
        cout <<"你的密码是: " <<spwd;
    }
    ifs.close();
    //用户输入新的密码,加密
    cout <<"请修改密码: ";
    cin >>spwd;
    cout <<"\n你的新密码是:" <<spwd;
    changePwd(spwd,n);
    cout <<"\n加密后是: " <<spwd <<endl;
    //将加密后的密码写入文件
    ofstream ofs(sfile);
    ofs.write((char * ) spwd, N);
    ofs.close();
    return 0;
}
//字符串加密
void changePwd(char s[], int n)     //向右循环移 n 位
```

```
{
    for(int i =0; s[i] != '\0'; i++)
        s[i] = (s[i] +n) %128;
}
//字符串解密
void recoverPwd(char s[], int n)    //向左循环移 n 位
{
    for(int i =0;s[i] != '\0'; i++)
        s[i] = (128 +s[i] -n) %128;
}
```

第一次运行结果如下：

初始化,无密码
请修改密码：hello

你的新密码是：hello
加密后是：khoor

第二次运行结果如下：

读取密码：khoor
你的密码是：hello
请修改密码：123456

你的新密码是：123456
加密后是：456789

8.5.2　学生成绩分段统计图

【例 8-10】　从文件中读取学生成绩数据并显示分段统计图。

C 语言标准库中没有图形库,需要应用第三方图形库,如 Turbo C 中的 graphics. h、VC 中的 windows. h 等。

本例中,采用输出字符＝(其个数与统计数据对应)的方法输出分段统计图。从文件中读取数据到一维数组 a 中,从文件中读取的数值个数是数组 a 的长度,定义一维数组 num[10]以记录每个阶段的人数,num[0]记录 0～9 分数段的人数,num[1]记录 10～19 分数段的人数……num[9]记录 90～100 分数段的人数。

程序代码如下：

```
#include <iostream>
#include <fstream>
using namespace std;
const int N =1000;
int ReadFromFile(double data[],string filename,int MaxSize =N); //读文件到数组中
void Section(double data[],int n, int num[]);                    //分段统计人数到 num 中
```

```
void OutputLine(char ch, int n);                        //输出 n 个字符
int main()
{
    double a[N];                                        //学生成绩
    int len = 0;                                        //数组 a 的实际长度
    int num[10] = {0};                                  //学生分段统计数
    char s[10][10] = {" 0~ 9 ","10~19 ","20~29 ","30~39 ","40~49 ","50~59 ","60~
    69 ","70~79 ","80~89 ","90~100 "};
    //从文件中读取一组学生成绩数据
  string sfile;
    cout << "Input filename: ";
    cin >> sfile;
    len = ReadFromFile(a,sfile);
    //分段统计分数
    Section(a,len,num);
    cout << "共有" << len << "个成绩: \n";
    for(int i = 0; i < len; i++)
        cout << a[i] << " ";
    cout << "\n 成绩分段统计\n";
    for(int i = 0; i<10; i++)
        cout << s[i];
    cout << endl;
    for(int i = 0; i < 10; i++)
        cout << "   " << num[i] << "   ";
    cout << "\n 分段统计图: \n";
    for(int i = 0; i < 10; i++)
    {
        cout << s[i] << "(" << num[i] << "): ";
        OutputLine('=', num[i]);
    }
    return 0;
}

    void OutputLine(char ch, int n)
{
    for(int i = 0; i < n; i++)
        cout << ch;
    cout << endl;
}
int ReadFromFile(double data[], string filename, int MaxSize)
{
    ifstream ifs;
    ifs.open(filename);                         //打开文件,如果文件不存在,则结束程序
    if(!ifs)
    {   cout << "File not exist!";
```

```
        return -1;
    }
    //读取文件中的值,依次保存在一维数组的各元素中
    int num = 0;                                         //数组长度,初始值为 0
    while(num<MaxSize && !ifs.eof())
    {
        ifs >>data[num];
        num++;
    }
    return num;
}

    void Section(double data[], int n, int num[])
{
    for(int i =0; i <n; i++)
    {
            int seg = (data[i]==100) ? 9 : (data[i] / 10);
        num[seg]++;
    }
}
```

运行示例如下:

```
Input filename: score.txt
共有 50 个成绩:
99 80 85 88 70 60 50 40 100 90 85 88 77 68 92 87 99 23 34 85.5 89.5 88 67 77 82.5 66 68 59
55 43 82 78 68 96 23 79 77 100 65 72 75 76 38 83 63 45 92 72 85 62
成绩分段统计
0～ 9  10～19  20～29  30～39  40～49  50～59  60～69  70～79  80～89  90～100
   0      0       2       2       3       3       9      10      13       8
分段统计图:
 0～ 9 (0):
10～19 (0):
20～29 (2): ==
30～39 (2): ==
40～49 (3): ===
50～59 (3): ===
60～69 (9): =========
70～79 (10): ==========
80～89 (13): =============
90～100 (8): ========
```

如果要纵向显示统计图,可以用二维数组保存要显示的图形,参考算法如下:num 是由 m 个 int 型元素组成的一维数组,记录分段统计值;arr 是一个 10 列的二维数组。函数调用结束后,行数 n 是 num 数组中的最大值(分段人数最多的值),arr 中的第 i 列(i 为 0～9)保存着 num[i]个字符 ch。参考代码如下:

```
void Input(char arr[][M], int &n, int num[], int m,char ch)
{
    n=0;
    for(int i =0;i <m; i++)
    {
        int len =num[i];
        n = (len>n) ? len : n;
        for(int j =0; j <len; j++)
            arr[j][i] =ch;
    }
}
```

将主函数中显示分段统计图的代码修改为

```
int maxlen=0;
char b[N][M]={' '};
Input(b, maxlen,num,M,'|');
…          //输出二维数组 b,代码略
```

修改后的运行结果为

```
Input filename: score.txt
```
共有 50 个成绩：
99 80 85 88 70 60 50 40 100 90 85 88 77 68 92 87 99 23 34 85.5 89.5 88 67 77 82.5 66 68 59
55 43 82 78 68 96 23 79 77 100 65 72 75 76 38 83 63 45 92 72 85 62
成绩分段统计

0～9	10～19	20～29	30～39	40～49	50～59	60～69	70～79	80～89	90～100
0	0	2	2	3	3	9	10	13	8

分段统计图：

```
                │     │     │     │     │     │     │     │
                │     │     │     │     │     │     │     │
                            │     │     │     │     │     │
                                  │     │     │     │     │
                                  │     │     │     │     │
                                  │     │     │     │     │
                                  │     │     │     │     │
                                  │    ·│     │     │     │
                                  │     │     │     │     │
                                              │     │     │
                                                    │     │
                                                    │
                                                    │
                                                    │
```

8.5.3 气温周报文件的读写

已知在当前目录中保存了 temperature.txt,其中的数据如下：

20 19 22 21

218

```
18 21 27 22
19 23 25 22
17 21 26 23
18 20 26 23
15 18 25 21
24 29 35 31
```

数据格式是：每行保存一天中 4 个时段的气温，文件中存放了一周 7 天的数据，共 7 行。

算法分析：打开文件后，每次读取一个数写到数组中。二维数组按行存储，因此定义一个行变量 n，初始值为 0；定义一个列变量 m，初始值为 0。每写入一个数，执行 m＋＋；。如果 m 已到了列的末尾，则执行 m ＝ 0;n＋＋;，使得下一个数写到下一行的第 0 列。重复上述过程，直到将文件中的数据读完。

程序代码如下：

```cpp
#include <iostream>
#include <fstream>
using namespace std;
const int N =7;                  //一周 7 天,每天的 4 个气温值占一行
const int M =4;                  //每天 4 个时段的气温
void Output(int a[][M], int n, int m);
int main()
{
    int t[N][M] ={0};            //保存一周 7 天的气温
    ifstream ifs("temperature.txt");
    if(ifs ==NULL)               //或 if(!ifs)
    {
        cout <<"File not Exist!";
        return(1);
    }
    int n =0;                    //数组长度
    int m =0;
    while(1)
    {
        ifs >>t[n][m];
        m =m+1;
        if( m%M ==0 )
        {
            m =0;
            n++;
        }
        if(ifs.eof())
            break;
    }
```

```
        Output(t,N,M);
}
void Output(int a[][M], int n, int m)        //输出一个 n 行 m 列的二维数组
{
    for(int i =0; i <n; i++)
    {
        for(int j =0; j <m; j++)
            cout <<a[i][j] <<" ";
        cout <<endl;
    }
}
```

运行结果如下：

```
20 19 22 21
18 21 27 22
19 23 25 22
17 21 26 23
18 20 26 23
15 18 25 21
24 29 35 31
```

*8.5.4　带参数的 main 函数

main 函数也可以带参数，即允许用户带参数执行程序。

main 函数有 3 个形参：

（1）第一个参数 argc 用于存放命令行参数的个数。

（2）第二个参数 argv 是一个指针数组，数组的每个元素是一个指针，指向一个字符串，即命令行中的每一个参数。

（3）第三个参数 envp 也是一个指针数组，数组的每个元素是指向一个环境变量的指针。

【例 8-11】　利用带参数 main 函数读取程序的路径参数和环境变量。

参考代码如下：

```
#include <iostream>
using namespace std;
int main(int argc, char * argv[], char * envp[])
{
    int i =0;
    for(i =0; i <argc; i++)
        cout <<argv[i] <<endl;
    for(i =0; envp[i] !=NULL; i++)
        cout <<envp[i] <<endl;

    return 0;
}
```

程序运行时,第一个 for 循环语句输出了程序的文件全路径名,第二个 for 循环语句输出了机器的环境变量,如图 8-4 所示。

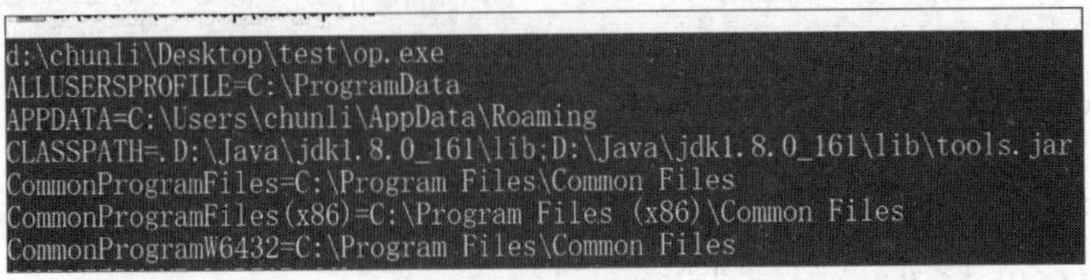

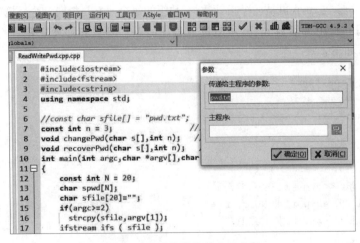

图 8-4　带参数的 main 函数运行结果

【例 8-12】　修改例 8-9,将密码文件名作为程序运行时的参数。

算法分析:本程序允许用户执行时带一个参数:密码文件名。如果用户未带参数,表示没有密码文件。argv[0]是可执行文件名,如果 argc 的值大于或等于 2,则读取 argv[1]的值,也就是密码文件名。

修改代码如下:

(1) 修改例 8-9 程序第 10 行的 int main()为 int main(int argc,char ＊ argv[],char ＊ envp[])。

(2) 在例 8-9 程序第 14 行 ifstream ifs (sfile);的前面增加以下语句:

```
char sfile[20] ="";
if(argc >=2)
    strcpy(sfile,argv[1]);
```

(3) 去掉例 8-9 程序第 6 行 const char sfile[] ＝ "pwd.txt";,sfile 已经改为从命令行参数获得。

保存源程序名为 ReadWritePwd.cpp,单击 Dev- C ++ 菜单栏的"运行"→"参数"命令,在"参数"窗口的"传递给主程序的参数"文本框中输入密码文件名,如 pwd.txt,如图 8-5 所示,单击"确定"按钮后关闭窗口,编译程序。程序在运行时会读取参数。

图 8-5　设置传递给程序的参数

如果在命令行方式下运行程序,在可执行文件名后面加一个空格,再输入要传递的参数值。图 8-6 显示了在命令行方式下输入参数的程序运行结果。

图 8-6 在命令行方式下输入参数的程序运行结果

8.6 练习与思考

8-1 编写程序实现文件的复制,源文件名和目标文件名由用户输入。

提示:从源文件中逐个字符(或字节)读取,写入目标文件中。

8-2 有一组学生(不超过 100 人)的成绩,格式为学生的平时成绩、期末成绩、总分,将数据文件读入一个二维数组中。

8-3 操作文件要包含的头文件是( )。

 A. iostream B. fstream C. stdio. h D. stdlib. h

8-4 用来检验文件尾部结束的成员函数是( )。

 A. fail B. end C. eof D. endl

8-5 文件按照存储时的编码方式不同,分为_____文件和_____文件两类。

8-6 下面的程序实现将一个一维数组写入文件中。请填空。

```cpp
#include <iostream>
#include <fstream>
using namespace std;
const int N =5;
int main()
{
    double data[N] ={90,85,82,88,75};
    char filename[80] ="d: \\data1.dat";
    ofstream ofs;
    ofs.open(____);
    if(!ofs)
    {
        cout <<"File not exist!";
        return 1;
    }
```

```
    for(int i =0; i <N; i++)
        ____ <<data[i] <<" ";
cout <<"File write OK.";
ofs.close();
return 0;
}
```

第9章

自定义数据类型

用户可以根据需要声明一些类型,称为**用户自定义类型**(User-Defined Type,UDT)。用户自定义的类型包括**结构体类型**(struct)、**共用体类型**(union)和**枚举类型**(enum),C++支持面向对象程序设计,允许定义**类类型**(class)。

本章重点介绍 C++ 的类类型和 C&C++ 的结构体类型。类类型和结构体类型都是自定义一个新的数据类型来描述现实中的对象,两者在使用上有一些区别。

9.1 C++ 的类

类是一种用户自定义的类型,它将不同类型的数据和与这些数据有关的操作封装在一起,描述一组对象的特征和功能。类具有对数据的抽象性、封装性,它隐蔽了内部实现,用户只能通过公有的接口(函数)操作和访问对象。

9.1.1 类的定义

声明类类型时,使用关键字 class 声明一个新的数据类型名称,然后用一对大括号封装该类型的数据成员和成员函数,大括号末尾以分号结束。

对象只能访问 public(公有的)成员,可将允许用户操作的成员定义为 public 访问权限。默认情况下,成员的访问权限是 private(私有的),即只允许对象内部的成员访问。

类声明的一般形式为

```
class 类名
{
public:
    公有数据成员和成员函数;
protected:
    受保护的数据成员和成员函数;
private:
    私有数据成员和成员函数;
};
```

说明：

（1）类的数据成员和成员函数的访问权限有 3 种：public（公有的，类的对象能够访问的成员）、protected（受保护的，派生类对象的内部能访问的成员）、private（私有的，类的对象内部能访问的成员）。访问权限的设置与书写顺序无关，默认的访问权限是 private。

（2）public 成员是类与外界的接口，用户只能通过 public 成员操作类对象。一般将允许对象访问的成员函数定义为 public 型，通过这些函数访问数据成员。private 型提供了严密的封装性，类之外的任何对象都不能访问私有成员（即使该成员确实存在）。一般将数据成员定义为 private 型，保护内部数据只能通过指定的接口访问。

（3）类是一种类型，类本身不占内存。当定义类的对象时，按照类定义时的数据成员的定义顺序，按照数据类型依次分配内存单元。每个对象的数据成员占据独立的内存单元。类的成员函数只在被对象调用时才获得内存，调用完毕后释放内存；

（4）类中的数据成员不能在类定义时初始化。静态数据成员除外。

【例 9-1】 定义 Student 类。每个学生包含基本信息（学号、姓名、性别、年龄），学生具有录入基本信息、浏览等功能。

在本例中定义 Student 类描述学生类的通用特征和功能的声明：

```
1   class Student
2   {
3       public:
4       void Set(int i_ID,char s_name[],char c_sex,int i_age);
                                            //设置学生的基本信息
5       void Output();                      //输出学生的基本信息
6       void SetAge(int i_age);             //设置年龄
7       int GetAge();                       //读取年龄
8   private:
9       int ID;                             //学号
10      char name[21];                      //姓名
11      char sex;                           //性别
12      int age;                            //年龄
13  };
```

其中，第 1 行用关键字 class 声明了一个 Student 类（即用户自定义类型）。第 4～7 行声明了 Student 类的公有成员函数（注意，这是成员函数原型，并未实现其具体功能）。第 9～12 行定义了 Student 类的私有数据成员，即学生类的共同属性。

9.1.2 类的成员函数

类定义的内部仅声明了成员函数的原型，还需要在类定义的外部完成函数的定义。在类的外部实现成员函数定义时，要在函数名前面加上"**类名::**"，以表示类的作用域。

【例 9-2】 定义 Student 类（续）。

本例接着例 9-1 进行 Student 类的成员函数的定义：

```
1   #include <iostream>
```

```
2   #include <cstring>
3   using namespace std;
4   void Student::Set(int i_ID, char s_name[], char c_sex, int i_age)
5   {
6       ID = i_ID;
7       strcpy(name, s_name);                        //cstring库函数：字符串复制
8       sex = c_sex;
9       age = i_age;
10  }
11  void Student::Output()
12  {
13      cout << "ID: " << ID;
14      cout << "\nName: " << name;
15      cout << "\nSex: " << sex;
16      cout << "\nAge: " << GetAge();
17      cout << "\n--------------------------\n";
18  }
19  int Student::GetAge()
20  {
21      return age;
22  }
23  void Student::SetAge(int i_age)
24  {
25          age = i_age;
26  }
```

如果成员函数的代码比较简单(仅有赋值语句和 if 语句,没有循环语句和 switch 语句),可以将成员函数的实现直接写在类定义内部,即类的内部不写函数声明,只写函数定义。

以 Student 类的 GetAge 函数为例,代码段如下:

```
class Student
{
public:
    int GetAge(){   return age;   }                 //在类的内部直接写函数定义
    ...                                             //其他成员定义
};
```

定义成员函数时,也允许参数带默认值。调用函数时如果没有提供实参值,则使用默认值。注意:

(1)带默认值的参数仅写一次,写在类的声明中,在函数实现语句中不重复定义。

(2)参数有多个时,带默认值的参数的定义顺序是从右向左,即任何一个参数有默认值,则该参数右边的所有参数都必须定义默认值。例如:

```
void Set(char s_name[], char c_sex = 'F', int age = 10);//正确
```

```
        void Set(char s_name[], char c_sex ='F', int age);        //错误
```

（3）参数带默认值的函数与其他函数重载时，注意不要产生二义性。例如下面的类定义是错误的：

```
class Student
{
    void Set(const char s_name[] ="***", char c_sex ='F', int age =10);
    void Set();                      //Set 函数与参数取默认值的声明完全相同,产生二义性
};
```

为了方便程序中各个函数都能使用类类型，类的声明和定义一般放在文件的头部，或者单独保存成头文件（.h），各个源程序中使用 ♯include 包含该头文件即可（见第 12 章）。

9.1.3　创建和使用对象

定义类类型后，可以像普通数据类型一样定义类的变量，称为对象或类的实例。注意，对象只能访问类的公有成员，通过点（.）成员运算符访问公有数据成员或成员函数，一般格式为

对象名 . 公有数据成员名

或

对象名 . 公有成员函数

【例 9-3】　定义学生类对象，实现一个学生的信息输入与输出。

Student 类的定义和成员函数定义代码见例 9-1 和例 9-2。本例创建一个 stu1 对象，实现值的输入与输出。

代码如下：

```
1   # include <iostream>
2   using namespace std;
3   int main()
4   {
5       Student stu1;
6       int id,age;
7       char name[21], sex;
8       cout <<"Stu1's Original Information\n";
9       stu1.Output();
10      cout <<"Input Stu1's Information\n";
11      cout <<"ID: ";                               //输入学号
12      cin >>id;
13      cin.ignore(80, '\n');                        //消除上一行输入的多余内容,包括回车
14      cout <<"Name: ";
15      cin.getline(name, 20);          //输入姓名,允许空格
16      cout <<"Sex(F/M): ";
```

```
17      cin >> sex;                                    //接收一个字符给性别
18      cin.ignore(80, '\n');                          //清除当前行(防止输入多个字符)
19      cout << "Age: ";
20      cin >> age;
21      stu1.Set(id, name, sex, age);
22      cout << "--------------------------- \n";
23      cout << "Student stu1's Information: \n";
24      stu1.Output();
25      return 0;
26  }
```

程序运行示例如下：

```
Stu1's Original Information ID: 978197876
Name: Sex:
Age:2686916
----------------------------------
Input Stu1's Information

    ID:1
Name: Zhang San Sex: F
Age:19
----------------------------------
Studetent Stu1's Information ID: 1
Name: Zhang San Sex: F
Age:19
```

第 9 行输出 stu1 对象的相关信息,因为数据成员并未初始化值,所以显示的值是随机值。经过赋值后,在第 21 行 stu1 对象得到了输入的值,因此在第 24 行再次输出 stu1 对象的信息时显示的是具体的数值。

类的对象与其他数据类型一样,可以在定义的同时进行初始化。

初始化的格式为

类型名称 对象名称=值;

或

类型名称 对象名称(值);

对象的初始化要依靠构造函数来实现。

9.1.4　构造函数和析构函数

与创建其他变量一样,在创建对象的同时可以对对象进行初始化。类的数据成员不能直接被赋值,需要使用特殊的函数实现。

9.1.4.1　构造函数

构造函数是类的成员函数,函数名是类名,无返回值,可以被重载。当定义对象时,系统自动调用构造函数对数据成员进行初始化。

如果不定义构造函数，系统会提供一个**默认的构造函数**，默认构造函数的形式为

类名() { }

它是一个不含任何实现代码的空函数。

只要定义了构造函数，系统提供的默认构造函数就无效。所以，只要定义构造函数，就必须自定义无参构造函数。

修改 Student 类的定义，增加构造函数。由于 Student 类有 4 个数据成员，创建对象时的初始化可以有以下几种方式：

```
class Student
{
    public:
    Student();
    Student(int i_ID);
    Student(int i_ID, char s_name[]);
    Student(int i_ID, char s_name[], char c_sex);
    Student(int i_ID, char s_name[], char c_sex, int i_age);
    ...                                       //其他成员定义
};
```

构造函数是创建对象时自动调用的成员函数，因此必须是公有的。类提供多个构造函数满足用户创建对象时的初始化。构造函数的实现方法与类的其他成员函数的实现方法类似。

```
Student::Student(int i_ID)
{
    Set(i_ID, "***", 'F', 10);
}
Student::Student(int i_ID, char s_name[], char c_sex, int i_age)
{
    ID = i_ID;
    strcpy(name,s_name);                      //cstring库函数：字符串复制
    sex = c_sex;
    age = i_age;
}
```

构造函数内部实现的功能与 Set 完全相同，可以直接调用 Set 成员函数实现：

```
Student::Student(int i_ID, char s_name[], char c_sex, int i_age)
{
    Set(i_ID, s_name, c_sex, i_age);
}
```

其他的构造函数类似，例如：

```
Student::Student(int i_ID, char s_name[], char c_sex)
```

```
{
    Set(i_ID, s_name, c_sex, 10);
}
Student::Student(int i_ID, char s_name[])
{
    Set(i_ID, s_name, 'F', 10);
}
Student::Student()
{
    Set(1, (char *)"***", 'F', 10);
}
```

由于实参"***"是常量,要强制转换为指向字符串的指针类型,更好的办法是修改 Set 成员函数的形参变量为 const 字符数组:

```
void Set(int i_ID, const char s_name[], char c_sex, int i_age);
```

构造函数可以通过默认参数实现重载功能。

例如上面 Student 类的 5 个构造函数可以合并为一个函数,函数声明为

```
Student(int i_ID=1, const char s_name[]="* * *", char c_sex='F', int i_age=10);
```

函数定义:

```
Student::Student (int i_ID,const char s_name[],char c_sex,int i_age)
{
    Set(i_ID, s_name, c_sex, i_age);
}
void Student::Set(int i_ID, const char s_name[], char c_sex, int i_age)
{
    ID =i_ID;
    strcpy(name, s_name);                      //cstring 库函数:字符串复制
    sex =c_sex;
    age =i_age;
}
```

创建对象时,根据对象的初始化形式,选择一个合适的构造函数。例如:

```
Student s1;
```

上面的构造函数调用 Student 初始化,ID 是 1,姓名是"***",性别是'F',年龄是 10。

```
Student s2(10,"Wang ming");
```

上面的构造函数调用 Student(int i_ID,char s_name[])初始化,则 ID 是 10,姓名是 Wangl ming,性别是'F',年龄是 10。

构造函数的另一个写法是**初始化列表形式**。初始化列表写在构造函数头部的括号后面,增加冒号,多个成员之间使用逗号分隔开,然后是大括号的函数体。执行时首先执行

初始化列表,然后是函数体中的语句。例如:

```
Student::Student(int i_ID,const char s_name[], char c_sex, int i_age)
                      : ID(i_ID), sex(c_sex), age(i_age)
{
    strcpy(name, s_name);
}
```

在冒号后的初始化列表中,ID(i_ID)等价于函数体内的赋值语句 ID = i_ID;,初始化列表也初始化了 sex 和 age;而 name 要使用 strcpy 函数,必须写在函数体中。

* 9.1.4.2 析构函数

当对象生存期结束时,系统自动调用析构函数释放对象的内存空间。析构函数名是在类名前面加上波浪号(~)。析构函数没有返回值类型,没有参数,所以一个类只有一个析构函数。同样,系统会提供一个默认的析构函数,形式为

~类名() {}

Student 类的默认析构函数定义如下:

~Student() {}

自定义 Student 类的析构函数。例如,下面的代码表示 Student 对象使用完毕要回收时执行一个输出语句的功能:

```
Student::~ Student()
{
    cout <<"Destruction Student.\n";
}
```

9.1.4.3 对象创建与销毁的次序

对象就是 class 定义的类类型的变量。创建对象时,系统为类对象的数据成员分配内存空间,然后使用构造函数对成员变量进行初始化。对象的生存期结束(如函数调用完毕)时,系统将自动调用析构函数清理对象所占的内存空间,销毁对象,这个过程称为析构。一般情况下,析构的顺序总是与构造的顺序相反,即先构造的对象后析构。

【例 9-4】 添加自定义的构造函数和析构函数的学生类的完整程序。

源代码如下:

```
1  #include <iostream>
2  #include <cstring>
3  using namespace std;
4  classStudent
5  {
6  public:
7       //带默认参数的构造函数
```

```
 8      Student(int i_ID=0, const char s_name[] ="***", char c_sex ='M', int i_age =18);
 9      ~Student();                          //析构函数
10      void Set(int i_ID, const char s_name[], char c_sex, int i_age);
11      void Output();                       //输出学生信息
12      void SetAge(int i_age);              //设置年龄
13      int GetAge();                        //获取年龄
14  private:
15      int ID;                              //学号
16      char name[21];                       //姓名
17      char sex;                            //性别
18      int age;                             //年龄
19  };
20  Student::Student(int i_ID, const char s_name[], char c_sex, int i_age)
21  {
22      cout <<"Construct Student " <<s_name <<".\n";
23      Set(i_ID, s_name, c_sex, i_age);
24  }
25  Student::~Student()
26  {
27      cout <<"Destruction Student " <<name <<".\n";
28  }
29  void Student::Set(int i_ID, const char s_name[], char c_sex, int i_age)
30  {
31      ID =i_ID;
32      strcpy(name, s_name);
33      sex= c_sex;
34      age= i_age;
35  }
36  void Student::Output()
37  {
38      cout <<"\tID: " <<ID;
39      cout <<"\tName: " <<name;
40      cout <<"\tSex: " <<sex;
41      cout <<"\tAge: " <<GetAge();
42      cout <<"\n-------------------------\n";
43  }
44  int Student::GetAge()
45  {
46      return age;
47  }
48  void Student::SetAge(int i_age)
49  {
50      age =i_age;
51  }
```

```
52  int main()
53  {
54      Student stu1, stu2(1), stu3(2, "Wang ming");
55      Student stu4(3, "Li xiao", 'F'), stu5(4, "Zhang san", 'F', 20);
56      cout << "stu1: "; stu1.Output();
57      cout << "stu2: "; stu2.Output();
58      cout << "stu3: "; stu3.Output();
59      cout << "stu4: "; stu4.Output();
60      cout << "stu5: "; stu5.Output();
61      return 0;
62  }
```

运行示例如下：

```
Construct Student ***.
Construct Student ***.
Construct Student Wang ming.
Construct Student Li xiao.
Construct Student Zhang san.
stu1:  ID: 0    Name: ***        Sex: M     Age: 18
----------------------------
stu2:  ID: 1    Name: ***        Sex: M     Age: 18
----------------------------
stu3:  ID: 2    Name: Wang ming   Sex: M    Age: 18
----------------------------
stu4:  ID: 3    Name: Li xiao    Sex: F     Age: 18
----------------------------
stu5:  ID: 4    Name: Zhang san   Sex: F    Age: 20
----------------------------
Destruction Student Zhang san.
Destruction Student Li xiao.
Destruction Student Wang ming.
Destruction Student ***.
Destruction Student ***.
```

【例 9-5】　已知 Student 类的定义如例 9-4 所示，运行下面的主程序，一共调用构造
函数和析构函数多少次？调用顺序是什么？

```
1   ...                                          //例 9-4 的 1～51 行
2   int main()
3   {
4       Student stu1(1, "Zhang san", 'M', 20);
5       stu1.Output();
6       Student &stu2=stu1;
7       stu2.Output();
8       Student stuArr[3];
```

```
9       for(int i =0; i <3; i++)
10      {
11          stuArr[i].Set(i+2, "***", 'F', 15);
12          stuArr[i].Output();
13      }
14      return 0;
15  }
```

程序运行示例如下:

```
Construct Student Zhang san.
ID: 1 Name: Zhang san    Sex: M    Age: 20
--------------------------
ID: 1 Name: Zhang san    Sex: M    Age: 20
--------------------------
Construct Student ***. Construct Student ***. Construct Student ***.
ID: 2 Name: ***    Sex: F    Age: 15
--------------------------
ID: 3 Name: ***    Sex: F    Age: 15
--------------------------
ID: 4 Name: ***    Sex: F    Age: 15
--------------------------
Destruction Student ***. Destruction Student ***. Destruction Student ***.
Destruction Student Zhang san.
```

从运行结果可见,当创建对象时,系统会调用构造函数进行成员的初始化。当定义对象数组时,系统会为每一个元素(对象)调用构造函数进行数据成员的初始化。而引用型变量仅是对象的别名,系统不会为引用型变量分配内存空间,因此不会调用构造函数。

9.1.5 对象数组

与其他数据类型类似,可以定义类类型的数组(即对象数组)。例如,保存一个班级的学生信息,可以定义一个学生对象数组。以上述的 Student 类为例,定义一个学生对象数组的语句如下:

```
Student stuArr[30];
```

系统自动调用构造函数对 stuArr 数组中的每个 Student 对象进行初始化。

【例 9-6】 利用前面定义的学生 Student 类定义数组,实现一组学生信息的输入和输出。

代码如下:

```
...              //例 9-4 的第 1～51 行,去掉第 22 行与第 27 行构造函数与析构函数的输出信息
int main()
{
    const int N =35;                        //定义数组的最大长度
```

```
        Student stuArr[N];                    //定义一个学生数组,保存一个班级的学生信息
        int num;                              //定义一个班级的实际人数
        int id,age;
        char name[21], sex;
        cout << "How many students in a class(<=" << N << ")\n";
        cin >> num;
        int i;
        for(i =0;i <num; i++)
        {
            cout << "Input Stu[" << i+1 << "] Information\n";
            cout << "ID: ";
            cin >> id;
            cin.ignore(80,'\n');              //消除上一行输入的回车
            cout << "Name: ";
            cin.getline(name,20);
            cout << "Sex(F/M): ";
            cin >> sex;
            cin.ignore(80,'\n');
            cout << "Age: ";
            cin >> age;
            stuArr[i].Set(id, name, sex, age);
        }
        cout << "Student Information: \n";
        cout << "ID\tName\tSex\tAge\n";
        for(i =0;i <num; i++)
            stuArr[i].Output();
        return 0;
}
```

运行示例如下：

```
How many students in a class(<=35) 3
Input Stu[1] Information: ID: 1001
Name: Zhang Sex: F Age: 18
Input Stu[2] Information: ID: 1002
Name: Li Sex: M Age: 19
Input Stu[3] Information: ID: 1003
Name: Zhao Sex: F Age: 20
Students' Information:
ID       Name        Sex     Age
1001     Zhang San   F       16
1002     Li Ming     M       18
1003     Zhao Ying   F       17
```

9.2　结构体

结构体类型也是一种用户自定义的数据类型,用于将若干类型相同或不同且相互关联的数据组成一个集合。要使用结构体,首先要定义一个结构体类型,例如定义一个学生类型,包括学号、姓名、性别、年龄等信息;然后定义结构体类型的变量,对指定的变量进行各种操作。C&C++ 支持结构体类型。

结构体类型描述了一个复杂的对象。早期的 C/C++ 中的结构体只对数据成员进行描述。现在,结构体内也可以定义成员函数。但是在默认情况下,无论是成员函数还是数据成员都是公有的,用户可以通过对象对数据成员和成员函数直接操作,因此结构体缺少封装性等面向对象的特性。

9.2.1　结构体类型的声明

定义一个结构体类型,关键字是 struct,后面加上自定义的结构体名称,习惯上,结构体类型名称的首字母大写,然后是一对大括号,大括号内部分别定义若干个成员变量,最后以分号结束。

结构体类型定义格式为

struct 类型名称
{
　　结构体数据成员定义
};

例如,下面的代码定义了日期结构体类型,包括 3 个数据成员(年、月、日):

```
struct Date
{
    int year;
    int month;
    int day;
} ;
```

注意,上面定义的结构体类型是 struct Date,而不是 Date。

可以用 typedef 为 struct Date 定义一个别名,如 Date,可以使变量定义简洁且移植方便。

```
typedef struct Date
{
    int year;
    int month;
    int day;
} Date;
```

结构体类型内的数据成员可以是基本数据类型,也可以是数组,还可以是已定义的结构体类型。例如，下面定义的是学生结构体类型，包含 4 个数据成员（学号、姓名、性别、出生日期）：

```
struct Student
{
    int num;
    string name;
    char sex;
    Date birth;                    //Date 结构体必须定义在 struct Student 的前面
};
```

定义结构体类型后，系统不会为结构体类型分配内存。当定义结构体类型的变量时，系统会根据结构体定义时的数据成员的顺序和数据类型，依次为各数据成员分配连续的内存单元。结构体类型变量的内存大小是数据成员的内存大小之和。

为了方便程序中各个函数都能使用结构体类型，结构体的声明一般放在文件的头部。或者单独保存成头文件(.h)并各个源程序中使用♯include 包含头文件。

9.2.2　结构体类型变量的定义

定义结构体类型的变量有 3 种方式。

（1）先声明结构体类型，再定义变量，这是最常使用的定义形式。其定义方法与系统提供的基本数据类型一样。例如，前面已经声明了 struct Student 类型，则

```
struct Student stu1, stu2;            //定义两个 struct Student 型变量 stu1、stu2
```

（2）在定义结构体类型的同时定义变量。在结构体定义尾部的分号前面书写变量名。

例如：

```
struct Date
{
    int year;
    int month;
    int day;
} birth;
```

（3）定义无名的结构体类型，同时直接定义结构体类型变量。由于没有结构体类型名称，因此不能在其他地方再次定义这种类型的变量。这种方式较少使用。例如：

```
struct
{
    int year;
    int month;
    int day;
} birth;
```

结构体类型的变量也可以在定义时初始化。初始值是一个集合,用一对大括号括起来,按照结构体类型定义时的数据成员顺序及数据类型书写初始值。例如:

```
struct Date date1 ={2016, 2, 10};
struct Student stu1 ={"1001", "zhang san", 'F', {1995,3,8}};
struct Student stu2 ={"1002", "li si", 'M', date1};
```

9.2.3　结构体类型变量的使用

9.2.3.1　结构体类型变量的数据成员

结构体类型变量的使用(输入、输出、运算)一般是通过结构体类型变量的数据成员来实现的。结构体类型变量的数据成员使用形式为

变量名.数据成员名

点(.)是结构体类型成员运算符。

以输入为例,要输入日期型变量 date1 的值,写成 cout << date1;是错误的,要改为

```
cout << date1.year << date1.month << date1.day;
```

结构体成员也可以单独使用,可以像普通的同类型变量一样进行各种运算。例如:

```
date1.year =2000;
stu1.name ="lisi";
```

如果结构体成员仍然是结构体类型,继续使用点(.)访问结构体成员。例如:

```
stu1.birth.year =1998;                //stu1.birth 是 struct Date 类型
```

9.2.3.2　结构体类型变量的整体赋值

具有相同成员类型的结构体类型变量可以整体相互赋值。例如:

```
struct Student stu3 =stu1;
```

等价于

```
struct Student stu3;
stu3 =stu1;
```

当函数的形参变量是结构体类型或引用时,调用函数时可以直接传递同类型的结构体变量。例如下面的函数定义:

```
void Print1(struct Student stu)
{语句}
```

或

```
void Print2(struct Student& stu)
```

{语句}

则函数调用语句 Print1(stu1);和 Print2(stu1);都是正确的。

【例 9-7】 定义学生结构体类型,包括学生的学号、姓名、性别、出生日期。自定义函数实现输入和输出功能,主函数进行测试。

代码如下:

```
1   #include <iostream>
2   #include <ctime>
3   using namespace std;
4   typedef struct Date {
5       int year;
6       int month;
7       int day;
8   } Date;                    //Date结构体必须定义在 struct Student 的前面
9   typedef struct Student
10  {
11      int num;
12      char name[21];
13      char sex;
14      Datebirth;
15  } Stu;
16  void Input(Date& date1);       //输入日期
17  void Output(Date& date1);      //输出日期
18  int Age(Date& date1);          //求当前年份与出生日期年份的差
19  void Input(Stu& stu1);         //输入学生
20  void Output(Stu& stu1);        //输出学生
21  int main()
22  {
23      Stu stu1 ={1001, "Zhang San", 'F', {2000,1,5}};
24      Stu stu2;
25      cout <<"Input Stu2's Information\n";
26      Input(stu2);
27      cout <<"Student stu1's Information: ";
28      Output(stu1);
29      cout <<"Student stu2's Information: ";
30      Output(stu2);
31      return 0;
32  }
33  void Input(Date& date1)
34  {
35      cout <<"Input Date(Year Month Day): ";
36      cin >>date1.year >>date1.month >>date1.day;
37  }
```

```
38  void Output(Date& date1)
39  {
40      cout <<date1.year << "-"<<date1.month << "-" <<date1.day;
41  }
42  int Age(Date& date1)
43  {
44      time_t val =time(NULL);
45      int localYear =localtime(&val) ->tm_year +1900;    //localtime 是 cime 库函数
46      int age =localYear-date1.year;                     //年龄
47      return age;
48  }
49  void Input(Stu& stu1)
50  {
51      cout << "Number: ";
52      cin >>stu1.num;                                    //输入学号
53      cout << "Name: ";
54      cin.ignore(80,'\n');                               //清除当前行(防止输入多个字符)
55      cin.getline(stu1.name,20);                         //输入姓名,允许空格
56      cout << "Sex(F/M): ";
57      cin >>stu1.sex;                                     //接收一个字符赋给性别
58      cin.ignore(80,'\n');                               //清除当前行(防止输入多个字符)
59      cout << "Birth"; Input(stu1.birth);
60  }
61  void Output(Stu& stu1)
62  {
63      cout << "\nNumber: " <<stu1.num;
64      cout << "\nName: " <<stu1.name;
65      cout << "\nSex: " <<stu1.sex;
66      cout << "\nBirth: "; Output(stu1.birth);
67      cout << "\nAge: " <<Age(stu1.birth);
68      cout << "\n------------------------- \n";
69  }
```

程序运行示例如下:

```
Input Stu2's Information
Number: 1002
Name: Li Si
Sex: M
BirthInput Date(Year Month Day): 1998 5 10
Student stu1's Information:
Number: 1001
Name: Zhang San
Sex: F
Birth: 2000-1-5
```

```
Age: 16
----------------------------
Student stu2's Information: Number: 1002
Name: Li Si Sex: M Birth: 1998-5-10
Age: 18
----------------------------
```

第 16 行中的参数为引用型变量。

第 44 行中的 val ＝ time(NULL)用于获取系统当前时间。

第 45 行中的 localtime(＆val) －＞ tm_year ＋ 1900；用于计算系统当前年份。

9.2.4 结构体类型的数组

与其他数据类型类似，可以定义元素是结构体类型的数组。例如，保存一个班级的学生信息，可以定义一个数组，每个元素按照学生结构体类型定义的结构存放数据，利用结构体成员实现各种操作。

以前面定义的 struct Student 为例，定义一个保存学生信息的数组的语法是

```
struct Studentstu[30];
```

结构体数组的初始化是对每个元素的初始化，每个元素的初始值用一对大括号括起来，值之间用逗号分隔。为方便阅读，一般每个元素的初始值占一行。例如：

```
struct Student stu[3]={{1001, "Zhang San", 'F', {2000,1,5}},
                       {1002, "Li Ming", 'M', {1998,12,15}},
                       {1003, "Zhao Ying", 'F', {1999,5,12}}
                       };
```

【例 9-8】 在已定义的 Student 结构体类型和 Input 函数的基础上，自定义 Output 函数以实现一组学生信息的输出，改写 main 函数以实现数组的输入与输出。

代码如下：

```
#include <iostream>
#include <iomanip>              //格式化输出需要包含 std 命名空间的 iomainp 文件
#include<ctime>
using namespace std;
typedef struct Date
{
    int year;
    int month;
    int day;
} Date;
typedef struct Student
{
    int num;
    char name[21];
```

```
        char sex;
        Datebirth;                      //Date 结构体必须定义在 struct Student 的前面
}Stu;
void Input(Date& date1);
void Output(Date& date1);
int Age(Date& date1);
void Input(Stu& stu1);
void Output(Stu stu1[], int n);       //定义 Output 函数以实现数组所有元素的输出
const int N = 35;                     //定义数组的最大长度
int main()
{
    Stu stuArr[N];                    //定义一个学生数组,保存一个班级的学生信息
    int num;                          //定义一个班级的人数
    cout << "输入班级的学生人数 (<=" << N << ")\n";
    cin >> num;
    int i = 0;
    for(i = 0 ; i < num; i++)
    {
        cout << "输入 " << i+1 << ": \n";
        Input(stuArr[i]);             //输入第 i 位学生的信息到数组中下标为 i 的元素中
    }
    cout << "学生信息: ";
    Output(stuArr, num);
    return 0;
}
void Input(Date& date1)
{
    cout << "(Year Month Day): ";
    cin >> date1.year >> date1.month >> date1.day;
}
void Output(Date& date1)
{
    cout << setiosflags(ios::right) << setw(4) << setfill(' ')
        << date1.year << "-" << setw(2) << setfill('0')
        << date1.month << "-" << setw(2) << date1.day
        << setfill(' ') << resetiosflags(ios::right);
}
int Age(Date& date1)
{
    time_t val = time(NULL);
    int localYear = localtime(&val) -> tm_year + 1900;
    int age = localYear - date1.year;  //年龄
    return age;
}
```

```cpp
void Input(Stu& stu1 )
{
    cout << "学号: "; cin >> stu1.num;
    cout << "姓名: "; cin.ignore(80,'\n');    //消除上一行输入的回车
    cin.getline(stu1.name, 20);
    do
    {
        cout << "性别(F/M): ";
        cin >> stu1.sex;
    }while(stu1.sex !='F' && stu1.sex !='M');
    cin.ignore(80, '\n');                    //清除当前行
    cout << "出生日期 "; Input(stu1.birth);
}
void Output(Stu stu1[], int n)
{
    cout << "\n 序号\t 学号  \t     姓名      \t  性别\t     出生日期\t 年龄";
    cout << "\n---------------------------------------\n";
    for(int i = 0; i < n; i++)
    {
        cout << setiosflags(ios::left) << setw(8) << i+1 << " ";
        cout << setw(10) << stu1[i].num;
        cout << setw(20) << stu1[i].name;
        cout << setw(8) << stu1[i].sex;
        Output(stu1[i].birth);
        cout << "   " << setw(3) << Age(stu1[i].birth);
        cout << "\n-----------------------------\n";
    }
}
```

运行示例如下：

输入班级的学生人数(<=35)
3
输入 1:
学号: 1001
姓名: zhang ming
性别(F/M): M
出生日期(Year Month Day): 2000 1 8
输入 2:
学号: 1002
姓名: li xiang
性别(F/M): F
出生日期(Year Month Day): 2001 12 5
输入 3:
学号: 1003

```
姓名:zhao min
性别(F/M):M
出生日期(Year Month Day):2001 6 10
学生信息:
序号      学号        姓名          性别      出生日期      年龄
------------------
1        1001       zhang ming    M        2000-01-08 19
------------------
2        1002       li xiang      F        2001-12-05 18
------------------
3        1003       zhao min      M        2001-06-10 18
------------------
```

*9.3 结构体与类的比较

结构体和类都提供了数据的封装和构造,结构体主要是 C 语言的特色,类是 C++ 的基本机制。结构体和类有很多地方很相似,结构体是类的一种轻量级的替代品。弄清楚两者的区别和相同点,能比较好地把握它们的使用。

9.3.1 C 语言的结构体和 C++ 的结构体的区别

C 语言的结构体与 C++ 的结构体基本相同,有以下区别:

(1) C 语言的结构体内不允许有函数存在,C++ 的结构体允许有内部成员函数,且允许该函数是虚函数(这是面向对象的特点)。所以 C 语言的结构体没有构造函数、析构函数等面向对象特点的函数和 this 指针。

(2) C 语言的结构体对内部成员变量的访问权限只能是 public,而 C++ 的结构体对内部成员的访问权限有 public、protected、private(这也是面向对象的特点)。

(3) C 语言的结构体是不可以继承的;C++ 的结构体具有继承性(这还是面向对象的特点),可以从其他结构体或类继承过来。

以上区别实际上是面向过程和面向对象编程思路的区别。C 语言的结构体只是把数据变量封闭起来,并不涉及算法;而 C++ 是把数据变量及对这些数据变量的相关算法封装起来,并且对这些数据和类提供了不同的访问权限。

在 C 语言中没有类的概念,但是可以通过在结构体内创建函数指针实现面向对象的思想。

9.3.2 C++ 的结构体和类的区别

C++ 的结构体和类的区别主要是默认的访问权限不同:

(1) C++ 结构体的内部成员变量及成员函数默认的访问极限是 public,而 C++ 类的内部成员变量及成员函数的默认访问极限是 private。

(2) C++ 结构体的继承默认是 public,而 C++ 类的继承默认是 private。

一般情况下,如果只是简单地定义一个新的数据类型以包含多个不同数据类型的元素，不需要同时封装与这些元素相关的函数，则使用结构体类型即可；而如果需要限定元素只能通过相关的公有函数来操作，则定义类。

*9.4 数据类型的别名

typedef 可以为一个数据类型取别名，格式为

typedef 数据类型 别名

例如：

```
typedef int INT;
type struct Date
{
    int year;
    int month;
    int day;
}Date;
```

为数据类型取别名有两种情况：一种是对复杂数据类型取精简的别名，以方便在程序中书写，例如在进行结构体变量定义时，可以直接使用 Date 而不是 struct Date；另一种是为了代码的兼容性和扩展性，例如程序中使用 INT 表示 int，以后如果需要将 int 型改为 long 型时，只需要修改 typedef 语句即可，程序中无须修改。

*9.5 枚举类型

写程序时，常常会遇到某个变量只有几种可能的值的情况，例如，学生的成绩分 A、B、C、D 等，天气分 sunny、cloudy、rainy 等，那么就可以将此变量定义为枚举类型。

所谓"枚举"，就是将变量可能存在的情况或可能的值一一列举出来，变量的值只能在列举出来的值的范围内。

*9.5.1 枚举类型的声明

声明枚举类型用关键字 enum，一般形式为

enum 枚举类型名{枚举常量列表}；

例如：

```
enum Weekday {Monday, Tuesday, Wednesday, Thursday, Friday, Saturday, Sunday};
```

上面声明了一个枚举类型 Weekday，大括号中 Monday，Tuesday，…，Sunday 等称为枚举元素或枚举常量，它们是用户自己定义的标识符，其值默认分别为 0～6（后面会介绍怎样显式初始化枚举常量的值）。这个类型的变量的值只能是以上 7 个值之一。

9.5.2　枚举变量的定义及赋值

声明了枚举类型之后,可以用它来定义变量,就像使用基本变量类型(如 int 型变量的定义)一样。例如:

```
Weekday workday, week_end;
```

这样,workday 和 week_end 被定义为枚举类型 Weekday 的变量。

然而,与基本变量类型不同的地方是,在不进行强制转换的前提下,只能将定义的枚举类型的常量赋值给该种枚举类型的变量。例如:

```
workday =Monday;
week_end =Sunday;
```

注意,不能将其他值赋给枚举变量。例如:

```
workday =10;                //错误,因为 10 不是枚举常量
```

如果要将一个整数赋值给枚举型变量,要通过数据类型强制转换来实现。例如:

```
workday = (Weekday)5;
```

5 强制转换为 Weekday 类型,是 Weekday 中枚举的第 6 个元素 Saturday。

也可以在声明枚举类型时直接定义枚举类型的变量。例如:

```
enum{Monday, Tuesday, Wednesday, Thursday, Friday, Saturday, Sunday}workday;
```

枚举型变量的值输出的是整数。如果要显示字符串,需要自定义输出。

9.5.3　自定义枚举量的值

前面讲到通过定义,枚举元素 Monday、Tuesday 等的值默认分别为 0~6。此处,还可以显式设置枚举元素的值:

```
 enum Week {Monday = 1, Tuesday = 2, Wednesday = 3, Thursday, Friday, Saturday,
 Sunday};
```

注意,指定的值必须是整数。

可以只显式定义一部分枚举元素的值,未被初始化的枚举元素的值默认将依次加 1。

【例 9-9】　口袋中有红、黄、蓝、白、黑 5 种颜色的球若干个。每次从口袋中任意取出 3 个球,求出得到 3 种不同颜色的球的可能取法,输出每种排列的情况。

源程序如下(本程序用到了循环结构,相关语法详见第 5 章):

```
#include <iostream>
#include <iomanip>          //输出时要用到 setw 控制符进行格式控制
using namespace std;
int main()
```

```cpp
{                    //声明枚举类型 color
    enum color {red, yellow, blue, white, black};
    color pri;                      //定义 color 类型的变量 pri
    int i, j, k, n =0, loop;        //n 用于累计不同颜色组合的个数
    for(i =red; i <=black; i++)     //当 i 为某一颜色时
        for(j =red; j <=black; j++)     //当 j 为某一颜色时
            if(i !=j)                   //若前两个球的颜色不同
            {
                for(k=red; k <=black; k++)//前两个球颜色不同,检查第 3 个球的颜色
                    if((k!=i) && (k!=j))    //3 个球的颜色都不同
                    {
                        n =n + 1;           //找到一个,n 加 1
                        cout << setw(3) <<n;    //输出 n 的值,字段宽度为 3,右对齐
                        for(loop =1; loop <=3; loop++)
                                            //先后对 3 个球作处理
                        {
                            switch(loop)    //判断 loop 的值,为 pri 赋值
                            {
                                //color(i)是强制类型转换
                                case 1: pri =color(i); break;   //使 pri 的值为 i
                                case 2: pri =color(j); break;   //使 pri 的值为 j
                                case 3: pri =color(k); break;   //使 pri 的值为 k
                                default : break;
                            }
                            switch(pri)             //判断 pri 的值,输出相应的颜色名称
                            {
                                case red:
                                    cout << setw(8) <<"red";
                                    break;
                                case yellow:
                                    cout << setw(8) <<"yellow";
                                    break;
                                case blue:
                                    cout << setw(8) <<"blue";
                                    break;
                                case white:
                                    cout << setw(8) <<"white";
                                    break;
                                case black:
                                    cout << setw(8) <<"black";
                                    break;
                                default : break ;
                            }
                        }                                       //for 循环结束
```

```
                    cout<<endl;
                }                              //if((k!=i) && (k!=j))结束
            }                                  //if(i!=j)结束
    cout <<"total: " <<n<<endl;                //输出符合条件的组合的个数
    return 0;
}
```

运行结果如下(序号占 3 位,3 种颜色名称各占 8 位):

```
 1      red     yellow      blue
 2      red     yellow      white
 3      red     yellow      black
...
58      black   white       red
59      black   white       yellow
60      black   white       blue
total: 60
```

不用枚举常量,而用常数 0 代表红色,用 1 代表黄……也可以。但显然用枚举常量更直观,因为枚举常量都选用了令人见名知义的标识符,而且枚举变量的取值被限制在定义时规定的几个枚举常量(枚举元素)范围内,如果赋予枚举变量一个其他的值,就会出现出错信息,便于检查。

*9.6　C++ 的 string 类

前面介绍的字符数组是 C 语言的处理方法,操作过程中要注意存储细节,如数组下标越界等。C++ 定义了标准 string 类,提供了成员函数以实现字符串处理,C++ 中的 string 类可以当作一个基本数据类型使用,而无须关心其内部的实现细节。使用时首先创建 string 类的对象,然后通过 string 类的一些成员函数完成字符串处理。

要使用 string 类,必须先包含 std 命名空间的头文件 string:

```
#include <string>
using namespace std;
```

9.6.1　string 类对象的定义

string 类的对象(变量)在定义的同时可以初始化。例如:

```
string s1;
string s2("Hello");
string s3 = "hello";
```

9.6.2　string 类成员函数

string 类提供的一些常用的成员函数举例如下。例如,定义 string s1＝"hello",s2

="lo";,则：

(1) s1. size()：返回 s1 中字符的个数 5。

(2) s1. length()：返回 s1 中字符的个数 5,等价于 s1. size()。

(3) s1. substr(3,2)：返回从 s1 的第 3 个字符开始的两个字符,即"lo"。

(4) s1. at(0)：返回 string 类对象中下标为 0 的字符'h'. 如果 index 越界,则程序会非正常中断。

(5) s1. insert(0,s2)：在 s1 的下标为 0 处插入 s2,执行后 s1 的值从"hello"变为"lohello"。

(6) s1. erase(1,2)：将 s1 中从下标 1 开始的两个字符移除,执行后 s1 的值从"hello"变为"hlo"。

(7) s1. find(s2)：返回 s1 中第一次出现 s2 的位置 3。如果没有找到,返回一个随机值。

【例 9-10】 string 类成员函数举例。

```cpp
# include <iostream>
# include <string>
using namespace std;
int main()
{
    string s1="hello";
    string s2("hi");
    cout <<"len(s1)=" <<s1.size() <<endl;
    cout <<"len(s2)=" <<s1.length() <<endl;
    cout <<"s1.substr(3,2)=" <<s1.substr(3,2) <<endl;
    for(int i =0; i <s1.size(); i++)
        cout <<s1.at(i) <<" ";
    cout <<s1.at(10);
    return 0;
}
```

运行结果如下(最后一行的 s1.at(10)出错,下标越界)：

```
len(s1)=5
len(s2)=5
s1.substr(3,2)=lo
h e l l o terminate called after throwing an instance of 'std::out_of_range'
  what(): basic_string::at: __n (which is 10) >=this->size() (which is 5)


--------------------------------
Process exited after 1.934 seconds with return value 3
```

9.6.3 string 类的运算符

string 类中重载了常用的赋值运算符、关系运算符(＝＝、＞、＜等)、＋运算符实现字符串的连接,string 类的对象可以像基本数据类型一样使用。

【例 9-11】　string 类运算符举例。

```
#include <iostream>
#include <string>
using namespace std;
int main()
{
    string s1 = "hello";
    string s2("hi");
    if(s1 == s2)
        cout << "s1=s2\n";
    else
    {
        s1 = s1 + "," + s2;
        cout << "s1=" << s1 << endl;
        cout << "s2=" << s2 << endl;
    }
    return 0;
}
```

运行结果如下:

```
s1=hello,hi
s2=hi
```

9.6.4　string 类对象的输入与输出

　　string 类对象的输入与输出类似于字符数组。可以使用<<输入一个字符串,以空格或回车结束;使用>>输出一个字符串。

　　如果要输入一行包含空格的字符串,要使用 string 库中定义的 getline 函数。注意,getline 函数并不是 string 类对象的成员函数,也不是 cin. getline 函数,其格式为

```
getline(cin,string 对象名);
```

　　其中,cin 是标准输入设备,将从键盘输入的一行字符串写入 string 对象中。

【例 9-12】　string 类对象的输入与输出示例。

阅读下面的代码:

```
#include <iostream>
#include <string>
using namespace std;
int main()
{
    string s1;
    string s2;
```

```
        cin >> s1;
        getline(cin,s2);
        cout << "s1=" << s1 << endl;
        cout << "s2=" << s2 << endl;
        return 0;
}
```

运行示例如下（第 1 行为输入，第 2、3 行为输出）：

```
how are you
s1=how
s2=are you
```

在输出时，s1 接收了第一个空格之前的字符串"how"，s2 接收了空格直到换行符的其余字符。

要注意，getline 函数会读取缓存区中当前行的全部剩余内容，即使该行只剩下一个换行符'\n'。因此，当运行程序时发现并没有接收到实际的字符串时，要使用 cin. ignore 等方法清除缓存区中多余的字符，特别是'\n'。

9.6.5　字符数组转换为 string 类字符串

可以用以下两种方法将字符数组转换为 string 类字符串。

（1）使用赋值运算符实现。例如：

```
char a[] = "Hello";
string s;
s = a;
```

（2）在创建 string 类对象时初始化。这种方法可以在 string 类对象初始化时使用 string 类的构造函数来实现。例如：

```
char a[] = "Hello";
string s(a);                                    //或 string s=a;
```

也可以使用另一种构造函数，这种构造函数包含两个参数，一个是字符数组首地址，另一个是字符数组最后一个元素（即'\0'的）地址。例如：

```
char a[] = "Hello";
string s(a,&a[strlen(a)]);                      //或 string s(a,a+strlen(a));
```

9.6.6　string 类字符串转换为字符数组

string 类的 c_str 方法返回一个指向正规 C 语言字符串的指针（C 语言中没有 string 类）。例如，string s = "hello";，则 s. c_str 就是字符数组。

【例 9-13】　将一个 string 类字符串复制到一个字符数组中。

算法分析：C 语言的标准库 string. h 中的字符串处理函数 strcpy() 允许将一个字符

串复制到另一个字符数组中,而 strncpy() 允许将一个字符串的若干个字符复制到另一个字符数组中。函数原型是

strcpy(目的字符数组首地址,源字符串首地址);
strncpy(目的字符数组首地址,源字符串首地址,复制的字符个数);

代码如下:

```cpp
#include <iostream>
#include <cstring>
using namespace std;
int main()
{
    string s = "hello";
    char a[10];
    strncpy(a, s.c_str());      //将字符串 s 全部复制到字符数组 a 中
    cout <<a <<endl;            //输出结果是 hello
    strncpy(a, s.c_str(), 3);  //将字符串 s 的前 3 个字符复制到字符数组 a 中
    a[3] = '\0';               //字符数组以 '\0' 结束
    cout <<a <<endl;           //输出结果是 hel
}
```

运行结果如下:

```
hello
hel
```

9.7　实用知识: C 语言的日期标准函数库

C 语言的标准库函数 time.h 中定义了与时间有关的函数以及表示时间的结构体类型 struct tm。C++ 中并没有提供日期类型,std 命名空间中的 ctime 库文件中定义了 C 语言的日期结构体类型和相关的标准库函数。

9.7.1　time_t 类型与 time 函数

time 函数的原型是

```cpp
time_t time(time_t * t);
```

返回的 time_t 类型实际是长整型。如果 t 是 NULL(0),直接返回当前时间;如果 t 不是 NULL(0),在返回当前时间的同时,将返回值赋予 t 指向的内存空间。

获得当前系统时间的方法是 time(0)。

9.7.2　struct tm 结构体类型与 localtime 函数

在标准 C&C++ 中,通过定义在 time.h 中的 struct tm 结构体类型来获得日期和时间:

```cpp
struct tm {
```

```
    int tm_sec;                 //秒，[0,59]
    int tm_min;                 //分，[0,59]
    int tm_hour;                //时[0,23]
    int tm_mday;                //一个月中的日期，[1,31]
    int tm_mon;                 //一年中的月份，[0,11]
    int tm_year;                //年份，值等于实际年份减去 1900
    int tm_wday;                //星期，[0,6]
    int tm_yday;                //从每年的 1 月 1 日开始的天数，[0,365]
    int tm_isdst;               //夏令时标识符。实行夏令时为正，不实行夏令时为 0;情况不
                                  明为负
};
```

localtime 函数是将日历时间转化为本地时间。函数原型是

struct tm * localtime(const time_t * timer);

9.7.3   获取当前系统年月日的代码段示例

获取当前系统年月日的代码段示例如下：

```
time_t now =time(0);              //以 C 语言的 time_t 类型变量 now 保存当前系统时间
struct tm * tt =localtime(&now);  //定义 C 语言的 tm 结构体变量 tt 以保存系统时间
year =1900 +tt->tm_year;          //当前系统的年份
month =1 +tt->tm_mon;             //当前系统的月份
day =tt->tm_mday;                 //当前系统的日期
```

9.8   自定义类的综合应用实例

9.8.1   自定义日期类

自定义日期类需要保存年月日，输出格式为 YYYY-MM-DD。该类实现的功能包括：利用构造函数实现日期的初始化、设置年月日、返回年月日等基本的输入输出功能，以及判断是否是合法日期、是否是闰年、计算两个日期差等日期功能。

9.8.1.1   一个简单的日期类的定义

定义日期类的代码如下：

```
const int STARTYEAR =1900;
class Date
{
public:                             //公有成员
    Date(int year =STARTYEAR, int month =1, int day =1);    //构造函数
    void SetDate(int year=STARTYEAR, int month=1, int day=1);   //设置年月日
    void SetCurrDate();             //将 Date 对象设置为当前系统日期
    int GetYear() {return year;}    //返回年
```

```
    int GetMonth() {return month;}  //返回月
    int GetDay() {return day;}      //返回日
    char* GetString();             //返回 Date 对象的值,输出字符串 YYYY-MM-DD
    bool IsValid();                //当前 Date 对象的值是否是合法日期
    bool IsLeap();                 //当前 Date 对象的值是否是闰年
    int GetDaysOfCurrYear();       //返回从本年 1 月 1 日到当前系统日期的天数
    int GetDaysOfStartYear();      //返回从 STARTYEAR 年 1 月 1 日到当前系统日期的天数
    int GetDiffDays(Date& D);      //返回当前系统日期到 Date 对象 D 的天数之差
private:                           //私有成员
    int getMonthDays(int month);   //获得某年度某个月的最大天数
    int year;
    int month;
    int day;
    char str[12];
};
```

在类的外部定义每个方法的具体实现,与函数定义类似,但是需要在每个函数名前面加上 Date::,表示它是 Date 类中定义的方法。每个方法的函数体内部都可以直接访问类中所有的成员,包括公有成员和私有成员。每个方法被 Date 对象调用时,操作的是该对象的成员所在的内存空间。例如:

```
Date D;               //调用构造函数初始化 Date 对象 D,值为 1900-01-01
cout <<D.GetYear();   /* Date 类的 GetYear 方法中只有一条语句:return
                         year;,返回的是当前调用 GetYear 方法的对象 D,
                         输出 1900 */
```

因此,定义类中的每个方法时,允许直接使用 Date 的属性 year、month 等名字,也可以用 this->year 明确表示是当前调用方法的对象的属性。

9.8.1.2　日期类方法的实现参考代码

日期类的方法中涉及获取当前系统日期的功能,要包含 ctime 库文件:

```
#include <ctime>
using namespace std;
```

Date 类的对象初始化及赋值相关方法的实现参考代码如下:

```
//构造函数初始化 Date 对象
Date::Date(int y, int m, int d)
{
    SetDate(y, m, d);    //调用 SetDate 方法完成对象的初始化
}
//设置年月日
void Date::SetDate(int y, int m, int d)
{
    year =y;
```

```
        month = m;
        day = d;
        GetString();
    }
//将 Date 对象设置为当前系统日期
void Date::SetCurrDate()
{
    time_t now = time(0);          //以 C 语言的 time_t 类型变量 now 保存当前系统时间
    struct tm * tt = localtime(&now);  //定义 C 语言的 tm 结构体变量 tt 以保存系统时间
    year = 1900 + tt->tm_year;     //当前系统的年份
    month = 1 + tt->tm_mon;        //当前系统的月份
    day = tt->tm_mday;             //当前系统的日期
    GetString();
}
```

GetYear、GetMonth、GetDay 的代码过于简单，只有一条 return 语句，可以直接写在类的声明中，也可以写在外部。

GetString 函数返回 Date，输出字符串 YYYY-MM-DD，因此返回类型是 char *，返回字符数组 str 的首地址，使用 C 语言的 sprintf 库函数生成格式字符串，输出到 str 数组中。参考代码如下：

```
char * Date::GetString()
{
    //C 语言库函数 sprintf 的功能是发送格式化输出到 str 指向的字符串
    sprintf(str, "%04d-%02d-%02d", year, month, day);
                                   //日期格式为 YYYY-MM-DD,不足位数填充 0
    return str;
}
```

本例中，共设计了 6 个与 Date 类的对象功能相关的方法，包括 5 个公有方法以及一个私有方法。参考代码如下：

```
//判断当前 Date 对象是否是合法日期
/* 要判断一个日期是否合法,主要考虑 3 点:
① 年份 year 不能小于 STARTYEAR;
② 月份 month 必须 1~12;
③ 当前日 day 必须在 1 与当月最大值之间。
bool Date::IsValid()
{
    bool flag = false;
    if(year < STARTYEAR)
        flag = false;
    else if(month < 1 || month > 12)
        flag = false;
    else if(day < 1 || day > getMonthDays(month))
```

```
            flag =false;
        else
            flag =true;
        return flag;
}
//判断当前 Date 对象是否是闰年
bool Date::IsLeap()
{
        return(year %4 ==0 && year %100 !=0) || (year %400 ==0);
}
//返回当前年份的天数(从 1 月 1 日开始到 Date)
//方法:累加 1 到 month-1 的每个月的最大天数,最后加上当前的 day 的值
int Date::GetDaysOfCurrYear()
{
        int days =0;                    //days 到 1 月 1 日的天数
        for(int i =1;i <month; i++)
        {
            days +=this->getMonthDays(i);
        }
        days +=day;
        return days;
}
//返回从 STARTYEAR 到当前 Date 对象的天数
/* 方法:累加从 STARTYEAR 到当前 year-1 的每一年的天数(闰年 366 天,非闰年 365 天),最后
    加上当前 year 的天数(调用 Date 的 GetDaysOfCurrYear 方法) */
int Date::GetDaysOfStartYear()
{
        int days =0;
        for(int y =STARTYEAR; y<year; y++)
        {
            days += ((y %4 ==0 && y %100 !=0) || (y %400 ==0)) ? 366 : 365;
        }
        days +=this->GetDaysOfCurrYear();
        return days;
}
//返回当前对象到 Date 对象 D 的天数
/* 方法:当前 Date 对象到 STARTYEAR 年 1 月 1 日的天数减去 Date 对象 D 到 STARTYEAR 年 1
    月 1 日的天数*/
int Date::GetDiffDays(Date& D)
{
        return GetDaysOfStartYear() -D.GetDaysOfStartYear();
}
//获得该年某个月的最大天数
int Date::getMonthDays(int month)
```

```
    {
        int days = 0;
        switch(month)
        {
            case 1: case 3: case 5: case 7: case 8: case 10: case 12: days = 31; break;
            case 4: case 6: case 9: case 11: days = 30; break;
            case 2: days = IsLeap()? 29: 28; break;
            default: days = 0;
        }
        return days;
    }
```

9.8.1.3　测试日期类

设计 main 函数，实现 Date 类的对象创建、Date 类的对象的公有成员的调用及输出。
参考代码如下：

```
int main()
{
    Date D1;
    D1.SetCurrDate();
    cout << D1.GetString() << endl;
    Date D2;
    cout << D2.GetString() << endl;
    D2.SetDate(D1.GetYear(),3,31);
    cout << D2.GetString() << endl;
    cout << D2.IsValid() << endl ;
    cout << D1.GetDaysOfCurrYear() << endl;
    cout << D1.GetDiffDays(D2);
    return 0;
}
```

程序的运行结果如下：

```
2019-10-05
1900-01-01
2019-03-31
1
278
188
```

9.8.2　自定义 BMI 类

BMI 类需要保存某个日期下的身高（单位为 cm）和体重（单位为 kg），输出 BMI 的值
以及胖瘦情况。该类实现的功能包括：利用构造函数实现 BMI 类对象的初始化，包括无

参构造函数(日期为当前系统日期,身高为 0,体重为 1)和有参构造函数;用户设置身高体重,返回 BMI 的值及输出胖瘦情况等功能。

算法分析:BMI 类的属性成员包括日期(Date 类对象)、身高(double 型)、体重(double 型),难点在于类对象成员的初始化语法。

参考代码如下:

```
#include <cstring>
...                                       //Date 类定义
    class BMI
{
public:
    BMI();                                //无参构造函数,日期为系统日期,height=0,weight=1
    BMI(double height, double weight);    //构造函数,日期为系统日期
    BMI(double height, double weight, Date& D);   //构造函数
    void SetBMI(double height,double weight);     //设置 BMI 参数,日期为系统日期
    void SetBMI(double h, double w, Date& D);     //设置 BMI 参数
    double GetBMI();                      //计算并返回 BMI 的值
    char* GetString();                    //输出 BMI 的值及胖瘦情况的字符串
private:
    Date Ddate;                           //日期
    double height;                        //身高(单位为 cm)
    double weight;                        //体重(单位为 kg)
    char str[80];                         //保存 BMI 的值及胖瘦情况的字符串
};
BMI::BMI(): Ddate()
{
    height =1;
    weight =0;
    str[0] ='\0';
}
BMI::BMI(double h, double w): Ddate()
{
    SetBMI(h,w);
}
BMI::BMI(double h, double w, Date& D)
{
    SetBMI(h,w,D);
}
void BMI::SetBMI(double h, double w)
{
    Ddate.SetCurrDate();
    height =h;
    weight =w;
}
```

```
void BMI::SetBMI(double h, double w, Date& D)
{
    Ddate = D;
    height = h;
    weight = w;
}
    char* BMI::GetString()
{
    double bmi = GetBMI();
    char shape[12];
    if(bmi < 18.5)
        strcpy(shape,"偏瘦");
    else if(bmi < 24)
        strcpy(shape,"正常");
    else if(bmi < 28)
        strcpy(shape,"偏胖");
    else
        strcpy(shape,"肥胖");
    sprintf(str,"日期：%s\n身高：%.1lf,体重：%.1lf,BMI：%.1lf,您的体型%s!\n",
            Ddate.GetString(), height, weight, GetBMI(),shape);
    return str;
}
    double BMI::GetBMI()
{
    return weight / (height/100) / (height/100);
}
int main()
{
    BMI bmi1(160,65);
    cout << bmi1.GetString();
    Date D(2000,5,5);
    BMI bmi2(165,60,D);
    cout << bmi2.GetString();
    return 0;
}
```

程序运行结果如下：

```
日期：2019-10-05
身高：160.0,体重：65.0,BMI：25.4,您的体型偏胖！
日期：2000-05-05
身高：165.0,体重：60.0,BMI：22.0,您的体型正常！
```

9.8.3　一组 BMI 数据的文件读写

自定义函数如下：

```
//向文件中写入一组 BMI 数据
//filename 是文件名,bmi 是一个包含 n 个 BMI 类型对象的元素的一维数组
bool WriteFile(const char * filename, BMI bmi[], int n)
{
    ofstream ofs(filename);
    if(ofs !=NULL)
    {
        int i;
        for(i =0;i <n; i++)
        ofs.write((char * )&bmi[i], sizeof(BMI));
        ofs.close();
        return true;
    }
    else
        return false;
}
//从文件中读取一组 BMI 数据
//filename 是文件名,bmi 是一个包含 n 个 BMI 类型对象的元素的一维数组
//n 的值为文件中读取的实际数组长度
bool ReadFile(const char * filename, BMI bmi[], int& n)
{
    ifstream ifs(filename);
    if(ifs !=NULL)
    {
        n =0;
        while(ifs !=NULL && ifs.peek() !=EOF)     //peek 方法判断是否读取到末尾
        {
            ifs.read((char * )&bmi[n], sizeof(BMI));
            n++;
        }
        ifs.close();
        return true;
    }
    else
        return false;
}
```

主函数如下:

```
int main()
{
    //测试写文件
    BMI bmi[2];
    bmi[0].SetBMI(160, 50);
    bmi[1].SetBMI(170, 70);
```

```
        const char filename[] ="d: \\bmi.txt";
        bool flag =false;
        flag =WriteFile(filename, bmi, 2);
        if(flag)
            cout <<"写入成功!\n";
        else
            cout <<"写入失败!\n";
        //测试读文件
        BMI b[2];
        int n=0;
        flag =ReadFile(filename,b,n);
        if(flag)
        {
            cout <<"读取" <<n <<"行数据: \n";
            for(int i =0; i<n; i++)
                cout <<b[i].GetString();
            cout <<"读取成功!\n";
        }
        else
            cout <<"读取失败!\n";
        return 0;
    }
```

运行结果如下：

写入成功！
读取 2 行数据：
日期：2019-10-05
身高：160.0,体重：50.0,BMI：19.5,您的体型正常！
日期：2019-10-05
身高：170.0,体重：70.0,BMI：24.2,您的体型偏胖！
读取成功！

打开 D 盘后，会看到出现 bmi.txt 文件，文件中的内容如图 9-1 所示。

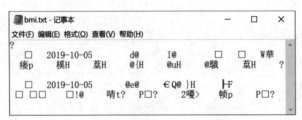

图 9-1　二进制文件 bmi.txt 的内容

9.9　练习与思考

9-1　构造一个 Point 类,保存两个点的坐标值,实现点的坐标设置、显示、移动等功能以及必要的构造函数。

9-2　构造一个矩形类,保存左上角和右下角的点坐标,成员函数包括求出矩形的长、宽、面积等功能,还要有必要的构造函数、输出等功能。

9-3　下列关于类和对象的叙述中,错误的是(　　)。

　　A. 一个类只能有一个对象

　　B. 类是对某一类对象的抽象

　　C. 对象是类的具体实例

　　D. 类和对象的关系是一种数据类型和变量的关系

9-4　当创建一个类对象时,系统自动调用(　　)并对对象的数据成员进行初始化。

　　A. 构造函数　　　B. 析构函数　　　C. 静态函数　　　D. 友元函数

9-5　A 是一个类,下面的语句执行时会调用(　　)次 A 类的构造函数。

```
A a1[2];
A &pa =a1;
```

　　A. 0　　　　　　B. 1　　　　　　C. 2　　　　　　D. 3

9-6　在 C++ 中,系统自动为一个类生成默认构造函数的条件是该类没有定义任何(　　)。

　　A. 构造函数　　　B. 成员函数　　　C. 有参构造函数　D. 无参构造函数

9-7　已知类声明如下:classA{int a;};,则类 A 的数据成员 a 的访问权限是(　　)。

　　A. public　　　　B. protected　　　C. private　　　　D. 不确定

9-8　已知类定义如下:

```
class Test
{
public:
    void Set(double val);
private:
    double value;
};
```

则在类外对 Set 成员函数的正确定义是(　　)。

　　A. void Test::Set(double val) {value=val;}

　　B. void Set(double val) {value=val;}

　　C. void Test.Set(double val) {value=val;}

　　D. Test::void Set(double val) {value=val;}

9-9　已知类定义如下:

```
class Test
{
public:
    Test(int a, int b, int c) {x =c, z =a, y =b;}
private:
    int x, y, z;
};
```

则 Test 类中 3 个数据成员的初始化顺序是(   )。

    A. x,y,z   B. x,z,y   C. z,y,x   D. 随机

9-10   当一个类的对象的生命期结束时,系统自动调用(   )并销毁对象。

    A. 构造函数   B. 析构函数   C. 静态函数   D. 友元函数

指针与动态内存分配

使用指针变量直接操作计算机内存,是 C&C++ 的独有功能,也是 C/C++ 区别于其他高级语言的强大功能之一。

10.1　指针与指针变量

计算机中所有的数据都是存放在内存中的。一般把内存中的一个字节称为一个内存单元,每个内存单元的编号称为地址,也称为指针。一个变量在定义时,系统根据变量的数据类型为其分配若干个连续的内存单元,利用变量名的地址可准确地找到内存单元,进而对内存单元的内容(即变量值)进行读写操作。

内存单元的指针和内存单元的内容是两个不同的概念。用一个例子来说明,我们到银行去存取款时,银行工作人员根据我们的账号去找我们的存单,找到之后在存单上写入存款、取款的金额,在这里,账号就是存单的指针,存款数是存单的内容。对于一个内存单元来说,其地址即为指针,其中存放的数据才是该内存单元的内容。

在 C&C++ 中,允许用一个变量来存放指针,这种变量称为指针变量,指针变量的值就是某个内存单元的地址,称为指针变量指向该内存单元。

10.1.1　指针变量的定义

指针变量与普通变量的区别是:指针变量的值是一个地址。其定义形式为:

数据类型　*指针变量名;

说明:

(1) 数据类型可以是基本数据类型,也可以是自定义数据类型或类类型,用来指定该指针变量可以指向的变量数据类型。

(2) * 是指针类型说明符,在定义中表示后面的变量名是一个指针变量名。

指针变量名是一个合法的标识符,其命名规则与变量名相同(参见 2.3.2.1 节)。

下面都是合法的指针变量定义：

```
int * p;                    //p是指向整型数据的指针变量
char * q;                   //q是指向字符型数据的指针变量
```

10.1.2 指针变量赋值与初始化

一个指针变量指向另一个变量时，需要把被指向的变量的地址赋给指针变量。

& 称为取地址运算符。每个变量在生存期内都有相应的地址，在变量名前加 & 符号即可获得变量的地址。例如：

```
int a =5;
double b =3.2;
int * p =&a;                //定义指向 int 型的指针变量 p,初始值为变量 a 的地址
double * q;
q =&b;                      //将变量 b 的地址存放到指针变量 q 中
```

这样，p 就指向了变量 a,q 就指向了变量 b,如图 10-1 所示。&a 为变量 a 的地址,指针变量 p 的值为 &a;&b 为变量 b 的地址,指针变量 q 的值是 &b。

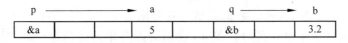

p →			a	q →		b
&a			5	&b		3.2

图 10-1　指针变量的定义及间接赋值

注意：

(1) 指针变量必须指向定义时指定的数据类型。int * p 定义的指针变量 p 是指向 int 型的指针变量,也就是说,指针变量 p 只能用来指向整型变量(如 a),而不能指向其他类型,例如指向变量 b 是错误的。

(2) 不能用一个整数给一个指针变量赋初值。例如,假定已知变量 a 的内存地址是 0x1000,写成 p = 0x1000 是错误的。

(3) 任何变量在定义时如果未初始化,默认值是随机的。指针变量的值是随机地址的后果是指向不可预料的内存空间,所以,指针变量在创建时若未初始化为指向的实际对象,应该初始化为空指针(NULL 或 nullptr),即不指向任何实际的对象：

```
int * p =NULL;
char * q =nullptr;
```

在 C 语言中用 NULL 表示空指针。在 C++ 11 标准中用 nullptr 表示空指针。如果程序运行时提示[Error] 'nullptr' was not declared in this scope,则编译器要增加对 C++ 11 标准的支持。

【例 10-1】 通过指针变量访问整型变量的实例。

```
#include<iostream>
using namespace std;
int main()
```

```
{
    int a,b;
    int * p1, * p2;                          //定义指针变量 * p1、* p2
    a =100;
    b =10;
    p1 =&a;                //变量 a 的地址赋给 p1
    p2 =&b;                //变量 a 的地址赋给 p2
    cout <<a <<" " <<b <<endl;
    cout << * p1 <<" " << * p2 <<endl;
    return 0;
}
```

运行结果如下(图 10-2)：

100 10
100 10

其中,第一行为 a 和 b 的值,第二行为 * p1
和 * p2 的值。

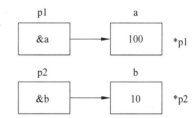

图 10-2　指针变量间接访问变量的内存

10.1.3　引用指针变量

通过地址访问内容,称为间接访问。

* 称为**指针运算符**,也称为间接引用运算符,它返回指针所指的地址的内容。注意,
在变量定义时,$*$ 用来声明变量是指针类型,没有运算符的意义;在表达式运算过程中,$*$
可以是乘法运算符,也可以是指针运算符。例如：

```
int a =5, * p, b;              //*为指针类型说明符
p =&a;                          //&a 为变量 a 的地址
b = * p;                        //*为指针运算符,* p 为指针变量 p 所指向的存储单元的内容
```

思考：a、b 和 * p 的值分别为多少?

10.2　使用指针变量访问数组

在数组中,数组名是指针(地址),类型是指向元素的指针,但值是指针常量。例如,
int arr[10];,那么arr是数组名,它的类型是指向 int 型元素的指针,它的值是数组的首地
址(指针常量)。

10.2.1　一维数组和指针

数组的首地址是指针类型的,因此,可以定义同类型的指针指向该一维数组。
对于 int arr[10];或 int arr＝new int[10];而言,arr 都表示数组的首地址,即 &arr
[0]。
可以定义指向 int 型指针的变量 p,指向数组的首元素：

```
int * p =arr;
```

或者

```
int * p =&a[0];
```

那么 p＋＋指向数组中的下一个元素,即 arr[1]。

　　* p 是 a[1]中存放的值。此时,arr[i] = p[i] = * (arr+i) = * (p+i)。

　　【例 10-2】　以指针方式求 5 个实数的平均值。

```
1   #include <iostream>
2   using namespace std;
3   const int N=10;
4   double average(double * pArr, int n);
5   int main()
6   {
7       double arr[N];                      //定义一个存储 N 个数的数组,N 是常量
8       double * p=arr;                     //p 是指向一维数组 arr[N]的指针
9       cout <<"输入" <<N <<"个实数: ";
10      for(int i =0; i <N; i++)
11          cin >> * (p+i);                 // * (p+i)等价于 * (arr+i)、arr[i]、p[i]
12      //求和
13      vdouble avg =average(arr,N);        //avg=average(p,N);
14      cout <<"平均值=" <<avg <<endl;
15      return 0;
16  }
17  double average(double * pArr, int n)
18  {
19      double sum=0;
20      for(int i =0; i <n; i++)
21          sum += * (pArr+i);              // * (pArr+i) 等价于 pArr+[i]
22      double avg =sum / n;
23      return avg;
24  }
```

第 10、11 行也可以写成

```
for(int i =0; i <N; i++, p++)
    cin >> * p;
```

double average(double * pArr, int n);等价于 double average(double pArr[], int n);。

*10.2.2　二维数组和指针

二维数组实际上是一个一维数组,这个一维数组的每个元素又是一个一维数组。例如:

```
int arr[3][4];
```

该语句定义了一个数组 arr,可以将数组 arr 看作由 arr[0]、arr[1]、arr[2]这 3 个元素组成,而每个元素又是由 4 个 int 型元素组成的一维数组。arr[0]、arr[1]、arr[2]都是一维数组名,代表一个不可变的地址常量,其值依次为二维数组每行第一个元素的地址。

10.2.2.1　二维数组元素的指针

二维数组名同样也是一个存放地址常量的指针,其值为二维数组中第一个元素的地址。二维数组名应理解为一个行指针。即 arr+0 的值与 arr[0]的值相同,arr+1 的值与 arr[1]的值相同,它们分别代表二维数组 arr 中第一、第二行的首地址。

二维数组元素的地址可以由表达式 &arr[i][j]求得,也可以通过每行的首地址来表示。以上二维数组 a 中,每个元素的地址可以通过每行的首地址 arr[0]、arr[1]、arr[2]等来表示,若 $0 \leqslant i < 3$ 且 $0 \leqslant j < 4$,则以下 5 个表达式都可以表示 arr[i][j]地址:

```
&arr[i][j]
arr[i]+j
*(arr+i)+j
&arr[0][0]+4*i+j
arr[0]+4*i+j
```

注意区分 arr 与 arr[0]的区别(例如,arr+1 代表第二行的首地址,而 a[0]+1 代表第一行第二个元素(即 a[0][1])的地址。

因此,也可以通过地址来引用二维数组。arr[i][j]数组元素可用以下 5 种表达式来引用:

```
arr[i][j]
*(a[i]+j)
*(*(a+i)+j)
(*(a+i))[j]
*(&a[0][0]+4*i+j)
```

10.2.2.2　二维数组为函数参数

若二维数组作为函数参数,在函数声明和函数定义时只有第一维的长度(行数)可以省略,第二维的长度(列数)不可以省略。函数调用时,实参仍旧是数组名。例如:

```
void Input(int a[][M], int n, int m);
```

改用指针法形式是:

```
void Input(int (*a)[M], int n, int m);
```

函数内部实现时,实参是二维数组名,形参是指向二维数组首元素的指针变量,用"指针变量名[行下标][列下标]"访问二维数组的元素。

代码示例如下:

```
void Input(int (*a)[M], int n, int m)      //二维数组形参的列数必须指定且与实参相同
{
```

```
        for(int i =0; i <n; i++)
            for(int j =0; j <m; j++)
                cin >>a[i][j];                    //址传递,修改的是实参的值
}
```

如果希望避免列数固定的问题,可以用指针数组或二级指针作为形参来实现。

10.2.2.3　指针数组

建立一个指针数组来引用二维数组元素。若有以下定义:

```
int * p[3], arr[3][2], i, j;         //p[3]是一个指针数组,它的 3 个元素都是 int 型指针
for ( i =0; i <3; i++)
    p[i] =arr[i];
```

等号右边的 arr[i]是常量,表示 arr 数组每行的首地址。等号左边的 p[i]是指针变量,循
环执行的结果使 p[0]、p[1]、p[2]分别指向数组 arr 每行
的开头,如图 10-3 所示。

这时可以通过指针数组 p 来引用 arr 数组元素。下
面 4 个表达式都能表达 arr 数组中第 i 行第 j 列元素:

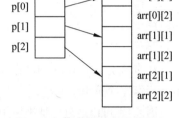

```
p[i][j]
* (p[i]+j)
* (* (p+i)+j)
(* (p+i))[j]
```

图 10-3　指针数组与二维数组

注意：p[i]中的值是可变的,而 arr[i]中的值是不可变的。

【例 10-3】　根据计算公式计算学生的总分,以指针数组作为形参。

计算公式为：总分＝平时成绩×50％＋期末成绩×50％。源代码如下:

```
#include <iostream>
#include <iomanip>
using namespace std;
const int N =35;                      //班级人数
const int M =3;                       //定义列数
void PrintArray(double * pa[], int n, int m);
int main()
{
    double score[N][M];               //3列成绩：总分、平时成绩、期末成绩
    double * pa[N];                   //pa 是有 N 个元素的指针数组
    int nClassNum;                    //班级实际人数
    cout << "班级的人数是 (0～35)：";
    cin >>nClassNum;
    cout << "学生平时和期末成绩 (用空格分隔)：\n";
    for(int i =0; i <nClassNum; i++)
    {
```

```
            cout << i + 1 << ": ";
            cin >> score[i][1] >> score[i][2];      //输入平时成绩和期末成绩
            score[i][0] = score[i][1] * 0.5 + score[i][2] * 0.5;     //计算总分
            pa[i] = score[i];                        //pa[i]保存 score 数组第 i 行的首地址
        }
        //输出二维数组
        cout << "所有同学的最终成绩是：\n      总分      平时成绩      期末成绩\n ";
        PrintArray(pa, nClassNum, M);                //输出 nClassNum 行学生的 M 列成绩
        return 0;
}
//PrintArray 函数定义,实现输出二维数组的功能
//pa 是一个指针数组,每个元素是一个指向 double 型元素的指针,指向二维数组的一行
//n 是 pa 数组的长度,可以指向 n 行,实参是二维数组的行数
//m 是行中 double 型元素的个数,实参是二维数组的列数
void PrintArray(double * pa[], int n, int m)
{
    for(int i = 0; i < n; i++)
    {
        for(int j = 0; j < m; j++)
            cout << setw(10) << pa[i][j] << " ";
        cout << "\n";
    }
}
```

运行示例如下：

班级的人数是(0～35)：5
学生平时和期末成绩(用空格分隔)：
1：80 90 (输入 80 和 90 回车,下同)
2：85 95
3：88 80
4：75 85
5：70 68
所有同学的最终成绩是：

总分	平时成绩	期末成绩
85	80	90
90	85	95
84	88	80
80	75	85
69	70	68

*10.2.3　二级指针

指向指针数据的指针变量称为指向指针的指针或二级指针。其定义形式为

数据类型 **指针变量名;

其中：

（1）数据类型可以是基本数据类型，也可以是自定义数据类型或类类型，用来指定该指针变量可以指向的变量的类型。

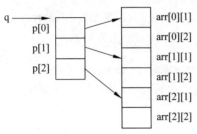

图 10-4　二级指针

（2）指针变量名是一个合法的标识符，是用来指向指针数组的指针变量。如图 10-4 所示，p 是一个指针数组，它的每一个元素是一个指针型数据，其值为地址。设置一个指针变量 q，它指向指针数组 p。q 就是指向指针型数据的指针变量，其定义形式为 int **q;。

【例 10-4】　根据计算公式计算学生的总分，以二级指针作为形参。

计算公式为：总分＝平时成绩×50％＋期末成绩×50％。源代码如下：

```cpp
#include <iostream>
#include <iomanip>
using namespace std;
const int N = 35;                          //班级人数
const int M = 3;                           //定义列数
void PrintArray(double **ppa, int n, int m);
int main()
{
    double score[N][M];                    //3列成绩：总分、平时成绩和期末成绩
    double * pa[N];                        //pa 是有 N 个元素的指针数组
    double * * ppa;                        //将二维数组的首地址转换为二级地址
    int nClassNum;                         //班级实际人数
    cout <<"班级的人数是(0~35)：";
    cin >>nClassNum;
    cout <<"学生平时成绩和期末成绩(用空格分隔)：\n";
    for(int i =0; i <nClassNum; i++)
    {
        cout <<i +1 <<"：";
        cin >>score[i][1] >>score[i][2];   //输入平时成绩和期末成绩
        score[i][0] =score[i][1] * 0.5 +score[i][2] * 0.5;  //总分
        pa[i] =score[i];                   //pa[i]保存 score 数组第 i 行的首地址
    }
    //输出二维数组
    cout <<"所有同学的最终成绩是：\n　总分\t 平时\t 期末\n";
    ppa=pa;                                //ppa 是一个二级指针,指向指针数组 pa
    PrintArray(ppa, nClassNum, 3);         //函数调用
    return 0;
}
```

```
//PrintArray 函数定义,实现输出二维数组的功能
void PrintArray(double * * ppa, int n, int m)
{
    for(int i =0; i <n; i++)
    {
        for(int j =0; j <m; j++)
            cout << setw(10) <<ppa[i][j] <<" ";
        cout <<"\n";
    }
}
```

*10.2.4　返回指针的函数

一个函数的返回值也可以是指针类型的。返回数组名实际上就是返回数组的首地址（指针），也可以直接使用指针形式：

数据类型 ∗函数名 (参数列表)

函数要返回一个指定的数据类型的指针值。

【例 10-5】　将字符串 str 中的小写字母转换成大写字母。

```
#include <iostream>
using namespace std;
char *convert(char * pstr);
int main()
{
    char str[] ="I Love Programming";      //定义一个字符串
    char * dest =convert(str);             //调用函数转换小写字母为大写字母
    cout <<dest <<endl;
    return 0;
}
char *convert(char * pstr)
{
    char * dest =pstr;                     //先保留最初的地址
    while(* pstr !='\0')
    {   //如果当前指针所指向的内存的值是小写字母
        if(* pstr >='a' && * pstr <='z')
            * pstr -=32;                   //转换成大写字母
        pstr++;                            //指向下一个字符
    }
    return dest;                           //返回该字符串的首地址
}
```

输出结果如下：

I LOVEPROGRAMMING

10.3 动态内存分配与回收

动态内存分配（dynamic memory allocation）指在程序执行过程中动态地分配或者回收存储空间。系统允许程序在执行中根据需要分配内存，由程序决定何时回收内存。

10.3.1 栈内存与堆内存

10.3.1.1 静态存储与内存的栈

变量大部分时候都默认保存在内存的**栈**（stack）里，由系统自动分配和释放。编译器在编译时可以根据该变量的类型知道所需内存空间的大小，从而由系统在适当的时候为它们分配确定的存储空间，这种内存分配称为静态存储分配。

10.3.1.2 动态存储与内存的堆

有些操作对象只在程序运行时才能确定，这样编译时就无法为它们预定存储空间，只能在程序运行时，由系统根据运行时的要求进行内存分配，这种方法称为动态存储分配。所有动态存储分配都在**堆**（heap）中进行。

当程序运行到需要一个动态分配的变量或对象时，必须向系统申请取得堆中的一块相应大小的存储空间，用于存储该变量或对象；当不再使用该变量或对象时，也就是它的生命期结束时，要显式地释放它所占用的存储空间，这样系统就能对该堆空间进行再次分配，做到重复使用有限的资源。

堆和栈是内存用来存储不同性质用户数据的区域，具有不同的性质和用处。

在 C++ 中，可以使用 new 运算符动态地分配内存，用 delete 运算符释放这些内存空间。

注意，new 和 delete 是运算符，不是函数，执行效率高。

C 语言使用 stdlib. h 头文件中的 malloc 与 free 函数实现内存的动态分配与释放。

10.3.2 在 C++ 中动态分配和释放内存

10.3.2.1 用 new 动态分配内存

new 运算符返回的是一个指向指定类型变量的指针。动态创建的变量都是通过该指针来间接操作的，而且动态创建的变量或对象本身没有名字。

new 运算符使用的一般形式为

指针变量名 =**new** 数据类型 (初始值)；
指针变量名 =**new** 数据类型［下标表达式］；

其中：

(1) 指针变量名是一个合法的标识符，其数据类型与 new 操作符后的数据类型一致。

(2) 数据类型可以是基本数据类型，也可以是自定义数据类型或类类型。

(3) 堆不会在分配时自动初始化，所以可以用初始值来显式初始化该变量或对象。new 表达式的操作序列如下：从堆中分配一定的空间作为变量或对象，然后用括号中的初始值初始化该对象。

(4) [ ] 用于动态分配数组，下标表达式不是常量表达式，即它的值不必在编译时确定。

new 运算符示例见表 10-1。

表 10-1　new 运算符示例

示　　例	说　　明
int * p_i = new int;	开辟一个存放整数的空间，返回一个指向该存储空间的地址（即指针），将返回的该空间的地址赋给指针变量 p_i
int * p_i = new int(100);	开辟一个存放整数的空间，并指定该整数的初值为 100，将返回的该空间的地址赋给指针变量 p_i
char * p_j = new char[10];	开辟一个存放字符数组（包括 10 个元素）的空间，返回首元素的地址，将该地址赋给指针变量 p_j
float * p_k = new float[5][4];	开辟一个存放二维单精度数组（大小为 5×4）的空间，返回首元素的地址，将该地址赋给指针变量 p_k

用 new 分配数组空间时不能指定初始值。如果由于内存不足等原因而无法正常分配空间，则 new 会返回一个空指针 NULL，用户可以根据该指针的值判断分配空间是否成功。

10.3.2.2　用 delete 释放内存

要释放用 new 分配的空间，应该用 delete 运算符进行操作。

delete 运算符使用的一般格式为

delete 指向变量或对象的指针变量名；
delete [ ]指向数组的指针变量名；

其中：

(1) 指向变量或对象的指针变量名和指向数组的指针变量名都是一个合法的标识符，且该指针变量名指向由 new 分配的变量、对象或数组的指针（地址）。

(2) 在指针变量名前面加 [ ]，表示是对数组的操作。[ ] 非常重要。如果 delete 语句中少了 [ ]，编译器认为该指针是指向数组第一个元素的，会产生回收不彻底的问题（只回收了第一个元素所占空间）；加了 [ ] 后，就转化为指向数组的指针，回收的是整个数组所占空间。[ ] 中不需要填写数组元素个数，即使写了，编译器也会忽略它。

delete 运算符示例见表 10-2。

表 10-2 delete 运算符示例

举　　例		说　　明
new 运算符分配内存	delete 运算符释放内存	
int ＊ p_i＝new int;	delete p_i;	分配/释放一个整型数据的内存
char ＊ p_i＝new char[10];	delete []p_i;	分配/释放大小为 10 的字符数组的内存

执行 delete 操作后，只释放指针所指的内存，但并没有把指针本身释放，此时指针指向的就是"垃圾"内存（即已释放的堆内存），该指针也就成了野指针。因此，释放后的指针应立即置为 NULL，防止产生野指针。

NULL 是空指针常量，其值为 0。如果将空指针常量赋给一个指针变量，那么这个指针就叫空指针，它不指向任何对象或者函数。

10.3.2.3 new 与 delete 的示例

【例 10-6】 动态增长数组长度示例。

虽然 C99 标准允许根据用户输入的长度定义数组，但是数组一旦定义以后，长度就是固定的，在运行中必须注意，当数组已满后就不能再继续插入值。如果要实现在程序中根据需要扩充数组长度的功能，要通过 new 动态分配内存，不用时要及时用 delete 回收内存。

源程序如下：

```
#include <iostream>
using namespace std;
int * ResizeArray(int p[], int size);
void Output(int p[], int size);
int main()
{
    int size =5;
    int * p =new int[size];          //定义指针变量 p,指向一个 size 个 int 型数组
    int n =0;                        //数组实际元素的个数
    while(1)                         //数组未满,允许输入数据
    {
        if(n >=size)                 //数组已满,扩充数组大小
        {
            p =ResizeArray(p, size * 2);
            size =size * 2;
        }
        cin >>p[n];                  //输入一个整数
        if(cin.eof())
            break;
        n++;                         //长度加 1
    }
```

```
        cout << "数组的长度是: " << size << "\n";
        cout << "数组的实际元素个数是: " << n << "\n";
        Output(p, n);
        delete [] p;
        return 0;
    }
        int *ResizeArray(int p[], int size)
    {
        cout << "重新分配数组长度为" << size << "\n";
        int * q = new int[size];
        for(int i = 0; i < size; i++)
            q[i] = p[i];
        delete [] p;
        return q;
    }
    void Output(int p[], int size)
    {
        for(int i = 0; i < size; i++)
            cout << p[i] << " ";
    }
```

运行示例如下:

```
1 2 3 4 5
重新分配数组长度为 10
6 7 8 9 10
重新分配数组长度为 20
11 12 13 14 15 16
^Z
数组的长度是: 20
数组的实际元素个数是: 16
1 2 3 4 5 6 7 8 9 10 11 12 13 14 15 16
```

*10.3.3　用 malloc 与 free 函数动态分配和释放内存

在 C 语言中只能使用 malloc 函数与 free 函数实现内存的动态分配与释放。
malloc 函数的原型声明是

```
void * malloc(size_t size);
```

malloc 函数向系统申请分配 size 个字节的内存空间。返回值类型是 void * 类型,
void * 表示未确定类型的指针,可以强制转换为任何类型的指针。
例如:

```
int * p = NULL;
p = (int * ) malloc(5 * sizeof(int));    //p指向一个包含 5 个 int 型内存空间的地址
```

使用 malloc 函数前，要包含 stdlib.h 文件。内存空间使用完毕后，要用 free 函数释放内存。free 函数的用法是

```
free(p);                              //收回 p 指向的内存空间
```

10.3.4　空指针与野指针问题

空指针（null pointer）不指向任何实际的对象，经常用于指针变量的赋值、定义时的初始化、函数返回值等。在 C 语言中，使用符号常量 NULL、0 或（void *）0 表示空指针；而在 C++ 中，用 NULL 表示 0，因此 C++ 提供了 nullptr 表示空指针。例如：

```
int * p =NULL;                //在 C 中定义一个指向 int 型变量的指针变量 p,值为空指针
int * q =nullptr;             //在 C++中定义一个指向 int 型变量的指针变量 q,值为空指针
```

野指针（wild pointer）指的是没有分配实际内存的地址，指针变量未初始化或未赋值时，其值就是野指针。如果这个地址以后被系统分配给实际的变量，就会发生冲突。因此，指针变量没有明确指向哪个具体变量时，要改为空指针。

10.4　使用指针变量访问对象或结构体变量

对于 Student 对象 ZhangSan，可使用成员运算符（.）来访问其公有成员（成员数据和成员函数）。要通过指针访问对象，必须对指针解除引用，再对指针指向的对象使用成员运算符。因此，要访问成员函数 getAge，可编写如下代码：

```
(* p).getAge();
```

其中 * 用于解除引用，* p 外面的括号用于确保解除引用后再访问 getAge 函数。C&C++ 还提供了一种间接访问运算符：->（指向运算符，由连字符和大于号组成）。例如：

```
(* p).getAge()    等价于   p->getAge()
```

结构体类型与类类型一样，结构体变量通过.访问成员，结构体指针变量通过->访问成员。例如：

```
struct Student s1, * s2;
s1.num =100;                        //s1结构体的 num 成员是 int 型,能接收整数
s2 =&s1;                            //s2变量是指针变量,值是 s1 变量的地址,称为 s2 指向 s1
s2 ->num =101;                      //指针变量通过->访问指向变量的成员,即 s1 的 num
```

*10.5　链式数据结构

数组是计算机根据定义的数据类型与长度，在栈中自动分配的一组连续的存储单元，任何一个数组元素的地址都可以用一个简单的公式计算出来。

以一维数组为例，$A[N]$存放在 N 个连续的存储单元中，每个数组元素占若干个存储单元（假设为 C 字节），则可以直接通过下标 i 访问第 i 个元素的地址：

$$\mathrm{Loc}(A[i]) = \mathrm{Loc}(A[0]) + i*C \quad (0{\leqslant}i{\leqslant}N{-}1)$$

其中 $\mathrm{Loc}(A[0])$ 为数组第一个元素的地址。

这种结构可以对数组元素进行随机访问，但若对数组元素进行插入和删除操作，则会引起大量数据的移动，从而使简单的数据处理变得非常复杂和低效。

为了能有效地解决这些问题，一种称为链表的数据结构得到了广泛应用。

链表是一种动态数据结构，它的特点是用一组任意的存储单元（可以是连续的，也可以是不连续的）存放数据。链表中的每一个元素称为结点，每个结点都是由数据域和指针域组成的，每个结点中的指针域指向下一个结点。

链表结构必须利用指针才能实现，即一个结点中必须包含一个指针变量，用来存放下一个结点的地址。链表中的各个结点的内存是不连续的，通过结点的指针变量找到下一个结点的地址。

10.5.1　单链表

链表中的每个结点可以有若干个数据域和若干个指针域。每个结点只有一个指针域的链表称为单链表，这是最简单的链表结构。本节只介绍单链表，因此在意义明确时将其简称为链表。

在 C++ 中实现一个单链表结构比较简单。例如，可定义单链表结构的最简单形式如下：

```
struct Node                        //结点定义
{
    int Data;                      //数据域
    Node * next;                   //指针域
};
```

上面用结构体类型定义了一个结点，包含两个成员。Data 是一个整型变量，用来存放结点中的数据；* next 是指针域，用来指向该结点的下一个结点，保存下一个结点的地址。当然，Data 可以是任何数据类型，包括结构体类型或类类型。为了代码的通用性，使用 typedef 为 int 取别名 DataType，如果要修改 Data 的数据类型，只需要修改 typedef 语句即可：

```
typedef int DataType;              //int 的别名为 DataType
struct Node                        //结点定义
{
    DataType Data;                 //数据域,数据类型为 DataType
    Node * next;                   //指针域
};
```

定义头指针指向链表的开始，头指针的值为空地址（NULL 或 nullptr）的链表表示空链表。如果头指针为空，则将其指向第一个结点。然后通过结点的指针变量找到下一个结点的地址,然后再继续访问结点及下一个结点,直到最后一个结点。最后一个结点的指针域为空地址,表示链表的结束。如图 10-5 所示(0x 开头的值为假定的内存地址),一个链表的指针变量 head 值为 0(NULL 或 nullptr)时表示空链表。如果链表为空,则 head 指针变量指向链表第一个结点(head 值为 0x1000,是第一个结点的内存地址);而第一个结点的 Data 值为 10,next 值为 0x1010,指向第二个结点(0x1010 是第二个结点的内存地址);通过第二个结点的 next 值可以找到第三个结点,第三个结点的 next 值为空,链表结束。

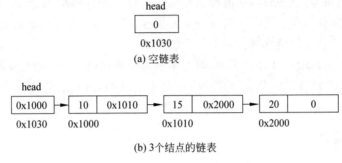

图 10-5 链表在内存中的示意

【**例 10-7**】 定义一个包含 struct Node 结点的链表类 ListArray,数据成员是指向链表头的指针变量,成员函数包括空链表的创建以及结点的插入、删除等。

以下是本例完整代码的第 1 部分。

```
typedef int DataType;                          //int 的别名为 DataType
struct Node                                    //结点定义
{
    DataType Data;                             //数据域,数据类型为 DataType
    Node * next;                               //指针域,数据类型为指向结点类型的指针变量
};
class ListArray                                //链表类 ListArray
{
public:
    ListArray () { head =nullptr; }            //构造函数初始化一个空链表
    void insertList(DataType aDate, DataType bDate);        //链表结点的插入
    void deleteList(DataType aDate);           //链表结点的删除
    void outputList();                         //链表结点的输出
    Node * getHead() { return head; }          //返回链表的头结点
private:
    Node * head;                               //指向链表头结点的指针变量
};
```

下面逐步实现类的成员函数。

10.5.2 单链表的访问

由于链表中的各个结点是由指针链接在一起的,其存储单元不一定连续,因此,只能

从链表的头指针(即 head)开始,用一个指针 p 先指向第一个结点,然后根据第一个结点找到第二个结点,以此类推,直至找到要访问的结点或到最后一个结点(next 值为空)为止。以下为例 10-7 第 2 部分的代码:

```cpp
#include <iostream>
using namespace std;
void ListArray::outputList()            //链表结点的遍历
{
    Node * current =head;
    while(current !=nullptr)
    {
        cout <<current->Data <<" ";
        current =current->next;
    }
    cout <<endl;
}
```

10.5.3　单链表结点的插入

如果要在链表中的结点 a 之前插入结点 b,则需要考虑下面几种情况:

(1) 插入前链表是一个空表,这时插入的新结点 b 为首结点。

(2) 若 a 是链表的第一个结点,则插入后,结点 b 为第一个结点。

(3) 若链表中存在 a 且不是第一个结点,则首先要找出 a 的前一个结点 a_k,然后使 a_k 的指针域指向 b,再修改 b 的指针域指向 a,即可完成插入。

(4) 若链表中不存在 a,则将结点 b 插在链表最后。先找到链表的最后一个结点 a_n,然后使 a_n 的指针域指向结点 b,而 b 的指针域为空。

以下为例 10-7 第 3 部分的代码:

```cpp
//在链表的结点 a 之前插入结点 b,设 aData 和 bData 是结点 a、b 中的数据
void ListArray::insertList(DataType aData, DataType bData)
{
    Node * p,* q,* s;                    //p指向结点 a,q指向结点 a_k,s指向结点 b
    s = (Node * )new(Node);              //s 指向动态分配的一个结点的内存空间
    s->Data =bData;

    p =head;
    if(head ==nullptr)                   //若是空表,使 b 作为第一个结点
    {
        head =s;
        s->next =nullptr;
    }
    else                                 //不是空表
    {
```

```
            if(p->Data ==aData)              //若 a 是第一个结点
            {
                s->next =p;
                head =s;
            }
            else                              //a 不是第一个结点
            {
                while(p->Data !=aData && p->next !=nullptr)      //查找结点 a
                {
                    q =p;
                    p =p->next;
                }
                if(p->Data ==aData)           //若有结点 a
                {
                    q->next =s;
                    s->next=p;
                }
                else                          //若没有结点 a
                {
                    p->next =s;
                    s->next =nullptr;
                }
            }                                  //不是第一个结点的处理结束
        }                                      //不是空表的处理结束
    }                                          //插入操作结束
```

以上是链表类的结点插入函数，显然它也具有建立链表的功能。

10.5.4　单链表结点的删除

如果要在链表中删除结点 a 并释放被删除的结点所占的存储空间，则需要考虑下列几种情况：

（1）若要删除的结点 a 是第一个结点，则把 head 指向 a 的下一个结点。

（2）若要删除的结点 a 存在于链表中，但不是第一个结点，则应使 a 的前一个结点 a_m 的指针域指向 a 的下一个结点 a_n。

（3）若为空表或要删除的结点 a 不存在，则不做任何改变。

以下是链表类的结点删除函数的示例（例 10-7 第 4 部分的代码）：

```
void ListArray::deleteList(DataType aData)
                                        //aData 是要删除结点 a 的数据
{
    if(head ==nullptr)                  //若是空表
      { return; }                       //返回空值,结束函数调用
    Node * p, * q;                      //p 用于指向结点 a,q 用于指向 a 的前一个结点
```

```cpp
    p =head;
    if(p->Data ==aData)                    //若 a 是第一个结点
    {
        head =p->next;
        delete p;                          //删除 p 指向的结点的内存空间
    }
    else                                   //a 不是第一个结点
    {
        while( p->Data !=aData && p->next !=nullptr)   //查找结点 a
        {
            q =p;
            p =p->next;
        }
        if(p->Data ==aData)
        {
            q->next=p->next;
            delete p;                      //删除 p 指向的结点的内存空间
        }                                  //若有结点 a
    }
}
```

利用以上 3 个链表操作成员函数 insertList、deleteList 和 outputList 可完成的简单链表应用程序。主函数示例如下（例 10-7 第 5 部分的代码）：

```cpp
int main()
{
    ListArray La, Lb;
    int sData[10] ={25, 41, 16, 98, 5, 67, 9, 55, 1, 121};
    La.insertList(0, sData[0]);
    for(int i =1; i<10; i++)
        La.insertList(0, sData[i]);

    cout <<"\n 链表 La: ";
    La.outputList();                       //链表 La
    La.deleteList(sData[7]);
    cout <<"删除元素 sData[7]后: ";
    La.outputList();
    Lb.insertList(0, sData[0]);
    for(int i =1;i <10;i ++)
        Lb.insertList(Lb.getHead()->Data, sData[i]);
    cout <<"\n 链表 Lb: ";
    Lb.outputList();
    Lb.deleteList(55);
    cout <<"删除元素 67 后: ";
    Lb.outputList();
```

```
        return 0;
    }
```

完整程序(第1~5部分)的运行结果如下：

链表 La：25 41 16 98 5 67 9 55 1 121
删除元素 Data[7]后：25 41 16 98 5 67 9 1 121
链表 Lb：121 1 55 9 67 5 98 16 41 25
删除元素 55 后：121 1 9 67 5 98 16 41 25

使用指针的优点是可以实现动态存储分配，提高程序效率。指针使用灵活，对熟练的程序员来说，可以利用它编写出颇有特色的、质量优良的程序，实现许多用其他高级语言难以实现的功能；但指针也十分容易出错，而且这种错误往往难以发现。

10.6　练习与思考

10-1　什么是内存单元的地址？什么是指针？

10-2　什么是指针变量？什么是指针的目标？

10-3　什么是空指针？其作用是什么？

10-4　new 运算符的作用是什么？delete 运算符的作用是什么？

10-5　若 int x=8, y(10), *p=&x;，则 经 过 y += *p+2; *p=++x;的运算之后，cout << x << " " << y << endl;的输出结果是什么？

10-6　若 int x(1), y=2, z(3), *pw=&z;，则经过语句 y += *pw+1;x+=++y; *pw += x−y; 的运算后，x、y、z 的值各是什么？

10-7　若 int a[4]={1,2,3,4};，则 a[2]=a[0]+ *(a+3)+a[1]++运算之后，a 的各元素中存放的是什么？

10-8　若 int a=16;int &ra=a;，执行语句 a+=2;ra+=2;之后，表达式 ra+1 的结果是多少？

C++ 的面向对象程序设计

*11.1 C++ 类的进一步定义

11.1.1 this 指针

每个类成员函数都有一个隐藏的参数：this 指针，它指向该函数所属类的对象，*this 就是当前对象。成员函数中访问的成员变量实际上是指"this->成员变量"。

【例 11-1】 显式使用 this 指针的实例。

```
1   #include <iostream>
2   using namespace std;
3   class Point
4   {
5   public:
6       Point() { this->x =0; this->y =0; }            //显式使用 this 指针
7       Point(int newx, int newy)
8       {
9           this->x =newx;
10          this->y =newy;
11      }                                               //显式使用 this 指针
12      int getX() { return x; }
13      int getY() { return y; }
14  private:
15      int x;
16      int y;
17  };
18
19  int main()
20  {
21      Point p1, p2(3,4);
22      cout << "p1: (" <<p1.getX() <<", " <<p1.getY() <<")\n";
                                                        //p1: (0,0)
23      cout << "p2: (" <<p2.getX() <<", " <<p2.getY() <<")\n"; //p2: (3,4)
24      return 0;
25  }
```

运行结果如下：

```
p1: (0, 0)
p2: (3, 4)
```

程序第 6、9、10 行显式地使用 this 指针，分别等价于下面的代码：

```
Point() {x =0; y =0; }                          //隐含使用 this 指针
Point( int newx, int newy) { x =newx; y =newy; }   //隐含使用 this 指针
```

两种表示方法都是合法的且是相互等价的。

以下情况必须使用 this 指针：

（1）当类的成员函数中的形参变量名与数据成员变量名相同时，数据成员变量名加上 this 指针访问。例如，Point(int x, int y) { this—>x = x; this—>y = y; }，此时，数据成员名前面不能去掉 this—>，否则无法区分形参变量 x 和 Point 类的数据成员 x。

（2）当类的成员函数实现的内部要返回类对象本身时，使用 * this 表示当前对象本身，语法是 return * this;。

11.1.2　复制类

使用一个类的对象复制给另一个同类型的对象时，有两种方法：一个是使用赋值操作符＝，另一个是使用复制构造函数。C++ 会提供默认版本的赋值操作符和复制构造函数。

11.1.2.1　复制构造函数

复制构造函数是一种特殊的构造函数，它由编译器调用来完成同类的其他对象的构建及初始化，其形参必须是引用，一般会加上 const 限制。

复制构造函数经常用在函数调用时用户定义类型的值传递及返回。

例如，修改 Point 类定义，默认的复制构造函数声明为

```
class Point
{
public:
    Point(Point &p);                        //形参为同类对象的引用
    ...
};
```

复制构造函数的定义为

```
Point::Point(Point &p)
{    //函数体中使用形参的同类对象的数据成员逐个为当前对象的数据成员赋值
    x =p.x;
    y =p.y;
}
```

11.1.2.2　深复制与浅复制

默认情况下使用的浅复制就是将形参中同类型对象的成员的值赋给当前构造的新对象的数据成员。对于引用型或指针型成员,浅复制只是复制了对象的引用地址,两个对象指向同一个内存地址,所以,修改其中任意的值,另一个值会随之变化。

深复制是真正的值复制。创建一个新的对象和数组,将原对象的各项属性的值(数组的所有元素)复制过来,复制的是值而不是引用。

11.1.3　静态成员

类的每个对象的数据成员都有自己的内存空间,如果希望一个类的所有对象共享一个内存空间,可以定义静态数据成员,并且在类的定义中初始化静态数据成员的值。例如,记录学生的人数,可以在学生类中增加一个 int 型计数器,初始值为 0,每当新增加一个学生,构造函数在初始化学生信息的同时将计数器加 1;每当减少一个学生,析构函数在释放学生对象的同时将计数器减 1。

如果一个类的成员函数并不访问类的任何对象的数据,即函数体中不存在对属性成员的操作,则可以将成员函数定义为静态成员函数。

静态数据成员和静态成员函数可以使用"对象. 成员"的方法访问,也可以使用"类::成员"的方法访问。

类的定义内部使用 static 关键字修饰静态数据成员和静态成员函数,在类的外部初始化类的静态数据成员。类的静态成员函数在外部定义实现时,要去掉 static 关键字。

【例 11-2】　学生类的静态成员的示例。

修改学生类,增加一个静态数据成员 num,表示已创建的学生人数,初始值为 0。增加一个静态成员函数 GetNum,显示已创建的学生人数。增加一个静态成员函数 Title,返回学生类的成员中文标题,用于一组学生数据的表头。

程序代码如下:

```
//Student 类的定义。为了展示静态成员的使用,仅保留了必要的成员
class Student
{
public:
    Student(int i_ID =1, const char s_name[] ="* * *", char c_sex ='F', int i_age =10);
    ~Student();
    void Set(int i_ID, const char s_name[] ="* * *", char c_sex ='F', int i_age =10);
    char * Output();                       //返回学生的基本信息
    static int GetNum();                    //获得现有学生人数,静态成员函数
    static const char * Title();            //返回学生信息的表头,静态成员函数
private:
    int ID;                                //学号
    char name[21];                         //姓名
    char sex;                              //性别
```

```
        int age;                                //年龄
        static int num;                         //现有学生人数,静态数据成员
        char str[200];                          //学生信息字符串
};
int Student::num = 0;                           //初始化静态数据成员,现有学生人数为 0
//Student 类的成员函数的实现
#include <iostream>
#include <cstring>
using namespace std;
Student::Student (int i_ID, const char s_name[], char c_sex, int i_age)
{
    Set(i_ID, s_name, c_sex, i_age);
    num++;                                      //增加一个学生
}
Student::~Student()
{
    num--;                                      //减少一个学生
}
void Student::Set(int i_ID, const char s_name[], char c_sex, int i_age)
{
    ID = i_ID;
    strcpy(name, s_name);                       //cstring 库函数：字符串复制
    sex = c_sex;
    age = i_age;
}
char * Student::Output()                        //返回输出一个学生信息的字符串
{
    sprintf(str, "%-10d%-24s%5c%5d\n", ID, name, sex, age);
    return str;
}
int Student::GetNum()                           //静态成员函数的实现
{
    return Student::num;
}
const char * Student::Title()                   //输出学生信息的表头
{
    return "学号          姓名                      性别 年龄\n";
}
int main()
{
    cout << "初始学生" << Student::GetNum() << "人\n";
    const int N = 3;
    Student stu[N];
    cout << "现有学生" << Student::GetNum() << "人：\n";
```

```
stu[1].Set(2, "lisi", 'F', 20);
stu[2].Set(3, "wangwu", 'M');
cout <<Student::Title();
for(int i =0; i <N; i++)
    cout <<stu[i].Output();
return 0;
}
```

运行结果为：

```
初始学生 0 人
现有学生 3 人:
学号        姓名                      性别   年龄
1          ***                       F      10
2          lisi                      F      20
3          wangwu                    M      10
```

11.2　C++ 类的运算符重载

系统的基本数据类型都提供一些运算符以实现对数据的处理,实际上可以把运算当做函数来考虑,运算符就是函数名,运算符实现的功能封装在函数体内,用户使用运算符实现对数据的处理。函数通过重载不同的数据类型,实现同一个运算符对不同数据类型的处理。例如运算符＋表示和,可以实现 1+2、1.5+2.5 等求和运算。

C++ 中允许对类进行运算符重载,使得自定义的类类型同样支持运算符的操作。

11.2.1　赋值运算符的重载

赋值运算符(＝)的功能是将运算符右边的表达式的值复制给运算符左边的变量。C++ 支持赋值运算符的重载。如果用户不自定义赋值运算符,C++ 将产生一个默认的赋值运算符重载函数,实现将一个类的对象的值复制给同类的另一个对象的功能。

要自定义运算符重载函数,使用"**operator 加运算符**"的形式作为函数名。由于是对象调用赋值,因此访问权限是 public 型。例如：

```
class Point
{
public:
    Point& operator= (const Point &p);
    ...
};
Point& operator= (const Point &p)
{
    x =p.x;
    y =p.y;
    return * this;              //返回值是当前对象,便于将赋值运算符=应用到表达式中
```

```
}
```

使用示例：

```
Point p1(1,5);
Point p2, p3;
p2 =p1;
p3.operarot=(p1);                //等价于 p3 =p1
```

赋值运算符重载函数中，函数名使用 operator＝，形参使用 const 类型 & 的形式，其中引用传参可提高效率，const 表示右边的对象仅是传值，不能修改形参的值。函数返回值类型是 Student&，将形参对象的值复制给当前调用的对象，因此可以使用引用，不用创建新的对象。

赋值运算符返回值是当前对象，因此还可以作为表达式继续进行操作。例如，p3 ＝ p2 ＝ p1;是正确的：首先 p2 对象调用 operator＝，将 p1 的值复制给 p2；然后 p2 作为形参，被 p3 调用，将 p2 的值复制给 p3。

【例 11-3】 定义一个复数类，实现复数对象之间的赋值运算以及一个实数赋值给一个复数的功能。

算法分析：复数包括实部和虚部，定义类 Complex，包含两个 double 型数据成员。定义两个 operator＝，参数有两个，一个是 const Complex&，另一个是 double。

代码如下：

```
1   #include <iostream>
2   using namespace std;
3   class Complex
4   {
5   public:
6       Complex(double r=0, double i=0);
7       void Set(double r=0, double i=0);
8       double GetReal() const { return real; }
9       double GetImag() const { return imag; }
10      void Output();
11      Complex& operator=(const Complex& c);
12      Complex& operator=(double x);    //将实数赋值给复数的实部
13  private:
14      double real;
15      double imag;
16  };
17
18  Complex::Complex(double r,double i)
19  {
20      Set(r, i);
21  }
22  void Complex::Set(double r, double i)
```

```
23   {
24       real = r;
25       imag = i;
26   }
27   void Complex::Output()
28   {
29       cout << real;
30       if(imag > 0)
31           cout << "+" << imag << "i\n";
32       else if(imag < 0)
33           cout << "-" << imag << "i\n";
34       else
35           cout << "\n";
36   }
37   Complex& Complex::operator= (const Complex& c)
38   {
39       cout << "operator=Complex\n";
40       real = c.real;
41       imag = c.imag;
42       return * this;
43   }
44   Complex& Complex::operator= (double x)
45   {
46       cout << "operator=double\n";
47       real = x;
48       imag = 0;
49       return * this;
50   }
51   int main()
52   {
53       Complex c1(1, 2), c2=c1;
54       cout << "c1: "; c1.Output();
55       cout << "c2: "; c2.Output();
56       c2 = c1;
57       cout << "赋值后,c2: "; c2.Output();
58       Complex c3=5.5;
59       cout << "c3: "; c3.Output();
60       c3 = 8;
61       cout << "赋值后,c3: "; c3.Output();
62       return 0;
63   }
```

运行结果如下：

```
c1: 1+2i
```

```
c2: 1+2i
operator=Complex
赋值后,c2: 1+2i
c3: 5.5
operator=double
赋值后,c3: 8
```

注意：赋值运算符与创建对象时的初始化不同。当创建对象时使用＝初始化（如第53 行和第 58 行），调用的是复制构造函数；而赋值运算符（如第 56 行和第 60 行）是调用运算符重载实现的。

【例 11-4】 去掉 Complex& operator＝(double x)运算符重载，重新运行例 11-3 的程序，结果是什么？ 为什么？

运行结果如下：

```
c1: 1+2i
c2: 1+2i
operator=Complex
赋值后,c2: 1+2i
c3: 5.5
operator=Complex
赋值后,c3: 8
```

两个结果的不同之处是，去掉 Complex& operator＝(double x)运算符重载后，c3＝8 调用 Complex& operator＝(const Complex& c)实现赋值。

当执行 main 函数中的 c3＝8 时，将调用赋值运算符重载。但是运算符重载只有一种形式：Complex& operator＝(const Complex& c)，即运算符右边是 Complex 型对象。

赋值时，系统首先创建一个临时的 Complex 型对象，使用构造函数 Complex(double r＝0,double i＝0)初始化，则临时的 Complex 型对象被初始化为 real＝8,imag＝0。

然后，将这个临时的 Complex 对象作为运算符重载的参数传递给 c3 对象，实现赋值。

11.2.2 对象的输入与输出运算符的重载

C++ 的 iostream 库提供了输出流对象 cout 和输入流对象 cin，在类中重载提取运算符＞＞和插入运算符＜＜，可以实现输入和输出对象的数据。

11.2.2.1 提取运算符的重载

提取运算符＞＞是双目运算符，左边是 istream 类的对象，右边的操作数是系统提供的基本数据类型的变量或用户自定义类型的对象，因此运算符重载的原型是

istream& operator>>(istream&,类型名);

提取运算符＞＞是 istream 对象调用的，因此不能作为自定义类的成员函数，只能通过普通函数来实现。

【例 11-5】 复数类的提取运算符重载。

```
istream& operator>> (istream& in, Complex& c)
{
    double r, i;
    cout <<"输入复数: \n";
    cout <<"real(实部): ";
    in >>r ;
    cout <<"imag(虚部): ";
    in >>i;
    c.Set(r, i);
    return in;
}
```

main 函数测试语句如下：

```
Complex c3;
cin >>c3;
cout <<"输入后,c3: " <<c3;
```

运行结果如下：

```
输入复数:
real(实部): 5
imag(虚部): 2.5
输入后,c3: 5+2.5i
```

11.2.2.2 插入运算符的重载

插入运算符<<是双目运算符,左边是 ostream 类的对象,右边的操作数是系统提供的基本数据类型或用户自定义类型的数据,因此运算符重载的原型是

ostream& operator<< (ostream&,类型名);

插入运算符<<是 ostream 对象调用的,因此不能作为自定义类的成员函数,只能通过普通函数来实现。

例如,实现复数类的输出,修改 void Output 为 operator<<函数：

```
ostream& operator<< (ostream& out, const Complex& c)
{
    out <<c.GetReal();
    if(c.GetImag()>0)
        out <<"+" <<c.GetImag() <<"i\n";
    else if(c.GetImag()<0)
        out <<"-" <<c.GetImag() <<"i\n";
    else
        out <<"\n";
```

```
        return out;
    }
```

main 函数中 cout << "c1: "; c1.Output();可以改为 cout << "c1: " << c1;。

注意,ostream& operator<<(ostream& out, Complex c)是普通函数,不能写到类内部;函数内部只能调用 Complex 类对象 c 的 public 型成员。

*11.2.3　四则运算符的重载

大多数数值支持加、减、乘、除(+、-、*、/)四则运算。四则运算符都是双目运算符,实现两个数的运算。这 4 个运算符的操作方法相同,以下以加号(+)为例,说明四则运算符的重载方法。

例如,运算符+能够实现两个复数的求和,求和的结果还是一个复数,因此返回值类型是复数。

复数还可以和实数相加,结果还是复数。如果是"复数+实数",则定义复数类的运算符重载数据成员即可实现;但是如果是"实数+复数",调用运算符的是实数,系统提供的数据类型,则必须使用普通函数或者友元函数实现。

【例 11-6】　复数类 Complex 重载运算符+,使用成员函数和普通函数实现。

算法分析:修改前面定义的 Complex 类,增加成员函数实现"复数+复数"和"复数+实数",增加外部函数实现"实数+复数"。

代码如下:

```
1   #include <iostream>
2   using namespace std;
3   class Complex
4   {
5   public:
6   …
7       Complex operator+ (Complex& c);   //"当前复数+复数 c"
8       Complex operator+ (double x);      //"当前复数+实数 x"
9       double GetReal();
10      double GetImag();
11  private:
12      double real;
13      double imag;
14  };
15  Complex Complex::operator+ (Complex& c)
16  {
17      Complex temp(this->real +c.real, this->imag +c.imag);
18      return temp;
19  }
20  Complex Complex::operator+ (double x)
21  {
22      Complex temp(x +this->real, this->imag);
23      return temp;
```

```
24    }
25    double Complex::GetReal()
26    {
27        return real;
28    }
29    double Complex::GetImag()
30    {
31        return imag;
32    }
33    //外部函数,实现"实数+复数"
34    Complex operator+ (double x, Complex& c)
35    {
36        Complex temp(x+c.GetReal(), c.GetImag());
37        //real 和 imag 是 private 成员,只能通过访问 c 对象的 public 成员函数获得
38        return temp;
39    }
40    int main()
41    {
42        Complex c1;
43        cin >>c1;
44        cout << "输入后,c1=" <<c1;
45        Complex c2=c1+5;
46        cout << "c2=c1+5=" <<c2;
47        c2=c1+3.5;
48        cout << "c2=c1+3.5=" <<c2;
49        Complex c3;
50        c3=c1+c2;
51        cout << "c1+c2=" <<c3;
52        return 0;
53    }
```

运行结果如下:

```
输入复数:
real(实部): 2
imag(虚部): 3
输入后,c1=2+3i
c2=c1+5=7+3i
c2=c1+3.5=5.5+3i
c1+c2=7.5+6i
```

要实现"实数+复数"的运算,由于运算符+左边是 double 型,不是 Complex 类型,因此只能通过定义普通函数实现(第 33~39 行)。

C++ 允许在类中声明普通函数是类的 friend,这个函数被称为类的友元函数。友元函数允许直接访问类的 private 成员,简化代码的操作。例如,在 Complex 类的 public 成员中增加一个友元函数声明:

```
friend Complex operator+ (double x, Complex& c);
```

将函数的实现改为

```
Complex operator+ (double x, Complex& c)
{
    Complex temp(x +c.real, c.imag);
    return temp;
}
```

11.2.4　运算符重载的一般规则

通过运算符重载,用户自定义的对象也和系统提供的基本数据类型的数据一样,能够使用运算符进行数据操作,提高了代码的可读性,便于使用模板实现通用的功能。

绝大多数运算符都可以被重载。少量运算符不能被重载,如 sizeof、成员访问运算符(.)、作用域运算符(::)、条件运算符(?:)等。

一般来讲,运算符可以重载为成员函数或类的友元函数。成员函数要求运算符左边必须是当前类的对象,参数是运算符右边的值;而友元函数不属于类的成员,因此友元函数的形参个数总是比成员函数的形参个数多 1 个,如例 11-6 中的＋运算符重载。

以下运算符只能作为成员函数重载:

(1) 赋值预算符(＝)。

(2) 函数调用运算符(())。

(3) 下标运算符([])。

(4) 指针访问运算符(－>)。

此外,运算符重载必须遵守以下规则:

(1) 重载的运算符至少有一个操作数是用户自定义的类型。用户不能对系统提供的基本数据类型进行重载。

(2) 重载的运算符要遵守运算符原有的语法进行操作。例如重载运算符＋的功能是求和,不能自定义为求积。

(3) 不能改变运算符的操作数个数。例如运算符＋是双目运算符,因此必须有两个操作数。

(4) 重载后的运算符的优先级和结合性与 C++ 原有规定保持一致,不能修改。不能自定义新的运算符,即 operator 后面的运算符必须是 C++ 已有的运算符。

11.3　C++ 类的继承性

面向对象程序设计有 3 个主要特征:封装性、继承性和多态性。前面已经介绍了面向对象程序设计的重要基本特征——封装性,本节主要介绍继承性。

继承性是面向对象程序设计的重要基本特征。继承的目的是实现代码重用,它允许在已有类的基础上创建新的类,新类可以从一个或多个已有类中继承操作和数据,而且可以重新定义或增加新的数据和操作,从而形成类的层次或等级。已有类称为基类或父类,在它基础上建立的新类称为派生类或子类。

以下是两种典型的使用继承的场景:

(1) 当创建的新类与现有的类相似,只是多出若干成员变量或成员函数时,可以使用继承,这样不但会减少代码量,而且新类会拥有基类的所有功能。

(2) 当需要创建多个类,它们拥有很多相似的成员变量或成员函数时,也可以使用继承。可以将这些类的共同成员提取出来,定义为基类,然后各个类从基类继承。这样既可以节省代码,也方便后续修改成员。

图 11-1 所示的人、学生、本科生、研究生等类的层次关系就是类的继承的一个例子。在类的层次中,越上层的类越抽象,越下层的类越具体;子类继承了父类的全部特征,同时可以具有新的特征,或者对父类的特征进行重写。

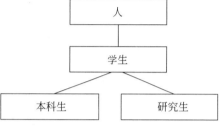

图 11-1　类的继承举例

11.3.1　基类和派生类

在定义类 B 时,如果它使用了一个已定义的类 A 的部分或全部成员,则称类 B 继承了 A,或由类 A 派生出类 B,并称类 A 为基类或父类,类 B 为派生类或子类。

一个派生类又可以作为另一个类的基类,这样一个基类可以直接或间接派生出若干个派生类,构成树状的继承关系。

例如,类 Y 继承类 X 的特性,类 Z 又继承类 Y 的特性,从而间接继承类 X 的特性。因而类 X 是类 Y 的直接基类,是类 Z 的间接基类;类 Y 是类 X 的直接派生类,类 Z 是类 X 的间接派生类。类 X、Y、Z 形成了一个类层次。

继承分为单继承和多继承。单继承是指派生类只从一个基类派生。多继承是指派生类从多个基类派生。本节仅介绍单继承。

11.3.2　派生类的声明

从一个基类派生出子类的一般格式为

class 派生类名 : 继承方式 基类名

{

　　成员声明;

};

说明:

(1) class 是类定义的关键字,用于告诉编译器下面定义的是一个类。

(2) 派生类名是新定义的类名。

(3) 继承方式可以是 public、protected、private 之一,默认值为 private。派生类名和继承方式之间用冒号隔开。

11.3.3　继承方式

继承方式限定了基类成员在派生类中的访问权限,包括 public(公有的)、protected (受保护的)和 private(私有的)。此项是可选的,如果不写,默认为 private。表 11-1 列出 在 3 种继承方式下基类成员在派生类中的访问权限,分为以下两种情况:

表 11-1　3 种继承方式的基类成员访问权限

继承方式	基类成员类型		
	public	protected	private
public	public	protected	不可见
protected	protected	protected	不可见
private	private	private	不可见

(1) 基类成员对派生类:公有和保护的成员是可见的,私有成员是不可见的。

(2) 基类成员对派生类的对象:要看基类的成员在派生类中变成了什么类型的成 员。例如,私有继承时,基类的公有成员和私有成员都变成了派生类中的私有成员,因此 对于派生类中的对象来说,基类的公有成员和私有成员就是不可见的。

为了进一步理解 3 种不同的继承方式在其成员的可见性方面的区别,下面从 3 种继 承方式进行讨论。

(1) public 继承方式。

- 基类中所有 public 成员在派生类中为 public 属性。
- 基类中所有 protected 成员在派生类中为 protected 属性。
- 基类中所有 private 成员在派生类中不可访问。

(2) protected 继承方式。

- 基类中的所有 public 成员在派生类中为 protected 属性。
- 基类中的所有 protected 成员在派生类中为 protected 属性。
- 基类中的所有 private 成员在派生类中不可访问。

(3) private 继承方式。

- 基类中的所有 public 成员在派生类中为 private 属性。
- 基类中的所有 protected 成员在派生类中为 private 属性。
- 基类中的所有 private 成员在派生类中不可访问。

说明:

(1) 基类成员在派生类中的访问权限不得高于继承方式中指定的权限。例如,当继 承方式为 protected 时,那么基类成员在派生类中的访问权限最高为 protected,高于 protected 的会降级为 protected,但低于 protected 时不会升级。

(2) 基类中的 private 成员在派生类中始终是不可访问的。即无论哪种继承方式,基 类中的私有成员既不允许外部函数访问,也不允许派生类中的成员函数访问,但是可以通 过基类提供的公有成员函数访问。

private 继承限制太多,在实际开发中很少使用,一般使用 public。

【例 11-7】 定义基类 People 和派生类 Student 的示例。

代码如下:

```
1   #include <iostream>
2   #include <cstring>
3   using namespace std;
4   //基类 People
5   class People{
6   public:
7       void setName(char * );
8       void setAge(int);
9       char * getName();
10      int getAge();
11  private:
12      char * name;
13      int age;
14  };
15  void People::setName(char * name)
16  {
17      this->name = new char[strlen(name)+1];
18      strcpy(this->name, name);
19  }
20  void People::setAge(int age){ this->age = age; }
21  char * People::getName(){ return this->name; }
22  int People::getAge(){ return this->age;}
23  //派生类 Student
24  class Student: public People{
25  public:
26      void setScore(float);
27      float getScore();
28  private:
29      float score;
30  };
31  void Student::setScore(float score){ this->score = score; }
32  float Student::getScore(){ return score; }
33
34  int main()
35  {
36      Student stu;
37      stu.setName("刘洋");
38      stu.setAge(17);
39      stu.setScore(92);
40      cout << stu.getName()
```

```
41          << "的年龄是" << stu.getAge()
42          << ",成绩是" << stu.getScore() << endl;
43     return 0;
44  }
```

运行结果如下：

刘洋的年龄是 17,成绩是 92

本例中,People 是基类,Student 是派生类。Student 类继承了 People 类的成员,同时还新增了自己的成员变量 score 和成员函数 setScore、getScore。

观察代码第 24 行:

```
class Student: public People{
```

这就是声明派生类的语法。在 class 后面的 Student 是新建的派生类,public 后面的 People 是已经存在的基类,在 People 之前的关键字 public 用来表示是公有继承。

【例 11-8】 在派生类的构造函数中对派生类中的数据成员进行初始化的示例。

代码如下:

```
1   #include <iostream>
2   #include <cstring>
3   using namespace std;
4   //基类 People
5   class People{
6   public:
7       void setName(char * );
8       void setAge(int);
9       char * getName();
10      int getAge();
11      void display();          //增加 display 方法以显示 People 的数据成员
12  private:
13      char * name;
14      int age;
15  };
16  void People::setName(char * name)
17  {
18      this->name = new char[strlen(name) +1];
19      strcpy(this->name, name);
20  }
21  void People::setAge(int age){ this->age = age; }
22  char * People::getName(){ return this->name; }
23  int People::getAge(){ return this->age; }
24  void People::display(){ cout << name << "的年龄是" << age; }
25
26  //派生类 Student
```

```
27  class Student: public People{
28  public:
29      Student(char * , int, float);    //增加 Student 类的构造函数
30      void displayStu();                //增加 display 方法以显示 Student 的数据成员
31      void setScore(float);
32      float getScore();
33  private:
34      float score;
35  };
36  Student::Student(char * name, int age, float score)
37  {
38      this->setName(name);
39      this->setAge(age);
40      this->score =score;
41  }
42  void Student::displayStu(){
43      display();
44      cout <<",成绩是" <<score <<endl;
45  }
46  void Student::setScore(float score){ this->score =score; }
47  float Student::getScore(){ return score; }
48
49  int main()
50  {
51      Student stu("刘洋", 17, 93);
52      stu.displayStu();
53      return 0;
54  }
```

运行结果如下:

刘洋的年龄是 17,成绩是 93

注意 Student 类的构造函数和 displayStu 函数。在 Stuend 类的构造函数中,要设置 name、age、score 变量的值,但 name、age 是基类的数据成员,系统首先通过 People 类的默认构造函数创建数据成员的内存空间,然后通过 public 成员函数 setName、setAge 来间接完成赋值。

在 displayStu 函数中,同样不能访问 People 类中 private 属性的成员变量,只能借助 People 类的 public 成员函数来间接访问。

11.3.4 protected 成员的特点与作用

protected 成员的特点与作用如下:

(1) 对建立其所在类对象的模块来说,它与 private 成员的性质相同。

(2) 对于其派生类来说,它与 public 成员的性质相同。

(3) 它既实现了数据隐藏,又方便继承,可以实现代码重用。

【例 11-9】 protected 成员示例。

代码如下：

```
class A {
protected:
    int x;
};
class B: public A{
public:
    void Function();
};
void B: Function()
{
    x=5;                            //正确
}
int main()
{
    A a;
    a.x=5;                         //错误
}
```

11.3.5　继承时的构造函数

基类的构造函数不被继承,派生类需要声明自己的构造函数。派生类声明构造函数时,只需要对本类中新增的成员进行初始化,对继承来的基类成员的初始化必须调用基类构造函数完成。

11.3.5.1　派生类构造函数的声明

派生类构造函数的声明形式如下：

派生类名::派生类名(基类 1 形参,基类 2 形参,…,基类 n 形参,本类形参)
　　　　: 基类名 1(参数), 基类名 2(参数), …,基类名 n(参数)
{
　　本类成员初始化赋值语句；
};

说明：

(1) 派生类的形参列表包括了初始化基类和派生类的成员变量所需的数据。冒号后列举的部分为初始化列表,是对基类构造函数的调用。

(2) 当初始化成员列表中某个基类的构造函数的实参列表为空时,可以将该构造函数从初始化列表中删除。

【例 11-10】 在派生类的构造函数中调用基类的构造函数的示例。

代码如下：

```
1   #include <iostream>
2   #include <cstring>
3   using namespace std;
4   //基类
5   class People{
6   protected:
7       char * name;
8       int age;
9   public:
10      People(char * , int);
11  };
12  People::People(char * name, int age)
13  {
14      this->name =new char[strlen(name) +1];
15      strcpy(this->name, name);
16      this->age =age;
17  }
18  //派生类
19  class Student: public People{
20  private:
21      float score;
22  public:
23      Student(char * , int, float);
24      void display();
25  };
26  //调用了基类的构造函数
27  Student::Student(char * name, int age, float score): People(name, age)
28  {
29      this->score =score;
30  }
31  void Student::display(){
32      cout <<name<<"的年龄是" <<age <<",成绩是" <<score <<endl;
33  }
34  int main(){
35      Student stu("刘洋", 16, 92);
36      stu.display();
37      return 0;
38  }
```

程序运行结果如下：

刘洋的年龄是 16,成绩是 92

说明：

(1) 注意代码第 27 行：

```
Student::Student(char * name, int age, float score): People(name, age)
```

这是派生类 Student 的构造函数，它的形参列表包括了初始化基类和派生类的成员变量所需的数据。

（2）冒号后面是对基类构造函数的调用。括号里的参数是实参，它们不但可以是派生类构造函数总参表中的参数，还可以是局部变量、常量等。例如：

```
Student::Student(char * name, int age, float score): People("李磊", 20)
```

11.3.5.2　基类构造函数调用规则

C++ 规定，在创建派生类对象时，必须首先调用基类构造函数，然后再调用派生类构造函数。当撤销派生类对象时，析构函数的调用次序与构造函数的调用次序相反。

调用基类构造函数时应遵循以下规则：

（1）若基类中未声明构造函数，派生类中也可以不声明，全采用默认形式构造函数。

（2）当基类声明有带形参的构造函数时，派生类也应声明带形参的构造函数，并将参数传递给基类构造函数。

（3）基类构造函数的调用顺序只与派生类继承的基类的顺序有关，而与初始化列表中构造函数的顺序无关。

（4）构造函数的调用顺序是按照继承的层次自顶向下，从基类再到派生类的。

【例 11-11】　基类与派生类的构造函数调用顺序示例。

```
1   # include <iostream>
2   # include <cstring>
3   using namespace std;
4   //基类
5   class People{
6   public:
7       People();
8       People(char * , int);
9   protected:
10      char * name;
11      int age;
12  };
13  People::People(){
14      this->name =new char[1];
15      strcpy(this->name ,"* * *");
16      this->age =0;
17  }
18  People::People(char * name, int age){
19      this->name =new char[strlen(name)+1];
20      strcpy(this->name, name);
21      this->age =age;
```

```
22   }
23   //派生类
24   class Student: public People{
25   public:
26       Student();
27       Student(char * , int, float);
28       void display();
29   private:
30       float score;
31   };
32   Student::Student(){
33       this->score =0.0;
34   }
35   Student::Student(char * name, int age, float score): People(name, age){
36       this->score =score;
37   }
38   void Student::display(){
39       cout <<name <<"的年龄是" <<age <<",成绩是" <<score <<endl;
40   }
41   int main(){
42       Student stu1;
43       stu1.display();
44       Student stu2("刘洋", 16, 92);
45       stu2.display();
46       return 0;
47   }
```

运行结果如下:

***的年龄是 0,成绩是 0
刘洋的年龄是 16,成绩是 92

创建对象 stu1 时,执行派生类的构造函数 Student::Student,它并没有指明要调用基类的哪一个构造函数,从运行结果可以很明显地看出来,系统默认调用了不带参数的构造函数,也就是 People::People。

创建对象 stu2 时,执行派生类的构造函数 Student::Student(char * name, int age, float score),它指明了基类的构造函数。

在第 35 行代码中,如果将 People(name,age)去掉,也会调用默认构造函数,stu2. display 的输出结果将变为

***的年龄是 0,成绩是 92

如果将基类 People 中不带参数的构造函数删除(第 8 行和第 13~17 行),就会发生编译错误,因为创建对象 stu1 时没有调用基类构造函数。

*11.3.6 继承时的析构函数

和构造函数类似,析构函数也是不能被继承的。创建派生类对象时,构造函数的调用顺序和继承顺序相同,先执行基类构造函数,然后再执行派生类的构造函数。但是对于析构函数,调用顺序恰好相反,即先执行派生类的析构函数,然后再执行基类的析构函数。

【例 11-12】 派生类析构函数示例。

```
1   #include <iostream>
2   using namecpace std;
3   class B1                        //基类 B1 声明
4   {
5   public:
6       B1(int i) { cout <<"constructing B1 " <<i <<endl; }
7       ～B1() {cout << "destructing B1 " <<endl; }
8   };
9   class B2                        //基类 B2 声明
10  {
11  public:
12       B2(int j) { cout <<"constructing B2 " <<j <<endl; }
13       ～B2() { cout << "destructing B2 " <<endl; }
14  };
15  class B3                        //基类 B3 声明
16  {
17  public:
18       B3() { cout << "constructing B3 * " <<endl; }
19       ～B3() { cout << "destructing B3 " <<endl; }
20  };
21  class C: public B2, public B1, public B3
22  {
23  public:
24       C(int a, int b, int c, int d):
25       B1(a), memberB2(d), memberB1(c), B2(b){}
26  private:
27       B1 memberB1;
28       B2 memberB2;
29       B3 memberB3;
30  };
31  void main()
32  {    C obj(1,2,3,4); }
```

运行结果如下:

```
constructing B2 2
constructing B1 1
```

```
constructing B3 *
constructing B1 3
constructing B2 4
constructing B3 *
destructing B3
destructing B2
destructing B1
destructing B3
destructing B1
destructing B2
```

从运行结果可以很明显地看出,构造函数和析构函数的执行顺序是相反的。

需要注意的是,一个类只能有一个析构函数,所以析构函数不需要显式地调用,而是由系统自动调用。

*11.4　C++ 类的多态性

面向对象的 3 个基本特征是封装、继承和多态。其中,封装可以隐藏实现细节,使得代码模块化;继承可以扩展已存在的代码模块(类),它们的目的都是为了实现代码重用。而多态则是为了实现另一个目的——接口重用。接口是声明了规则,但不包括规则的实现。

11.4.1　多态的概念

在现实生活中可以看到许多多态性的例子。例如,学校校长向社会发布一个消息:9月 1 日新学年开学。不同的对象会作出不同的响应:学生要准备好课本,准时到校上课;家长要准备学费;教师要备好课;学校后勤部门要准备好教室、宿舍和食堂……由于事先对各种人的任务已作了规定,因此,在得到同一个消息时,各种人都知道自己应当怎么做,这就是多态性。

有了多态性机制,校长在发布消息时,就不必分别给学生、家长、教师、后勤部门等不同的对象分别发通知,具体规定不同类型人员如何执行。校长只需不断发布各种消息,各类人员就会按预定方案有条不紊地工作。而各类人员在接到消息后应做什么并不是临时决定的,而是学校的工作机制事先安排决定好的。

在 C++ 程序设计中,多态是指具有不同功能的函数可以用一个函数名,这样可以用一个函数名调用不同内容的函数。在面向对象方法中一般是这样表述多态性的:向不同的对象发送同一个消息,不同的对象在接收时会产生不同的行为(即方法)。也就是说,每个对象可以用自己的方式去响应共同的消息(如开学)。所谓消息,就是调用函数。不同的行为就是不同的实现,即执行不同的函数内容。

从系统实现的角度看,多态性分为两类:静态多态性和动态多态性。

11.4.1.1　静态多态性

静态多态性是通过函数的重载实现的。在程序编译时,系统就能决定调用的是哪个函数,因此静态多态性又称编译时的多态性。函数重载和运算符重载(运算符重载实质上也是函数重载)实现的多态性属于静态多态性。

11.4.1.2　动态多态性

动态多态性是指在程序运行过程中才动态地确定操作所针对的对象,又称运行时的多态性。动态多态性是通过**虚函数**(virtual function)实现的。

11.4.2　虚函数实现多态

在学习虚函数前,首先需要了解基类对象与派生类对象的赋值兼容性。

11.4.2.1　赋值兼容性规则

每一个派生类的对象都是基类的一个对象。赋值兼容规则是指在公有派生情况下,一个公有派生类的对象可以当作基类的对象使用,反之则不可以。同时通过基类对象名、指针和引用只能使用从基类继承的成员变量和成员函数。

【例 11-13】　派生类与基类的兼容性规则的示例。

完整程序(Compatibility.cpp)如下:

```
1   #include <iostream>
2   #include <cmath>
3   using namespace std;
4   class Point
5   {
6   public:
7       Point(int newX, int newY)
8       {
9           x = newX;
10          y = newY;
11      }
12      double getLength() const
13      {
14          return 0.0;
15      }
16  protected:
17      int x, y;
18  };
19  class Line: public Point
20  {
21  public:
22      Line(int newX1, int newY1, int newX2, int newY2)
23          : Point(newX1,newY1)
24      {
25          x2=newX2;
```

```
26              y2=newY2;
27          }
28      double getLength() const
29      {
30              return sqrt((x2-x) * (x2-x)+(y2-y) * (y2-y));
31      }
32 protected:
33      int x2, y2;
34 };
35 void test(Point &tmp)
36 {
37      cout <<tmp.getLength() <<endl;
38 }
39
40 int main()
41 {
42      Point p1(2,2);
43      Line l1(3,4,5,6);
44      p1 =l1;
45      cout <<p1.getLength() << '\t' <<l1.getLength() <<endl;
46      Point &r1 =l1;
47      cout <<r1.getLength() <<endl;
48      Point * rp =&l1;
49      cout <<rp->getLength() <<endl;
50
51      test(p1);
52      test(r1);
53      return 0;
54 }
```

运行结果如下：

```
0       2.82843
0
0
0
0
```

　　第 4～18 行定义了基类 Point，第 19～34 行定义了派生类 Line。其中，派生类重写了基类的 getLength 方法。

　　本例代码中体现了以下 3 个赋值兼容性规则。

　　(1) 派生类的对象可以赋值给基类对象。

　　第 42 行定义了基类 Point 对象 p1；第 43 行定义了派生类 Line 对象 l1。允许派生类对象 l1 赋值给基类对象 p1，所以第 44 行是合法的，但反之是不可行的，如图 11-2 所示。

通过 p1 不能直接或间接访问派生类的 x2 和 y2 成员变量。第 45 行,p1. getLength()调用即调用 Point::getLength(),在屏幕上输出 0.0;l1. getLength()即 Line::getLength(),屏幕上输出 2.82843。

（2）派生类对象可以初始化基类的引用。

第 46 行声明了一个基类 Point 的引用 rl,并且初始化引用为派生类对象 l1。反之是禁止的(即 Line & rl＝p1,基类对象初始化派生类的引用是禁止的)。

虽然 rl 是 l1 的引用,但只能访问基类的成员函数和成员方法,如图 11-3 所示。因此,执行第 47 行,rl. getLength 实际调用 Point::getLength,在屏幕上输出 0.0。

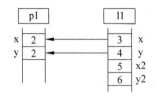
图 11-2　派生类的对象赋值给基类对象

图 11-3　派生类对象初始化基类的引用

（3）派生类对象的地址可以赋值给基类的指针(即指向基类的指针也可以指向派生类)。

第 48 行声明了一个基类的指针 rp,并且将其指向派生类对象 l1。反之则禁止(即 Line ＊rp＝&p1,基类对象的地址赋值给派生类指针是禁止的)。

虽然 rp 指向 l1,但只能访问基类的成员函数和成员方法,如图 11-4 所示。执行第 49 行,rp->getLength()实际调用 Point::getLength(),在屏幕上输出 0.0。

图 11-4　派生类对象的地址赋值给基类的指针

第 35～38 行的 test 函数的形式参数只是 Point 类的引用。按照类继承的特点,系统把 Line 类对象看作一个 Point 类对象,因为 Line 类的覆盖范围包含 Point 类,所以 test 函数的定义并没有错误。

对象 p1 与 l1 分别是基类 Point 和派生类 Line 的对象,在第 51、52 行,我们想利用 test 函数达到以下目的:传递不同类对象的引用,分别调用不同类的 getLength 成员函数。但是程序的运行结果却出乎意料:输出结果均为 0.0,无论是基类对象还是派生类对象,调用的都是基类的 getLength 成员函数。

由赋值兼容性规则的(2)和(3)可知,尽管定义的基类引用和基类指针是指向派生类对象的,但由于是编译时进行函数绑定的,因此只能调用基类的成员函数。

为了能够统一处理不同的对象,调用实际传递对象的 getLength 方法,实现多态,需要用到虚函数。

11.4.2.2　虚函数

虚函数是一种成员函数。一个成员函数被声明或定义为虚函数,说明它在派生类中可能有多种不同的实现。

虚函数定义的一般格式为

virtual 函数返回类型 类类型名::成员函数名(参数列表)

```
{
    函数体;
}
```

其中:

(1) 虚函数一定是某个类的成员函数。virtual 为关键字,表明该成员函数为虚函数,会引入多态效果。

(2) 构造函数不能声明为虚函数。

(3) 应将析构函数声明为虚函数,以便自动释放由指针或引用所表示的对象。

将例 11-13 第 12 行的 double getLength() const 修改为如下格式:

virtual double getLength() const

再次运行程序,结果如下:

```
0          2.82843
2.82843
2.82843
0
2.82843
```

基类 Point 中的成员函数 getLength 定义为虚函数。在其派生类 Line 中,重写的成员函数 getLength 默认也是虚函数。于是,程序运行时根据实际对象临时决定绑定方法,以实现多态。

第 47 行的 r1 是派生类 Line 对象的引用,r1.getLength 调用 Line::getLength,在屏幕上输出 2.82843。

第 49 行的 rp 是指向派生类 Line 的指针,rp—>getLength 根据 rp 实际指向的对象地址调用 Line::getLength,在屏幕上输出 2.82843。

第 51 行将基类对象 p1 传递给 test 函数的参数 tmp。执行 tmp.getLength 时,由于 getLength 成员函数是虚函数,将根据实际对象(此时为 p1)调用 Point::getLength 函数,输出结果为 0.0。

第 52 行将派生类对象 l1 传递给 test 函数的参数 tmp。执行 tmp.getLength 时,根据实际对象(此时为 l1)调用 Line::getLength 函数,输出结果为 2.82843。

虚函数的作用是允许在派生类中重新定义与基类同名的函数,并且可以通过基类指针或引用来访问基类和派生类中的同名函数。也就是说,不论传递过来的究竟是哪个类的对象,都能够通过同一个接口 getLength 调用适用于各自对象的实现方法。此时,使用基类指针或引用调用方法,不用关心实际所指向的对象,是一种运行时多态,编译器编译时不绑定方法,而是在运行时根据实际对象临时决定。

11.4.2.3　多态的要点

一般来讲,要实现多态,需要注意以下 3 个要点:

（1）基类中声明虚函数。在基类中,将派生类中都会存在并需要重写的方法声明为虚函数,就会引入多态的效果。

（2）子类中重写虚函数,函数签名与基类必须完全相同。如果在基类中声明虚函数而在派生类中没有重写该函数,或者在派生类中重写了该函数但函数签名不同,就不会产生多态效果,而是直接调用基类中的函数;

（3）定义基类指针或引用,使其指向或引用基类或派生类的对象。通过指针或引用调用虚函数,系统将调用实际所指向的对象的方法。按值传递对象时,不能实现多态。

另外,派生类中扩展的方法（即基类中没有定义的函数）,禁止通过基类指针或引用调用。

11.5　C++ 标准模板类 STL

C++ 的标准模板库（Standard Template Library,STL）提供了标准化组件,以提高代码的重用性。STL 中包括算法（algorithm）、容器（container）和迭代器（iterator）。其中,算法包括比较、查找、排序、反转、复制、合并等;容器用来存储对象,包括向量（vector）、链表（list）、集合（set）、栈（stack）、队列（queue）、映射（map）等;迭代器类似于指针,算法通过迭代器来访问容器中的元素。

本节介绍一些算法、容器和迭代器的基本使用方法。

*11.5.1　STL 中的算法

STL 利用模板机制提供了非常多的有用算法。它是在一个有效的框架中完成这些算法的,即,它可以将所有类型划分为较少的几类,然后就可以在模板的参数中使用一种类型替换同一类中的其他类型。STL 提供了大约 100 个实现算法的模板函数,许多代码只需要通过调用一两个算法模板,就可以完成所需的功能并大大地提升效率。

STL 中的算法主要由头文件 algorithm、numeric 和 functional 组成。algorithm 是所有 STL 头文件中最大的一个,它由很多模板函数组成,可以认为这些函数在很大程度上都是相互独立的,其中常用的功能涉及比较、交换、查找、遍历、复制、修改、移除、反转、排序、合并等。numeric 体积很小,只包括几个在序列上面进行简单数学运算的模板函数,包括加法和乘法在序列上的一些操作。functional 中定义了一些模板类,用来声明函数对象。

C++ 的 algorithm 文件中包含了排序、查找等函数,能够根据数据自动选择最优算法。要使用 STL 的算法部分,必须包含 std 命名空间中的 algorithm。

下面的代码示例中展示了 sort 和 reverse 算法的使用。

【例 11-14】 algorithm 文件中的 sort 和 reverse 等算法的使用示例。

```cpp
#include <iostream>
#include <algorithm>
using namespace std;
void Output(int a[], int n);        //输出一个数组
bool cmp(int m, int n);             //判断 m 是否大于 n,用作 sort 的参数
int main()
{
    const int N =5;
    int a[N] ={1, 5, 2, 3, 4};
    reverse(a, a +N);               //数组 a 逆序
    Output(a, N);
    sort(a,a +N);                   //数组 a 排序,默认按元素值由小到大排序
    Output(a, N);
    sort(a, a +N, cmp);             //数组 a 排序,按 cmp 函数的结果实现元素值由大到小排序
    Output(a, N);
    fill(a, a +N, 0);               //数组 a 的所有元素值变为 0
    Output(a, N);

    return 0;
}
    void Output(int a[], int n)
{

    for(int i =0; i <n; i++)
        cout <<a[i] <<" ";
    cout <<endl;
}
    bool cmp(int m, int n)
{

    return m >n;
}
```

程序运行结果如下:

```
4 3 2 5 1
1 2 3 4 5
5 4 3 2 1
0 0 0 0 0
```

说明:

(1) sort 包括两种用法:一种包含两个参数,即要排序序列的第一个元素的位置(包含此位置)和最后一个元素的位置(不包含此位置),执行 sort 函数后数组元素按由小到

大排序；另一种包含 3 个参数，最后一个参数是比较大小的方法，此方法需要编写函数实现。例如，本例的程序中自定义的 cmp 函数实现了由大到小的排序。

（2）reverse 包含两个参数，即要排序序列的第一个元素的位置（包含此位置）和最后一个元素的位置（不包含此位置）。

（3）fill 包含 3 个参数，即要排序序列的第一个元素的位置（包含此位置）、最后一个元素的位置（不包含此位置）和要填充的值。

更多的用法请自行查阅相关资料学习。

*11.5.2   STL 中的容器

STL 中的容器对最常用的数据结构提供了支持，包括可变长数组、链表等，使用容器时，将容器类模板实例化为容器类，指明容器中存放的元素是什么类型（可以是基本类型的变量，也可以是对象）。

容器部分主要由头文件 vector、list、deque、set、map、stack 和 queue 组成。表 11-2 展示了容器的作用和相应头文件。

表 11-2   容器的作用和相应的头文件

容　器	作　用　描　述	头文件
向量（vector）	连续存储的元素	vector
列表（list）	由结点组成的双向链表，每个结点包含一个元素	list
双队列（deque）	由连续存储的指向不同元素的指针所组成的数组	deque
集合（set）	由结点组成的树，每个结点都包含一个元素，结点按某种作用于元素对的谓词排列。没有任何两个不同的元素能够拥有相同的次序	set
多重集合（multiset）	允许存在两个次序相同的元素的集合	set
栈（stack）	后进先出的值的排列	stack
队列（queue）	先进先出的值的排列	queue
优先队列（priority_queue）	队伍中元素的次序是由作用于所存储的值对上的某种谓词决定的	queue
映射（map）	由键值对（〈键，值〉）组成的集合，按某种作用于键对上的谓词排列	map
多重映射（multimap）	允许键值对有相同的次序的映射	map

11.5.2.1   vector 容器

vector 容器是对标准数组的补充，它提供了对数组元素的随机访问以及快速插入和删除等操作，是动态的可变大小的数组。vector 容器包含在 std 命名空间的 vector 头文件中。

vector 的主要方法见表 11-3。

表 11-3　vector 的主要方法

方　法	功　能
at(元素下标)	获得指定下标元素的值
back( )	获得最后一个元素的值
begin( )	返回向量第一个元素的迭代器(起点元素位置)
capacity( )	返回向量当前的最大容量
clear( )	清空向量中的所有元素
empty( )	判断向量是否为空,如果为空,返回 1,否则返回 0
end( )	返回向量最后一个元素的迭代器(末尾元素位置为 end( )-1)
erase(i)	删除迭代器 i 指向的向量元素
front( )	获得第一个元素的值
insert(i, x)	将 x 插入向量的迭代器 i 指向的位置
pop_back( )	移除最后一个元素的值
push _ back (value)	添加元素到向量的末尾
size( )	获得向量的实际大小

使用 vector 需要创建 vector 对象,可以同时初始化。例如:

```
vector<int>a;              //创建一个名为 a 的空 vector 对象,可以保存 int 型数据
vector<int>a(10);          //创建一个名为 a 的 vector 对象,保存 10 个 int 型数据
vector<int>a(10,1);        //创建一个名为 a 的空 vector 对象,保存 10 个 int 型的 1
```

vector 的定义及常用方法示例如下。

【例 11-15】　vector 的定义及常用方法示例。

```
#include <iostream>
#include <vector>
using namespace std;
void Output(vector<int>a);
int main(int argc, char * argv[], char * envp[])
{
    vector<int>a(10);              //创建一个有 10 个 int 型元素的 vector 对象
    Output(a);
    //输出向量的大小、容量、是否为空
    cout <<a.size() <<","<<a.capacity()<<","<<a.empty() <<endl;
    for(int i =0; i <5; i++)
        a.push_back(i +1);        //末尾插入 5 个整数:0,1,2,3,4
    a.insert(a.begin() +2, 8);    //将整数 8 插入到下标为 2 的位置
    a.erase(a.end() -1);          //删除末尾元素 5
    Output(a);
```

```
    cout <<a.size() <<"," <<a.capacity()<<"," <<a.empty() <<endl;
    a.clear();                              //删除向量中的所有元素
    Output(a);
    cout <<a.size() <<"," <<a.capacity() <<"," <<a.empty() <<endl;
    return 0;
}
    void Output(vector<int>a)
{
    for(int i =0; i <a.size(); i++)
    cout <<a[i] <<" ";
    cout <<endl;
}
```

运行结果如下：

```
0 0 0 0 0 0 0 0 0 0
10,10,0
0 0 8 0 0 0 0 0 0 0 1 2 3 4
15,20,0
0,20,1
```

11.5.2.2 list 容器

list 容器是 STL 提供的线性链表的数据结构，它与 vector 的差异类似于链表与数组的差异。list 不能够随机读取，但是插入和删除元素时要方便很多。其操作方法与 vector 类似，使用示例如下。

【例 11-16】 list 容器定义及常用方法示例。

```
#include <iostream>
#include <list>
#include <string>
using namespace std;
void Output(list<string>s);
int main()
{
    list<string>strList;
    strList.push_front("北京");             //在头部添加
    strList.push_back("你好");              //在末尾添加
    Output(strList);                       // 遍历 list 容器中的所有元素
    strList.insert(strList.begin(), "*");  //在头部迭代器位置插入
    strList.insert(strList.end(), "!");    //在尾部迭代器位置插入
    Output(strList);
    strList.remove("你好");                //删除指定值的元素
    Output(strList);
```

```
    return 0;
}
    void Output(list<string>s)
{
    …                                    //略,详见 11.5.3 节
}
```

运行结果如下：

```
北京 你好
==========
* 北京 你好 !
==========
* 北京 !
==========
* !
==========
```

11.5.2.3　map 容器

map 是 STL 的一个关联容器,它提供一对一的数据处理能力：键与值。map 对数据有自动排序功能,因此内部所有的数据都是有序的。map 的特点是增加和删除结点对迭代器的影响很小,除了当前操作结点,对其他的结点都没有什么影响。对于迭代器来说,可以修改值,而不能修改键。

map 中的键和值可以是任意类型,根据键可以快速查找记录。

使用 map 要包含 map 头文件。

例如：

```
map<int, string>mapStudent;
```

创建一个学生 map 容器 mapStudent,key 是学生的 ID(int 型),value 是学生的姓名(string 型)。

map 容器的插入有多种方法。例如,可以像数组一样操作：

```
mapStudent[1]="s1";
mapStudent[2]="s2";
mapStudent[3]="s3";
```

插入数据时,如果已经有了键,则新值会覆盖原有的值。

也可以用 insert 函数插入一对数据(即键和值)。例如

```
mapStudent.insert(pair<int, string>(1, "s1"));
mapStudent.insert(pair<int, string>(2, "s2"));
mapStudent.insert(pair<int, string>(3, "s3"));
```

插入数据时,如果已经有了键,则无法插入。

map 可以像数组一样操作,例如 cout << mapStudent[1];,也可以使用 vector 的

clear、empty、size 等方法实现类似的功能。

map 的 find 方法实现查找，例如，mapStudent. find(1)返回键 1 所在位置的迭代器，如果没有找到，返回末端迭代器。

11.5.3　STL 中的迭代器

迭代器从作用上来说是最基本的部分，可是理解起来比前两者都要费力一些。软件设计有一个基本原则，所有的问题都可以通过引进一个间接层来简化，这种简化在 STL 中就是用迭代器来完成的。概括来说，迭代器在 STL 中用来将算法和容器联系起来，起着一种黏和剂的作用。几乎 STL 提供的所有算法都是通过迭代器存取元素序列进行工作的，每一个容器都定义了其本身所专有的迭代器，用以存取容器中的元素。

例如，遍历 list 容器的 Output 函数的代码如下：

```
void Output(list<string>s)
{
    for(list<string>::iterator iter =s.begin(); iter <s.end(); iter++)
    {
    cout << * iter <<" ";
    }
}
```

定义迭代器 iter 的语法是 list<string>::iterator iter，表示处理 list<string>的迭代器，调用 begin 方法返回一个访问 list 的第一个元素的迭代器，调用 end 方法返回最后一个元素的迭代器，通过++前往下一个元素，通过 * 运算符访问迭代器指向的元素的内容。

例如，利用 map 的 find 方法检查一个值是否在 map 中，代码如下：

```
map<int,string>::iterator iter =mapStudent.find(1);
if ( iter !=mapStudent.end())
{
    cout <<"find out: " <<iter->first <<"," <<iter->second;
                                        //输出找到元素的键与值
}
```

11.6　C++ 11 标准中新增的遍历容器方法

遍历容器的方法有 4 种，前面已经介绍了两种，C++ 11 标准中新增了 for 语句遍历和 Lambda 表达式遍历两种方式。

下面以输出一个 vector 中的元素为例说明这 4 种方法。

(1) for 循环，使用下标作为循环变量。代码如下：

```
void Output(vector<int>a)
{
```

```
for(int i =0; i <a.size(); i++)
    cout <<a[i] <<" ";
cout <<endl;
}
```

(2) 迭代器。代码如下：

```
void Output(vector<int>a)
{
    for(vector<int>::iterator iter =a.begin(); iter <a.end(); iter++)
        cout << * iter <<" ";
    cout <<endl;
}
```

(3) C++11 新增的 for 语句遍历容器的方法，语法如下：

```
for(变量定义 : 容器名)
    变量操作
```

例如，下面是遍历一个 List 容器的代码：

```
void Output(vector<int>a)
{
    for(auto& v : a)
        cout <<v <<" ";
    cout <<endl;
}
```

(4) C++11 新增的 Lambda 表达式遍历容器的方法，通过 algorithm 算法的 for_each 实现。代码如下：

```
#include <algorithm>
using namespace std;
void Output(vector<int>a)
{
    for_each(a.begin(), a.end(), [](int v){ cout <<v <<" "; });
    cout <<endl;
}
```

*11.7　Boost 程序库——C++ 标准库

Boost 是一个功能强大、跨平台、开源且免费的 C++ 程序库，由 C++ 标准委员会部分成员设立的 Boost 社区开发并维护，为 C++ 语言标准库提供扩展的 C++ 程序库，如 date_time 库的 Date 类等。

Boost 并不在本书的讨论范围内，感兴趣的读者可以从 Boost 官网（http://www.boost.org）下载该程序库。大部分 Boost 库功能的使用只需包括相应的头文件即可，少数(如正则表达式库、文件系统库等)需要链接库。

11.8　练习与思考

11-1　赋值运算符重载的函数名是(　　)。

　　A. =　　　　　　　B. =operator　　　C. operator=　　　D. operator(=)

11-2　重载运算符+时,在以下几种操作符组成情况中,(　　)是错误的。

　　A. 基本类型+基本类型　　　　　　　B. 自定义类型+基本类型

　　C. 基本类型+自定义类型　　　　　　D. 自定义类型+自定义类型

11-3　自定义复数类 Complex,实现负数的加法、减法、输入与输出的运算符重载。

11-4　定义矩形类 Rectangle,包含原点坐标、长、宽,成员函数包括将矩形移动到新坐标、求矩形面积等。定义一个正方形类 Square,实现同样的功能。正方形是特殊的矩形,长和宽相同。

11-5　是否使用了虚函数就能实现运行时的多态性? 怎样才能实现运行时的多态性?

11-6　有一个交通工具类 vehicle,将它作为基类,派生小车类 car、卡车类 truck 和轮船类 boat,定义这些类并定义一个虚函数用来显示各类的信息。

软件工程项目开发应用技术

12.1　程序设计的多文件结构

为了将函数方便地移植到多个程序应用中,可以将通用的函数和类制作成单独的文件。当在程序中需要使用这些通用的函数和类时,直接包含该文件,就可以方便地调用。

例如,前面介绍的C++系统提供的sqrt、sin等数学函数包含在math库中,使用时需要在程序的头部利用include包含声明,然后就可以直接使用。

多文件结构是指由多个文件组成的工程文件,其中一个源程序文件中包含main函数。还要制作子文件,将自定义的函数封装为一个源程序文件(.cpp),将函数声明封装为一个头文件(.h)。头文件中除了函数声明之外,还可以包括常量定义、类型声明、枚举等。

多文件工程的创建、编译、链接及调试的步骤如下:

(1) 创建一个控制台工程文件。

(2) 创建一个.h头文件,输入相应代码并保存;创建对应的.cpp文件(文件名一般与头文件相同),输入相应代码,包含头文件的定义,输入头文件中的函数实现并保存。

(3) 编译,如果有错误,检查并修改代码。注意,不能对.h文件进行编译和链接。

(4) 如果有多个子文件,重复(2)和(3)。

(5) 创建一个包含main函数的.cpp文件,测试子文件中的各个函数的功能。

如果多文件工程中的子文件要用到其他工程中,可以用类似多文件工程的方法创建新工程,并且编译、链接。注意,提前将子文件的.h和.obj文件保存到新工程所在的文件夹中,方便新工程中的源程序的包含和调用。

【例12-1】　以第9章定义的Student类为例,修改程序为多文件结构。

新建一个项目(project),选择控制台程序(console application),依次添加Student.h、Student.cpp、Test.cpp文件。这3个文件的源代码如下,注意多文件结构的编译、编辑方法和头文件的包含关系。

Student.h文件定义Student类,描述该类的通用特征和功能的声明。代码如下:

```
1   class Student
2   {
3   public:
4       //设置学生的基本信息
5       void Set(int i_ID, char s_name[], char c_sex, int i_age);
6       void Output();                  //输出学生的基本信息
7       void SetAge(int i_age);         //设置年龄
8       int GetAge();                   //读取年龄
9   private:
10      int ID;                         //学号
11      char name[21];                  //姓名
12      char sex;                       //性别
13      int age;                        //年龄
14  };
```

Student. cpp 定义 Student 类的成员函数，并包含 Student. h。由于 Student. h 与 Student. cpp 在相同的文件夹，因此用双引号。在程序的第 3 行后面增加一行：

```
1   #include <iostream>
2   #include <cstring>
3   using namespace std;
4   #include "Student.h"              //增加一行,包含 Student.h 文件
5   void Student::Set(int i_ID, char s_name[], char c_sex, int i_age)
6   {
7       ID = i_ID;
8       strcpy(name, s_name);         //cstring库函数: 字符串复制
9       sex = c_sex;
10      age = i_age;
11  }
12  void Student::Output()
13  {
14      cout << "ID: " << ID;
15      cout << "\nName: " << name;
16      cout << "\nSex: " << sex;
17      cout << "\nAge: " << GetAge();
18      cout << "\n--------------------------\n";
19  }
20  int Student::GetAge()
21  {
22      return age;
23  }
24  void Student::SetAge(int i_age)
25  {
26      age=i_age;
27  }
```

Test. cpp 中包含 main 函数，定义 Student 对象，也要包含 Student. h 文件。由于 Student. h 与 Test. cpp 在相同的文件夹，因此用双引号。在第 2 行后面增加一行：

```
1   # include <iostream>
2   using namespace std;
3   # include "Student.h"                //增加一行,包含 Student.h 文件
4   int main()
5   {
6       Student stu1;
7       int id,age;
8       char name[21], sex;
9       cout << "Stu1's Original Information\n";
10      stu1.Output();
11      cout << "Input Stu1's Information\n";
12      cout << "ID: ";                  //输入学号
13      cin >> id;
14      cin.ignore(80, '\n');            //消除上一行输入的多余内容,包括回车
15      cout << "Name: ";
16      cin.getline(name, 20);           //输入姓名,允许空格
17      cout << "Sex(F/M): ";
18      cin >> sex;                      //接收一个字符给性别
19      cin.ignore(80,'\n');             //清除当前行(防止输入多个字符)
20      cout << "Age: ";
21      cin >> age;
22      stu1.Set(id, name, sex, age);
23      cout<<"-------------------------\n";
24      cout << "Student stu1's Information: \n";
25      stu1.Output();
26      return 0;
27  }
```

运行结果如图 12-1 所示。

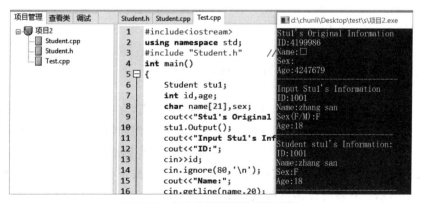

图 12-1 多文件结构程序运行示例

注意：源程序（.cpp）中都包含头文件（.h），即只能包含类的声明，而不能包含类的成员函数定义。如果 Test.cpp 包含 Student.cpp，会出现连接错误。

12.2　条件编译指令及在多文件中的应用

一个项目中有多个源文件时，假如两个源文件中都包含相同的变量或函数定义等代码时，会出现链接错误。此时，使用条件编译指令，通过条件来决定哪些代码被编译，哪些不被编译。

条件编译指令 ifndef 是 if not defined 的简写，是宏定义的一种。它可以根据是否已经定义了一个变量来进行分支选择，一般用于调试等。

条件编译的语法格式为

```
#ifndef 名字              //判断是否存在宏定义名
#define 名字              //如果不存在,定义宏定义名
    代码                  //编译的代码
#else                    //如果存在
    代码                  //忽视的代码
#endif                   //终止
```

如果一个工程中有多个源文件，可能会包含相同的代码段，造成重复定义。可以在每个源文件上增加条件编译。这样，当第一个源文件被编译时，由于♯ifndef 后面的名字不存在，则定义该名字，然后编译代码，其他源文件被编译时，由于♯ifndef 后面的名字已存在，则不编译这些代码。

例如，项目中的 Test.cpp 和 Student.cpp 都要包含 Student.h 等文件，可以在每个源文件的头部加上条件编译指令：

```
#ifndef _Student
#define _Student              //定义宏名_Student
#include <iostream>
using namespace std;
#include "Student.h"          //包含 Student.h 文件
#endif
```

12.3　位运算符和位运算表达式的应用

位运算是直接操作内存中的位（bit），速度快，效率高，在单片机与嵌入式系统、网络底层驱动程序与安全应用的开发等场合中经常被应用。例如，要将某个芯片的管脚清零，可以将该位与 0 做按位与操作，如让 led 灯不停闪烁、值不断取反等。

C 语言的位运算符包括 &（按位与）、|（按位或）、^（按位异或）、~（按位取反）、<<（左移）、>>（右移），参与位运算的变量是 int 型或 char 型。表 12-1 展示了位运算符的功能以及应用示例。

表 12-1　位运算符的功能及应用示例

位运算符	功　能	应 用 示 例
&	按位与运算。两个位都为 1 时结果为 1,否则为 0: 0&0 的值为 0; 0&1 的值为 0; 1&0 的值为 0; 1&1 的值为 1	(1) 保留整数 n 的低 4 位不变,其余高位全为 0:n&15。15 的二进制是 00000000 00000000 00000000 00001111。n 与 15 按位与操作,低 4 位的值不变,高位全部变为 0。 (2) 判断一个整数是奇数还是偶数:n & 1。结果为 1 说明是奇数,结果为 0 说明是偶数
|	按位或运算。两个位中有一个为 1 时结果为 1,两个位都为 0 时结果才为 0: 0|0 的值为 0; 0|1 的值为 1; 1|0 的值为 1; 1|1 的值为 1	指定 n 的某些位为 1:n | 0xFFFF0000。0xFFFF0000 是十六进制值,对应的二进制是 11111111 11111111 00000000 00000000。n 与 0xFFFF0000 按位或操作,低 16 位的值不变,高 16 位的值全部置为 1
^	按位异或运算。两个位不同时结果为 1,相同时结果为 0: 0^0 的值为 0; 0^1 的值为 1; 1^0 的值为 1; 1^1 的值为 0	任意整数 m 的异或规律为 • m^m 的值为 0。 • m^0 的值为 m 本身。 因此,整数 m 和 n 利用异或规律可以实现交换: • m^n^n 的值是 m。 • m^n^m 的值是 n
~	单目运算符,运算位取反: ~0 的值为 1; ~1 的值为 0	保留整数 n 的低 4 位全为 0,其余高位不变 n&~15 或 n&0xFFFFFFF0,也就是 n&~0x0000000F
<<	操作数的各个二进制位全部左移若干位,高位丢弃,低位补 0	(1) 保留整数 n 的第 k 位为 0,其余位不变: n&~(1<<k)。1 左移 k 位,则得到一个第 k 位为 1,其余位为 0 的整数;然后按位取反,得到一个仅第 k 位为 0,其余位为 1 的整数;最后与 n 按位与运算,仅第 k 位保留原值,其余位为 0。 (2) 将整数 n 的第 k 位置为 1,其余位不变: n | (1<<k)
>>	把操作数的各个二进制位全部右移若干位,低位丢弃,高位补 0 或 1(如果数据的最高位是 0,那么就补 0;如果最高位是 1,那么就补 1)	整数 n 除以 8(不考虑溢出):n >> 3。n 每右移 1 位,变为 n/2

【例 12-2】　位运算的实例。

阅读下面的程序,分析运行结果。

```cpp
#include <iostream>
using namespace std;
int main()
```

```
{
    int a =2, b =3;
    cout << (a&b) <<endl;
    cout << (a|b) <<endl;
    cout << (a^b) <<endl;
    //交换 a 和 b 的值
    a =a ^ b;
    b =a ^ b;
    a =a ^ b;
    cout <<a << "," <<b <<endl;
    return 0;
}
```

运行结果如下：

```
2
3
1
3,2
```

【例 12-3】 使用异或运算进行字符串的加密与解密。

算法分析：定义一个整数作为密钥（本例中使用常量，在实际应用中可以用外部文件保存整数），利用异或运算的特点，将用户输入的每个字符的 ASCII 码（整数）与密钥进行异或运算，将结果保存后输出该 ASCII 码对应的字符。

参考代码如下：

```
#include <iostream>
#include <cstring>
using namespace std;
const int N =101;                    //字符数组的长度
void XOR(char s[],char t[], int key); //将字符串 s 与 key 异或处理后的结果写入 t
int main()
{
    int key =1547;
    char pwd[N], pwdCipher[N], pwdPlain[N];
                                     //保存原文、密文、解密结果
    cout <<"输入一个字符串(最多" <<N-1 <<"个字符):";
    cin >>pwd;
    XOR(pwd, pwdCipher, key);         //调用 XOR 函数后 pwdCipher 得到密文
    cout <<"加密后的字符串为: " <<pwdCipher <<"\n";
    XOR(pwdCipher, pwdPlain, key);    //调用 XOR 函数后 pwdPlain 得到解密结果
    cout <<"解密后的值为: " <<pwdPlain <<"\n";
    cout <<"解密后的结果与原始字符串" << (strcmp(pwd,pwdPlain)?"不同":"相同");
    return 0;
}
```

```
        void XOR(char s[], char t[], int key)
    {
        int i;
        for(i =0; i <strlen(s); i++)
        {
            t[i] =s[i] ^ key;
        }
        t[i] ='\0';
    }
```

运行结果如下：

输入一个字符串 (最多 101 个字符): QWERTY2368.+%￥.%
加密后的字符串为: Z\NY_R98=3%.ŏ%.
解密后的值为: QWERTY2368.+%￥.%
解密后的原文与原始字符串相同

12.4　静态链接库

在 12.1 节中介绍了将通用的函数和类制作成单独的文件,便于重复利用于不同的工程中。如果在多文件结构中只需要看到.h 的文件声明,而无须知道这些函数或类的内部实现时,可以将实现函数或类的源文件生成为库文件。

库是编译生成的目标文件(二进制),分为静态链接库(. a、. lib)和动态链接库(. so、. dll)。静态和动态是程序在链接阶段的两种方式。静态链接库是在链接时将库文件直接加入可执行程序中,一般用在 Linux 程序中;动态链接库是在可执行文件执行时动态加载库文件,一般用在 Windows 程序中。

下面简单介绍在 Dev-C ++ 中创建和使用静态链接库的方法。以例 12-1 的多文件代码为例,用 Student. h 和 Student. cpp 生成静态链接库,然后执行 Test. cpp 文件。

12.4.1　创建静态链接库

在 Dev-C ++ 中新建一个项目,选择项目类型是 Basic→Static Library(静态链接库),输入项目名称 StudentDLL,如图 12-2 所示。

在项目中添加 Student. h 和 Student. cpp 文件,然后编译生成静态链接库文件,如果成功,会生成与项目名相同的文件,如图 12-3 所示,本例是 StudentDll. a。

12.4.2　部署静态链接库

将静态链接库部署到 Dev-C ++ 的库文件目录中,以方便程序引入静态链接库。

打开本例中的静态链接库项目目录,将生成的 StudentDll. a 文件复制到 Dev-C ++ 的库文件目录,如 C:\Program Files (x86)\Dev-Cpp\MinGW64\lib。将头文件 Student. h 复制到 Dev-C ++ 的 C ++ 包含文件目录,如 C:\Program Files (x86)\Dev-Cpp\MinGW64

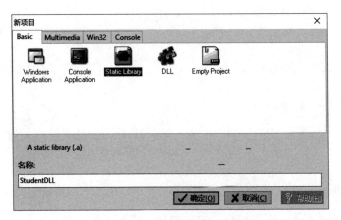

图 12-2　在 Dev-C++ 中新建一个静态链接库项目

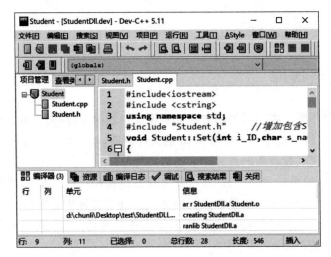

图 12-3　StudentDll 项目中的文件及编译信息

\include。

如果不知道本机的 Dev-C++ 的库文件目录,可以在 Dev-C++ 菜单栏中选择"工具"→"编译选项"→"目录"命令,查看"库""C 包含文件"和"C++ 包含文件"的目录。

12.4.3　在控制台项目中使用静态链接库

新建一个项目,项目类型选择 Basic→Console Application(控制台应用程序),输入项目名称为 testStudent,如图 12-4 所示。

在项目中添加 Test.cpp 文件,然后在项目中添加静态链接库(说明:单个源程序的"项目属性"为灰色,必须先创建控制台程序项目,才能单击菜单中的"项目属性")。

在菜单中选择"项目"→"项目属性"命令,在"项目选项"对话框中切换到"参数"选项卡,单击右下角的"加入库或对象"按钮,在弹出的窗口中选择 StudentDll.a 文件,单击"打开"按钮,此时会看到"参数"选项卡的"链接"列表框中增加了 StudentDll.a 的文件路径,如图 12-5 所示。

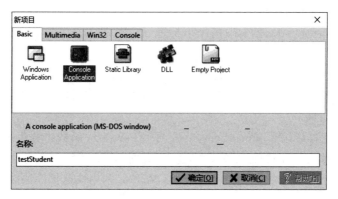

图 12-4　新建一个控制台应用程序

图 12-5　在控制台项目中添加静态链接库

最后,编译并运行 Test.cpp。

12.5　实用算法及应用

12.5.1　快速排序

在排序中,数据复制的开销很大,而比较大小则相对省时。因此,通常快速排序法比冒泡法、插入法、选择法等经典的基本排序算法的效率高。快速排序法采用"分治"的方法,先选择一个基数,通过一趟排序将数据分割成两个部分,比基数小的放在基数前面,比基数大的放在基数后面;再对这两个部分采用同样的排序规则进行排序……直至整个序列有序。

例如,有数组 int a[N]。首先定义两个边界下标变量:start＝0,end＝N－1;然后定义一个分割函数 Partition,它包括 3 个参数:数组、start、end,返回快速排序的分割点 p,使得数组 a[start..p－1]的所有元素的值都比 a[p]小,a[p＋1..end]的所有元素的值都比

a[p]大。该函数的算法如下：

（1）选取 key＝a[end]，然后取两个下标变量：i＝start－1,j＝[start..end－1]。循环执行以下操作：

如果 a[j]＜＝key，则 i＝i＋1，交换 a[i]和 a[j]的值（a[j]比 key 小，往前放）。

（2）循环结束后，交换 a[i＋1]与 a[end]的值（a[i＋1]后面的值都比 key 大，前面的值都比 key 小），返回 i＋1。

（3）定义快速排序函数 QuickSort，首先调用 Partition 函数将数组分为两部分，然后对这两部分继续执行快速排序，重复这一过程，直到 start＞＝end 为止。

【例 12-4】　已知一组数值：10,12,15,35,25,28,利用快速排序法对其进行排序后输出结果。

```cpp
#include <iostream>
using namespace std;
void PrintArray(const double a[], const int n) ;
int Partition(double a[], int start, int end);
void QuickSort(double a[], int start, int end);
const int N =6;
int main()
{
    double a[N] ={10, 12, 15, 35, 25, 28};
    QuickSort(a, 0, N-1);
    PrintArray(a, N);
    return 0;
}
int Partition(int a[], int start, int end)
{
    int key =a[end];
    int i =start -1,j =start;
    for(; j <end; j++)
        if(a[j] <=key)
        {
            i++;
            swap(a[i], a[j]);
        }
    swap(a[i+1], a[end]);
    return i+1;
}
void QuickSort(int a[], int start, int end)
{
    if(start <end)
    {
        int p =Partition(a, start, end);
        QuickSort(a, start, p-1);
```

```
            QuickSort(a, p+1, end);
        }
    }
    void PrintArray(const int a[], const int n)
    {
        for(int i =0; i <n; i++)
            cout <<a[i] <<" ";
        cout <<endl;
    }
```

12.5.2　动态规划方法应用实例

动态规划(Dynamic Programming,DP)是一种在数学、计算机科学和经济学中广泛使用的,通过把原问题分解为相对简单的子问题的方式求解复杂问题的方法。对于常见的实际应用,如求最短路径问题、库存管理、网络流优化等问题,用动态规划方法比用其他方法求解更为方便。

能够利用动态规划方法求解的问题必须满足以下 3 个条件:

(1) 最优化原理。一个最优策略的决策过程中所产生的的子问题的子策略也是最优的。

(2) 无后效性。每个阶段的决策只取决于前一个阶段的决策,与更靠前的决策无关。

(3) 重叠子问题。在最优解问题中,总是不断调用同一个问题,而不是产生新问题。

【例 12-5】　求矩阵的最小路径。

有矩阵 a,从左上角的数字开始,每次只能向右或者向下走,最后到达右下角的位置。路径上所有的数字累加起来就是路径和,返回所有的路径中最小的路径和。例如,有以下矩阵:

$$1\ 2\ 3\ 4$$
$$4\ 1\ 5\ 3$$
$$2\ 6\ 2\ 4$$

从左上角的 1 开始→向右走到 2(2<4)→向下走到 1(1<3)→向右走到 5(5<6),向下走到 2(2<3),向右走到 4,因此路径和为 1+2+1+5+2+4=15。

这是一道经典的动态规划问题。a[i][j]代表从起点到达(i,j)点的路径长度,dp[i][j]代表从起点到达(i,j)点的最短路径长度,则 dp[i][j]=min(dp[i−1][j],dp[i][j−1])+a[i][j]。

源程序如下:

```
# include <iostream>
# include <cmath>
using namespace std;
const int M =10;
const int N =10;
int minPathSum(int a[][N], int m, int n);
```

```
int min(int a, int b);
int main()
{
    int a[M][N];
    int m, n;
    cin >> m >> n;
    cout << "输入" << m << "行" << n << "列的数组元素: \n";
    for(int i = 0; i < m; i++)
        for(int j = 0; j < n; j++)
            cin >> a[i][j];
    cout << "矩阵从左上角到右下角的最小路径和为";
    cout << minPathSum(a, m, n);
    return 0;
}
int minPathSum(int a[][N], int m, int n)
{
    int dp[m][n];
        dp[0][0] = a[0][0];
        //行初始化
        for(int i = 1; i < m; i++)
            dp[i][0] = dp[i - 1][0] + a[i][0];
        //列初始化
        for(int i = 1; i < n; i++)
            dp[0][i] = dp[0][i - 1] + a[0][i];
        //剩余元素初始化
        for(int i = 1; i < m; i++)
            for(int j = 1; j < n; j++)
                dp[i][j] = a[i][j] + min(dp[i - 1][j], dp[i][j - 1]);
        return dp[m - 1][n - 1];
}
int main(int a, int b)
{
    return a >= b ? b : a ;
}
```

程序运行结果如下:

```
3 4
输入 3 行 4 列的数组元素:
1 2 3 4
4 1 5 3
2 6 2 4
矩阵从左上角到右下角的最小路径和为 15
```

C&C++ 的关键字与数据类型

A.1 C 语言关键字

表 A-1 C 语言关键字

分类	关键字	含 义	备 注
基本数据类型关键字	int	声明整型变量或函数返回值为整数	
	char	声明字符型变量或函数返回值为字符	
	short	声明短整型变量或函数返回值为短整型数	
	signed	声明有符号型变量或函数返回值为有符号型数	
	long	声明长整型变量或函数返回值为长整型数	
	float	声明浮点型变量或函数返回值为浮点型数	
	double	声明双精度变量或函数返回值为双精度型数	
	unsigned	声明无符号型变量或函数返回值为无符号型数	
控制语句关键字	if	条件语句	
	else	条件语句否定分支	与 if 一起使用
	do	执行循环语句的循环体	与 while 一起使用，先执行循环，后进行条件判断
	while	循环语句的循环条件判断	
	continue	结束当前迭代，开始下一轮迭代	不是终止整个循环
	break	跳出当前循环	用于循环语句和 switch 语句，作用为结束循环
	for	一种循环语句	
	goto	无条件跳转语句	从内层循环跳到外层循环
	case	开关语句分支	用在 switch 语句中

续表

分类	关键字	含　义	备　注
控制语句关键字	switch	开关语句	
	default	开关语句中的"其他"分支	用在 switch 语句中
存储类型关键字	auto	声明自动变量	可省略,不写则隐含为自动存储类别
	extern	声明变量是在其他文件中声明	可看作引用变量
	static	声明静态变量	
	register	声明寄存器变量	
特殊数据类型关键字	const	声明只读变量	
	enum	声明枚举类型	
	union	声明共用体类型	
	struct	声明结构体类型	
其他关键字	typedef	给数据类型取别名	
	void	声明函数无返回值或无参数;声明无类型指针	
	return	函数返回语句	可以带参数,也可以不带参数
	sizeof	计算数据类型长度	
	volatile	说明变量在程序执行中可被隐含地改变	

A.2　C++常用的专有关键字及含义

表 A-2　C++常用的专有关键字

关键字	含　义
asm	允许在 C++ 程序中嵌入汇编代码
bool	布尔型,常用于条件判断和函数返回值,是 C++ 中的基本数据结构,其值可为 true(真)或者 false(假)。C++ 中的布尔型可以和整型混用,具体来说就是 0 代表 false,非 0 代表 true
catch	catch 和 try 语句一起用于异常处理
class	类,是 C++ 面向对象设计的基础。使用 class 关键字声明一个类
const_cast	用来修改类型的 const 或 volatile 属性。除了 const 或 volatile 修饰符之外,type_id 和 expression 的类型是一样的。常量指针被转化成非常量指针,并且仍然指向原来的对象;常量引用被转换成非常量引用,并且仍然指向原来的对象;常量对象被转换成非常量对象
delete	释放程序动态申请的内存空间。delete 后面通常是一个指针或者数组,并且只能释放通过 new 关键字申请的指针,否则会发生段错误

关键字	含　　义
dynamic_cast	动态转换,允许在运行时进行类型转换,从而使程序能够在一个类层次结构中安全地转换类型。dynamic_cast 提供了两种转换方式:把基类指针转换成派生类指针,或者把指向基类的左值转换成派生类的引用
explicit	禁止单参数构造函数,用于自动类型转换,其中比较典型的例子就是容器类型。在这种类型的构造函数中可以将初始长度作为参数传递给构造函数
export	为了访问其他编译单元(如另一代码文件)中的变量或对象,对普通类型(包括基本数据类型、结构体和类),可以利用关键字 extern 来使用这些变量或对象;但是对模板类型,则必须在定义这些模板类对象和模板函数时使用关键字 export(导出)
false	逻辑假,C++ 的基本数据结构布尔型的值之一,等同于整型的 0 值
friend	声明友元关系。友元可以访问与其有友元关系的类中的 private/protected 成员,通过友元直接访问类中的 private/protected 成员的主要目的是提高效率。友元包括友元函数和友元类
inline	内联函数的定义将在编译时在调用处展开。内联函数一般由短小的语句组成,可以提高程序效率
mutable	mutable 只能用于类的非静态和非常量数据成员。由于一个对象的状态由该对象的非静态数据成员决定,所以随着数据成员的改变,对象的状态也会随之发生变化。如果一个类的成员函数被声明为 const 类型,表示该函数不会改变对象的状态,也就是该函数不会修改类的非静态数据成员。但是有时候需要在该类函数中对类的数据成员进行赋值,这个时候就需要用到 mutable 关键字
namespace	命名空间用于在逻辑上组织类,是一种比类大的结构
new	用于新建一个对象。new 运算符总是返回一个指针。由 new 创建的对象需要在恰当的地方进行 delete 操作
operator	用于操作符重载。这是 C++ 中的一种特殊的函数
private	私有的,是 C++ 中的访问控制符。被标明为 private 的字段只能在本类以及友元中访问
protected	受保护的,是 C++ 中的访问控制符。被标明为 protected 的字段只能在本以及其继承类和友元中访问
public	公有的,是 C++ 中的访问控制符。被标明为 public 的字段可以在任何类中访问
this	返回调用者本身的指针
throw	用于实现 C++ 的异常处理机制,可以通过 throw 关键字抛出一个异常
static_cast	该运算符把 expression 转换为 type-id 类型,但没有运行时类型检查机制来保证转换的安全性
template	模板,是 C++ 中泛型机制的实现
true	逻辑真,C++ 的基本数据结构布尔的值之一,等同于整型的非 0 值
try	用于实现 C++ 的异常处理机制。可以在 try 中调用可能抛出异常的函数,然后在 try 后面的 catch 中捕获异常并进行处理
typeid	指出指针或引用指向的对象的实际派生类型
typename	让编译器把一个特殊的名字解释成一个类型

关键字	含　义
using	表明使用命名空间
virtual	虚函数的声明，在 C++ 中用来实现多态机制
wchar_t	宽字符类型，每个 wchar_t 类型占 2 字节，16 位宽。汉字的表示就要用到 wchar_t

C&C++ 的标准库及主要的库函数

B.1 数学函数

数学函数的头文件包含指令为 ♯ include ＜ math. h＞或者 ♯ include "math. h"。

在 C++ 中可以用以下形式：

```
# include <cmath>
using namespace std;
```

表 B-1　数学函数

函数名	函 数 原 型	功　　能	返回值	说　　明
abs	int abs(int x)	求整数 x 的绝对值	计算结果	
acos	double acos(double x)	计算 arccos(x)的值	计算结果	x 的范围[−1, 1]
asin	double asin(double x)	计算 arcsin(x)的值	计算结果	x 的范围[−1, 1]
atan	double atan(double x)	计算 arctan(x)的值	计算结果	
atan2	double atan2 (double x, double y)	计算 arctan(x/y)的值	计算结果	
cos	double cos(double x)	计算 cos(x)的值	计算结果	x 的单位为弧度
cosh	double cosh(double x)	计算 cosh(x)的值	计算结果	
exp	double exp(double x)	求 e^x 的值	计算结果	
fabs	double fabs(double x)	求 x 的绝对值	计算结果	
floor	double floor(double x)	求不大于 x 的最大整数	该整数的双精度实数	
fdim	double fdim (double x, double y)	若 x 和 y 的差是正值,返回该值;否则返回 0	返回正值或 0	fdim(5,2)的值是 3, fdim(−5,3)的值是 0

续表

函数名	函数原型	功 能	返回值	说 明
fmax	double fmax (double x，double y)	返回 x 和 y 中较大的值	x 或 y 的值	fmax(3,2)的值是 3
fmin	double fmin (double x，double y)	返回 x 和 y 中较小的值	x 或 y 的值	fmin(3,2)的值是 2
fmod	double fmod (double x，double y)	求 x/y 的余数	返回余数的双精度实数	
isnan	int isnan(float x)	若参数 x 是 NAN 值（不是数值），返回非 0 值；否则返回 0	非 0(是 NAN)或 0	sqrt(−1)的返回值是 nan，isnan(sqrt(−1))的返回值是 1
isnormal	int isnormal(float x)	若参数 x 是一个正常值，返回非 0 值；否则返回 0	非 0（正常值)或 0	isnormal(1.0/0.0)的返回值是 0
log	double log(double x)	求 $\log_e x$,即 ln x	计算结果	
$\log_{10}$	double $\log_{10}$ (double x)	求 $\log_{10} x$	计算结果	
pow	double pow (double x，double y)	计算 x^y 的值	计算结果	
rand	int rand(void)	产生−90～32 767 间的随机整数	随机整数	
round	int round(double x)	取 x 四舍五入的整数	计算结果	
sin	double sin(double x)	计算 sin(x)的值	计算结果	x 的单位为弧度
sinh	double sinh(double x)	计算 sinh(x)的值	计算结果	
sqrt	double sqrt(double x)	计算 $\sqrt{x}$	计算结果	x≥0
tan	double tan(double x)	计算 tan(x)的值	计算结果	x 的单位为弧度
tanh	double tanh(double x)	计算 tanh(x)的值	计算结果	

B.2　字符函数和字符串函数

字符函数的头文件包含指令为 #include <ctype.h>或者 #include "ctype.h"。在 C++ 中可以用以下形式：

```
#include <cctype>
using namespace std;
```

表 B-2　字符函数

函数名	函数原型	功 能	返回值	说 明
isalnum	int isalnum(int ch);	检查 ch 是否为字母或数字	是字，返回 1;否则返回 0	
isalpha	int isalpha(int ch);	检查 ch 是否为字母	是,返回 1;否则返回 0	

续表

函数名	函数原型	功能	返回值	说明
iscntrl	int iscntrl(int ch);	检查 ch 是否为控制字符（其 ASCII 码在 0 和 0x1F 之间）	是,返回 1;否则返回 0	
isdigit	int isdigit(int ch);	检查 ch 是否为数字字符(0～9)	是,返回 1;否则返回 0	
isgraph	int isgraph(int ch);	检查 ch 是否为可打印字符（ASCII 码在 0x21 和 0x7E 之间,不包括空格）	是,返回 1;否则返回 0	
islower	int islower(int ch);	检查 ch 是否为小写字母(a～z)	是,返回 1;否则返回 0	
isprint	intisprint(int ch);	检查 ch 是否为可打印字符（其 ASCII 码在 0x20 和 0x7E 之间,包括空格）	是,返回 1;否则返回 0	
ispunct	int ispunct(int ch);	检查 ch 是否为标点字符(不包括空格),即除字母、数字和空格以外的所有可打印字符	是,返回 1;否则返回 0	
isspace	int isspace(int ch);	检查 ch 是否为空格(包括制表符和换行符)	是,返回 1;否则返回 0	
isupper	int isupper(int ch);	检查 ch 是否为大写字母(A～Z)	是,返回 1;否则返回 0	
isxdigit	intisxdigit(int ch);	检查 ch 是否为十六进制数字字符(即 0～9,A～F 或 a～f)	是,返回 1;否则返回 0	

字符串函数的头文件包含指令为 ♯include <string. h>或者 ♯include "string. h"。在 C⁺⁺ 中可以用以下形式:

```
#include <cstring>
using namespace std;
```

表 B-3　字符串函数

函数名	函数原型	功能	返回值	说明
strcat	char * strcat(char * str1, char * str2);	把字符串 str2 接到 str1 后面,str1 最后面的\0'被删除	结果字符串	
strchr	char * strchr (char * str, int ch);	找出字符串 str 中第一次出现字符 ch 的位置	返回指向该位置的指针;如找不到 ch,则返回空指针	
strcmp	char * strcmp (char * str1, char * str2);	比较字符串 str1 和 str2	str1<str2,返回负数;str1＝str2,返回 0;str1>str2,返回正数	
strcpy	char * strcpy (char * str1, char * str2);	把字符串 str2 复制到字符串 str1 中去	返回 str1	

函数名	函数原型	功 能	返回值	说 明
strlen	unsigned int strlen (char * str);	统计字符串 str 中字符的个数(不包括结束符'\0')	返回字符个数	
strstr	char * strstr(char * str1, char * str2);	找出字符串 str2 在字符串 str1 中第一次出现的位置(不包括 str2 的结束符'\0')	返回该位置的指针;如找不到,返回空指针	
tolower	int tolower(int ch);	将 ch 转换为小写字母	返回 ch 的小写字母	
toupper	int toupper(int ch);	将 ch 转换为大写字母	返回 ch 的大写字母	

B.3 输入输出函数

输入输出函数的头文件为包含指令 ♯include ＜stdio.h＞ 或者 ♯include "stdio.h"。

表 B-4 标准输入输出函数

函数名	函数原型	功 能	返回值	说 明
close	int close(int fp)	关闭文件	成功,返回 0;否则返回 1	非 ANSI 标准
creat	int creat (char * filename, int mode)	以 mode 指定的方式建立文件	成功,返回正数;否则返回−1	非 ANSI 标准
eof	int eof(int fd)	检查文件是否结束	遇文件结束,返回−1;否则返回 0	非 ANSI 标准
fclose	int fclose(FILE * fp)	关闭 fp 指向的文件,释放文件缓存区	有错,返回非 0 值;否则返回 0	
feof	int feof (FILE * fp)	检查文件是否结束	遇文件结束符,返回非 0 值;否则返回 0	
fgetc	int fgetc (FILE * fp)	从 fp 指向的文件中取得下一个字符	返回得到的字符;若读入错误,返回 EOF	
fgets	char * fgets (char * buf, int n, FILE * fp)	从 fp 指向的文件中读取一个长度为 n−1 的字符串,存入起始地址为 buf 的内存空间	返回地址 buf;若遇文件结束或出错,返回 NULL	
fopen	FILE * fopen (char * filename, char * mode)	以 mode 指定的方式打开名为 filename 的文件	成功,返回一个文件指针(文件信息区的起始地址);否则返回 0	
fprintf	int fprintf (FILE * fp, char * format, args,…)	把 args 的值以 format 指定的格式输出到 fp 指向的文件中	实际输出的字符数	
fputc	int fputc(char ch, FILE * fp)	将字符 ch 输出到 fp 指向的文件中	成功,返回该字符;否则返回非 0 值	

续表

函数名	函 数 原 型	功　能	返回值	说　明
fputs	int fputs (char * str,FILE * fp)	将 str 指向的字符串输出到 fp 指向的文件中	成功返回 0;否则返回非 0 值	
fread	int fread (char * pt, unsigned size, unsigned n, FILE * fp)	从 fp 指向的文件中读取长度为 size 的 n 个数据项,保存到 pt 指向的内存区	返回所读的数据项个数;如遇文件结束或出错,则返回 0	
fscanf	int fscanf(FILE * fp, char format, args,…)	从 fp 指向的文件中按 format 指定的格式将输入数据送到 args 指向的内存单元(args 是指针)	返回已输入的数据个数	
fseek	int fseek (FILE * fp, long offset, int base)	将 fp 指向的文件的位置指针移到以 base 所给出的位置为基准、以 offset 为位移量的位置	返回当前位置;若遇文件结束或出错,返回 -1	
fwrite	int fwrite (char * ptr, unsigned size, unsigned n, FILE * fp)	把 ptr 指向的 n * size 个字节输出到 fp 指向的文件中	返回写到 fp 文件中的数据项的个数	
getc	int getc (FILE * fp)	从 fp 指向的文件中读入一个字符	返回所读的字符;如遇文件结束或出错,返回 EOF	
getchar	int getchar(void)	从标准输入设备读取下一个字符	返回所读字符;如遇文件结束或出错,返回 -1	
getw	int getw (FILE * fp)	从 fp 指向的文件中读取下一个字(整数)	返回输入的整数;如遇文件结束或出错,返回 -1	非 ANSI 标准
open	int open (char * filename, int mode)	以 mode 指定的方式打开已存在的名为 filename 的文件	返回文件号(整数);如打开失败,返回 -1	非 ANSI 标准
printf	int printf (char * format,args,…)	按 format 指定的格式字符串所规定的格式,将输出列表 args 的值送到标准输出设备	返回输出字符的个数;若出错,返回负数	format 可以是一个字符串或字符数组的起始地址
putc	int putc (char ch, FILE * fp)	把字符 ch 输出到 fp 指向的文件中	返回输出的字符 ch;若出错,返回 EOF	
putchar	int putchar (char ch)	把字符 ch 送到标准输出设备	输出的字符 ch,若出错,返回 EOF	
Puts	int puts (char * str)	把 str 指向的字符串送到标准输出设备,将'\0'转换为换行符	返回换行符;若失败,返回 EOF	

续表

函数名	函 数 原 型	功 能	返 回 值	说 明
putw	int putw（int w，FILE * fp)	将整数 w（即一个字）写到 fp 指向的文件中	返回输出的整数；若出错，返回 EOF	非 ANSI 标准
read	int read（int fd，char * buf，unsigned count)	从文件号 fd 指定的文件中读 count 个字节到 buf 指定的缓冲区中	返回真正读入的字节个数；如遇文件结束返回 0，出错返回－1	非 ANSI 标准
rename	int rename(char * oldname，char * newname)	把由 oldname 指向的文件名改为由 newname 指向的文件名	成功，返回 0；否则返回－1	
scanf	int scanf（char * format，args，…)	从标准输入设备按 format 指定的格式字符串所规定的格式将数据保存到 args 指向的内存单元	返回读入并赋给 args 的数据个数；如遇文件结束，返回 EOF；如出错，返回 0	args 为指针
write	int write（int fd，char * buf，unsigned count)	从 buf 指向的缓冲区输出 count 个字符到 fd 指定的文件中	返回实际输出的字节数；如出错，返回－1	非 ANSI 标准

动态存储分配函数

动态存储分配函数的头文件包含指令为 ♯ include ＜stdlib.h＞或者 ♯ include "stdlib.h"。

表 B-5　动态存储分配函数

函数名	函 数 原 型	功 能	返 回 值
calloc	void * calloc（unsigned n，unsigned size)	分配 n 个数据项的内存连续空间，每个数据项的大小为 size	返回分配内存单元的起始地址；如失败，返回 0
free	void free(void * p)	释放 p 指向的内存区	无
malloc	void * malloc(unsigned size)	分配 size 字节的存储区	返回分配的内存区起始地址；如失败，返回 0
realloc	void * realloc（void * p，unsigned size)	将 p 指向的已分配内存区的大小改为 size，size 可以比原来分配的空间大或小	返回指向该内存区的指针

Dev-C++ 的配置及调试

Dev-C++ 的安装比较简单,按照默认选项安装即可。安装完成后,一般需要修改配置参数,例如,将语言改为简体中文,设置源程序的字体、编译器选项等。

C.1 环境配置——修改菜单的语言

在 Dev-C++ 的菜单栏中选择"工具"→"环境选项"命令,在"环境选项"对话框的"基本"选项卡中修改编译器菜单的语言,如图 C-1 所示,修改为"简体中文"。

图 C-1 修改菜单的语言

C.2 编辑器显示配置——修改编辑器字体

在 Dev-C++ 的菜单栏中选择"工具"→"编辑器属性"命令,可以修改编辑器的设置。如图 C-2 所示,在"编辑器属性"对话框中切换到"显示"选项卡,修改"编辑器字体"为 Consolas,字体的大小为 12。

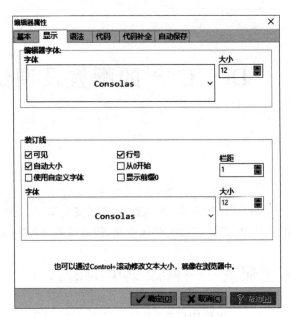

图 C-2　修改编辑器字体

切换到"语法"选项卡，可以修改编辑器中的代码的背景色和前景色。

C.3　编译器选项配置

如图 C-3 所示，编译器选项配置要符合操作系统环境。Windows 7 的 32 位操作系统要选择 TDM-GCC 4.9.2 32-bit Release，而 Windows 10 的 64 位操作系统要选择 TDM-GCC 4.9.2 64-bit Release，如图 C-3 所示；也可以选择"设定编译器配置"下拉列表右边的按钮，让系统自动匹配合适的编译器。

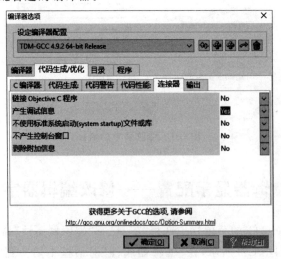

图 C-3　编译器选项配置

"代码生成/优化"选项卡中常见的修改配置如下：

（1）**产生调试信息**。在"连接器"选项卡中将"产生调试信息"的 No 改为 Yes。

（2）**支持所有 ANSI C 标准**。在"C 编译器"选项卡中将"支持所有 ANSI C 标准"的 No 改为 Yes。

（3）**支持标准**。在"代码生成"选项卡的"语言标准"下拉列表中选择 C99 或 C++ 11。

C.4　单步调试

在调试程序时，可以单步执行语句，并观察变量的值。方法如下：

（1）在程序中单击某行的行号，在该行设置一个断点（在行号处会出现一个红色圆点），如图 C-4 所示，其目的是在调试程序时执行到断点行时停止。

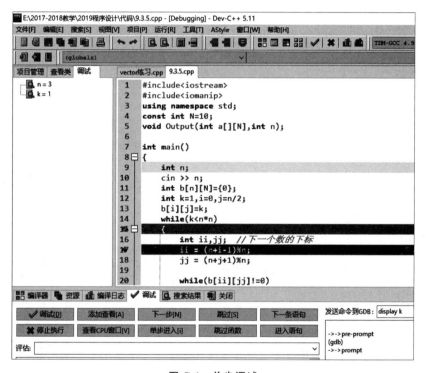

图 C-4　单步调试

（2）选择"运行"→"调试"命令，执行到断点。

（3）单击"添加查看"按钮，在弹出的窗口中输入变量名。可以多次单击该按钮添加多个变量名。

（4）单击"下一步"按钮，程序向下执行一步（在图 C-4 中代码第 17 行出现蓝色横条），观察左边"调试"区中的变量值。

（5）找到要修改的地方，单击"停止执行"按钮中止调试，修改源程序后再次运行程序。若仍有问题，重复调试过程。

图书资源支持

感谢您一直以来对清华版图书的支持和爱护。为了配合本书的使用，本书提供配套的资源，有需求的读者请扫描下方的"书圈"微信公众号二维码，在图书专区下载，也可以拨打电话或发送电子邮件咨询。

如果您在使用本书的过程中遇到了什么问题，或者有相关图书出版计划，也请您发邮件告诉我们，以便我们更好地为您服务。

我们的联系方式：

地　　址：北京市海淀区双清路学研大厦 A 座 701

邮　　编：100084

电　　话：010-83470236　010-83470237

资源下载：http://www.tup.com.cn

客服邮箱：tupjsj@vip.163.com

QQ：2301891038（请写明您的单位和姓名）

用微信扫一扫右边的二维码，即可关注清华大学出版社公众号"书圈"。

资源下载、样书申请

书圈

扫一扫，获取最新目录

课程直播